21 世纪高等职业教育创新型精品规划教材

金属切削机床

主　编　刘苍林

参　编　崔德敏　郑喜朝

　　　　刘彦伯　李慎安

主　审　李慎安

U0218437

天津大学出版社
TIANJIN UNIVERSITY PRESS

内 容 提 要

本书共分 10 个单元,第 1 单元介绍了金属切削机床基本知识,第 2 单元至第 9 单元介绍了普通车床及数控车床、普通铣床及数控铣床、磨床、齿轮加工机床、钻床及数控钻床、镗床及加工中心、刨床和拉床及数控机床的基本知识,第 10 单元介绍了机床安装调试及维修的相关知识。各单元后均附有习题与思考题。

本书既可作为高职高专院校机电类专业及相关类专业的教材,也可作为职业中专、职业高中、成人教育的参考教材,还可供有关工程技术人员参考。

图书在版编目(CIP)数据

金属切削机床/刘苍林主编;崔德敏等编. —天津:天津大学出版社,2009.8(2020.9 重印)

21 世纪高等职业教育创新型精品规划教材

ISBN 978 - 7 - 5618 - 3073 - 4

Ⅰ. 金⋯ Ⅱ. ①刘⋯②崔⋯ Ⅲ. 金属切削 - 机床 - 高等学校:技术学校 - 教材 Ⅳ. TG502

中国版本图书馆 CIP 数据核字(2009)第 127875 号

出版发行	天津大学出版社
出 版 人	杨欢
地 址	天津市卫津路 92 号天津大学内(邮编:300072)
电 话	发行部:022 - 27403647 邮购部:022 - 27402742
网 址	publish. tju. edu. cn
印 刷	廊坊市海涛印刷有限公司
经 销	全国各地新华书店
开 本	169mm × 239mm
印 张	18.75
字 数	400 千
版 次	2009 年 8 月第 1 版
印 次	2020 年 9 月第 4 次
定 价	48.00 元

前言

　　根据教育部高职高专教育有关文件精神,高等职业教育培养的目标是培养应用型高技能人才。按教学大纲对职业技术课程的要求,着重培养学生解决生产现场技术问题的能力、新技术的运作能力和动手能力,以适应新形势下对高职高专学生职业技术素质的要求。本书机床型号的编制办法按 2009 年 2 月 1 日实施的最新国家标准 GB/T 15375—2008 编写。本书具有一定的实用性和先进性,读者通过本课程的学习,一般都能合理地选用机床并能排除机床的常见故障。

　　全书共分 10 个单元,包括各种普通机床的组成、传动系统和结构的介绍,并在各类普通机床后介绍了数控机床的特点、传动和典型结构。最后介绍了机床的安装调试及维护,以便合理地选用和维护机床。

　　本书各单元均有习题与思考题,以便教学和自学。

　　本书由陕西国防工业职业技术学院刘苍林主编,陕西省东方机械有限公司副总经理、高级工程师、副教授李慎安主审并参加编写,参加编写的还有陕西国防工业职业技术学院崔德敏、郑喜朝、刘彦伯。其中,第 1、2、3、9 单元及各单元课后习题由刘苍林编写,第 3、4 单元由郑喜朝编写,第 5 单元由刘彦伯编写,第 6、7、8、9 单元由崔德敏编写,第 10 单元由李慎安编写。在编写过程中得到陕西国防工业职业技术学院机械工程系的大力支持,在此表示衷心的感谢。

　　由于编者水平有限,书中缺点和错误在所难免,恳请广大读者批评指正。

编　者

2012 年 1 月

目　　录

1 金属切削机床基本知识 ……………………………………………（ 1 ）
　1.1　机床的类型及型号编制 ……………………………………（ 1 ）
　　1.1.1　机床的类型 ……………………………………………（ 1 ）
　　1.1.2　机床型号的编制 ………………………………………（ 2 ）
　1.2　机床的运动 …………………………………………………（ 5 ）
　1.3　机床运动的组成 ……………………………………………（ 7 ）
　1.4　机床的传动系统及运动计算 ………………………………（ 8 ）
　　1.4.1　机床的传动形式 ………………………………………（ 8 ）
　　1.4.2　机床运动的传动链 ……………………………………（ 9 ）
　　1.4.3　机床的传动原理图 ……………………………………（ 10 ）
　　1.4.4　机床的传动系统图 ……………………………………（ 11 ）
　　1.4.5　机床转速图 ……………………………………………（ 13 ）
　1.5　机床的基本组成 ……………………………………………（ 17 ）
　1.6　机床的技术参数与尺寸系列 ………………………………（ 17 ）
　1.7　机床的精度 …………………………………………………（ 18 ）
　习题与思考题 ……………………………………………………（ 27 ）
2 车床 ………………………………………………………………（ 30 ）
　2.1　概述 …………………………………………………………（ 30 ）
　2.2　CA6140 型卧式车床 ………………………………………（ 30 ）
　　2.2.1　工艺范围 ………………………………………………（ 30 ）
　　2.2.2　机床布局及主要技术性能 ……………………………（ 30 ）
　　2.2.3　CA6140 型卧式车床的传动系统 ……………………（ 32 ）
　　2.2.4　CA6140 型卧式车床的主要结构 ……………………（ 43 ）
　2.3　其他车床 ……………………………………………………（ 56 ）
　　2.3.1　立式车床 ………………………………………………（ 56 ）
　　2.3.2　转塔车床 ………………………………………………（ 56 ）
　　2.3.3　数控车床 ………………………………………………（ 57 ）
　习题与思考题 ……………………………………………………（ 59 ）
3 铣床 ………………………………………………………………（ 61 ）
　3.1　概述 …………………………………………………………（ 61 ）
　　3.1.1　铣床的工艺范围及特点 ………………………………（ 61 ）
　　3.1.2　铣床的分类及其结构和运动 …………………………（ 62 ）

3.2 X6132A 型万能卧式升降台铣床 ……………………………………（63）

3.2.1 X6132A 型万能卧式升降台铣床的用途及结构 ………………（63）

3.2.2 X6132A 型万能卧式升降台铣床结构及其运动 ………………（64）

3.2.3 X6132A 型万能卧式升降台铣床的传动系统 …………………（64）

3.2.4 X6132A 型万能卧式升降台铣床的主要部件结构 ……………（67）

3.2.5 万能分度头 ……………………………………………………（75）

3.3 其他铣床 ……………………………………………………………（82）

3.3.1 立式升降台铣床 ………………………………………………（82）

3.3.2 龙门铣床 ………………………………………………………（83）

3.3.3 万能工具铣床 …………………………………………………（83）

3.3.4 数控铣床 ………………………………………………………（84）

习题与思考题 ……………………………………………………………（94）

4 磨床 ……………………………………………………………………（96）

4.1 概述 …………………………………………………………………（96）

4.1.1 磨削加工特点 …………………………………………………（96）

4.1.2 磨床类型 ………………………………………………………（97）

4.1.3 外圆磨床的工作方法与主要类型 ……………………………（97）

4.2 M1432A 型万能外圆磨床 …………………………………………（98）

4.2.1 M1432A 型万能外圆磨床的布局和用途 ……………………（98）

4.2.2 M1432A 型磨床的运动 ………………………………………（99）

4.2.3 M1432A 型磨床的机械传动系统 ……………………………（100）

4.2.4 M1432A 型磨床的主要结构 …………………………………（103）

4.3 其他类型磨床简介 …………………………………………………（113）

4.3.1 平面磨床 ………………………………………………………（113）

4.3.2 无心外圆磨床 …………………………………………………（115）

4.3.3 内圆磨床 ………………………………………………………（117）

4.4 高精度磨床 …………………………………………………………（121）

习题与思考题 ……………………………………………………………（124）

5 齿轮加工机床 …………………………………………………………（125）

5.1 概述 …………………………………………………………………（125）

5.1.1 齿轮加工的方法 ………………………………………………（125）

5.1.2 齿轮加工机床的类型及其用途 ………………………………（127）

5.2 滚齿机 ………………………………………………………………（127）

5.2.1 滚齿原理 ………………………………………………………（127）

5.2.2 滚切直齿圆柱齿轮 ……………………………………………（128）

5.2.3 滚切斜齿圆柱齿轮 ……………………………………………（131）

　　5.2.4　Y3150E 型滚齿机 ················ (134)
　5.3　插齿机 ·························· (149)
　　5.3.1　插齿机的工作原理 ················ (149)
　　5.3.2　插齿机的运动 ·················· (149)
　　5.3.3　插齿机的传动原理 ················ (151)
　　5.3.4　Y5132 型插齿机 ················· (152)
　　习题与思考题 ······················ (157)
6　钻床 ························· (159)
　6.1　钻床 ·························· (159)
　　6.1.1　立式钻床 ···················· (160)
　　6.1.2　摇臂钻床 ···················· (161)
　　6.1.3　台式钻床 ···················· (165)
　　6.1.4　深孔钻床 ···················· (165)
　6.2　数控钻床 ······················ (167)
　　6.2.1　数控钻床的类型 ················· (167)
　　6.2.2　立式数控钻床 ·················· (168)
　　习题与思考题 ······················ (171)
7　镗床及加工中心 ··················· (172)
　7.1　镗床 ·························· (172)
　　7.1.1　卧式铣镗床 ··················· (172)
　　7.1.2　坐标镗床 ···················· (182)
　　7.1.3　金刚镗床 ···················· (189)
　　7.1.4　落地镗床及落地铣镗床 ············· (189)
　7.2　加工中心概述 ···················· (191)
　　7.2.1　加工中心的特点 ················· (191)
　　7.2.2　加工中心的组成结构 ··············· (191)
　　7.2.3　加工中心的分类 ················· (192)
　7.3　JCS—018A 立式加工中心 ·············· (193)
　　7.3.1　机床的用途、布局及技术参数 ·········· (193)
　　7.3.2　数控系统的主要技术规格 ············ (196)
　　7.3.3　机床传动系统 ·················· (196)
　　7.3.4　机床的主要结构 ················· (199)
　7.4　卧式加工中心 ···················· (206)
　　7.4.1　卧式加工中心的种类 ··············· (207)
　　7.4.2　SOLON3—1 卧式镗铣加工中心 ········· (207)
　　习题与思考题 ······················ (218)

8　直线运动机床 ·· (220)

　8.1　刨床 ·· (220)

　　8.1.1　牛头刨床 ··· (220)

　　8.1.2　龙门刨床 ··· (221)

　8.2　插床 ·· (228)

　8.3　拉床 ·· (229)

　　8.3.1　拉床的用途、特点及类型 ··· (229)

　　8.3.2　典型拉床简介 ··· (230)

　习题与思考题 ··· (233)

9　数控机床 ··· (234)

　9.1　数控机床的基本知识 ·· (234)

　　9.1.1　数控机床的产生和发展 ·· (234)

　　9.1.2　数控机床的工作原理及组成 ·· (236)

　　9.1.3　数控机床的分类及特点 ·· (239)

　　9.1.4　数控机床的坐标系 ··· (245)

　　9.1.5　数控机床的主要性能指标 ·· (248)

　9.2　数控机床典型结构及部件 ··· (250)

　　9.2.1　数控机床的结构特点及要求 ·· (250)

　　9.2.2　数控机床的典型结构 ·· (251)

　习题与思考题 ··· (275)

10　机床的安装验收及维护 ··· (276)

　10.1　机床的安装及验收 ··· (276)

　　10.1.1　机床的地基 ·· (276)

　　10.1.2　机床的安装 ·· (278)

　　10.1.3　机床的验收试验 ·· (280)

　10.2　机床的日常维护及保养 ··· (289)

　　10.2.1　机床的日常维护 ·· (289)

　　10.2.2　机床的保养及维修 ··· (289)

　习题与思考题 ··· (290)

参考文献 ·· (291)

1

金属切削机床基本知识

金属切削机床是通过金属切削刀具,采用切削的方法把金属毛坯(或半成品)表面多余的金属切除,让这些多余的金属变成切屑,从而形成零件图纸要求的形状、尺寸、精度及表面粗糙度的机械零件的机器。因为它是生产机器的机器,所以也称它为"工作母机",通常把金属切削机床简称"机床"。

1.1 机床的类型及型号编制

1.1.1 机床的类型

机床的传统分类方法,主要是按加工性质和所用的刀具进行分类。根据我国制定的机床型号编制方法,目前将机床分为 11 大类,即车床、钻床、镗床、磨床、齿轮加工机床、螺纹加工机床、铣床、刨插床、拉床、锯床及其他机床。在每一类机床中,又按工艺范围、布局形式和结构等分为 10 组,每一组又细分为 10 个系(系列)。

在上述基本分类方法的基础上,还可根据机床其他特征进一步区分。

同类型机床按工艺范围又可分为通用机床、专门化机床、专用机床。

(1)通用机床。它可用于加工多种零件的不同工序,加工范围较广,通用性较大,但结构比较复杂。这种机床主要适用于单件小批生产,例如卧式车床、万能升降台铣床等。

(2)专门化机床。它的工艺范围较窄,专门用于加工某一类或几类零件的某道(或几道)特定工序,如曲轴车床、凸轮轴车床等。

(3)专用机床。它的工艺范围最窄,只能用于加工某一种零件的某一道特定工序,适用于大批量生产。如机床主轴箱的专用镗床、车床导轨的专用磨床等,汽车、拖拉机制造中使用的各种组合机床也属于专用机床。

同类型机床按精度等级又可分为普通精度机床、精密机床和高精度机床。

机床还可按自动化程度分为手动、机动、半自动和自动机床。半自动和自动机床按机床控制方式不同又分为用机械方式控制的、电器控制的和计算机数字程序控制的机床。

机床还可按质量与尺寸分为仪表机床、中型机床(一般机床)、大型机床(质量达10 t)、重型机床(质量大于 30 t)和超重型机床(质量大于 100 t)。

按机床主要工作部件的数目可分为单轴、多轴或单刀、多刀的机床等。

通常,机床根据加工性质进行分类,再根据其某些特点进一步描述,如多刀半自动车床、高精度外圆磨床等。

随着机床的发展,其分类方法将不断发展。现代机床正向数控化方向发展,数控机床的功能日趋多样化,工序更加集中。现在一台数控机床集中了越来越多的传统机床的功能。例如,数控车床在卧式车床功能的基础上,又集中了转塔车床、仿形车床、自动车床等多种车床的功能;车削加工中心出现以后,在数控车床功能的基础上,又加入了钻、铣、镗等类机床的功能。又如,具有自动换刀功能的镗铣加工中心机床(习惯上所称的"加工中心")集中了钻、镗、铣等多种类型机床的功能;有的加工中心的主轴既能立式又能卧式,又集中了立式加工中心和卧式加工中心的功能。可见,机床数控化引起机床传统分类方法的变化,这种变化主要表现在机床品种不是越分越细,而应是趋向综合。

1.1.2 机床型号的编制

机床的型号是赋予每种机床的一个代号,用以简明地表示机床的类型、通用特性和结构特性、主要技术参数等。现在,我国的机床型号是按 2008 年颁布的标准"GB/T 15375—2008《金属切削机床型号编制方法》"编制的。此标准规定,机床型号由大写汉语拼音字母和阿拉伯数字按一定的规律组合而成,它适用于各类通用机床和专用机床及自动线,不包括组合机床和特种加工机床。

1. 通用机床型号

1)通用机床型号的组成

通用机床型号由基本部分和辅助部分组成,中间用"/"隔开,读作"之"。前者需统一管理,后者纳入型号与否由企业自定。型号构成如下:

(△) □ (○) △ △ △ (×△) (□) /(△)

分类代号　类别代号　通用特性或结构特性　组代号　系代号　主参数或设计顺序号　主轴数或第二主参数　重大改进顺序号　其他特性代号

型号表示法中,有"( )"的代号或数字,当无内容时,则不表示,若有内容则不带括号;有"□"符号者,为大写的汉语拼音字母;有"△"符号者,为阿拉伯数字;有"◇"符号者,为大写的汉语拼音字母,或阿拉伯数字,或两者兼有之。

例如:1 组 4 系最大磨削直径 320 mm 经第一次重大改进的高精度磨床类机床型号为 MG1432A。

2)机床类别代号

机床的类别用汉语拼音大写字母表示。例如,"车床"的汉语拼音是"Chechuang",所以用"C"表示。当需要时,每类又可分为若干分类;分类代号用阿拉伯数字表示,在类代号之前,居于型号的首位,但第一分类不予表示,例如,磨床类分为 M、2M、3M 3 个分类。机床的类别代号及其读音如表 1.1 所示。

表 1.1 机床的类别和分类代号

类别	车床	钻床	镗床	磨床			齿轮加工机床	螺纹加工机床	铣床	刨插床	拉床	锯床	其他机床
代号	C	Z	T	M	2M	3M	Y	S	X	B	L	G	Q
读音	车	钻	镗	磨	二磨	三磨	牙	丝	铣	刨	拉	割	其

3)机床的特性代号

机床的特性代号表示机床所具有的特殊性能,包括通用特性和结构特性。当某类型机床除有普通型外,还具有如表 1.2 所列的某种通用特性时,则在类别代号之后加上相应的特性代号。例如,"CK"表示数控车床。如同时具有两种通用特性时,则可用两个代号同时表示,如"MBG"表示半自动高精度磨床。如某类型机床仅有某种通用特性,而无普通型者,则通用特性不必表示。如 C1312 型单轴转塔自动车床,由于这类自动车床没有"非自动"型,所以不必用"Z"表示通用特性。

表 1.2 机床的通用特性代号

通用特性	高精度	精密	自动	半自动	数控	加工中心自动换刀	仿形	轻型	加重型	柔性加工单元	数显	高速
代号	G	M	Z	B	K	H	F	Q	C	R	X	S
读音	高	密	自	半	控	换	仿	轻	重	柔	显	速

为了区分主参数相同而结构不同的机床,在型号中用结构特性代号表示。结构特性代号为汉语拼音字母。例如,CA6140 型卧式车床型号中的"A",可理解为这种型号的车床在结构上区别于 C6140 型车床。结构特性的代号字母是根据各类机床的情况分别规定的,在不同型号中的意义可不一样。

4)机床组、系的划分原则及其代号

机床的组别和系别代号用两位阿拉伯数字表示。每类机床按其结构性能及使用范围划分为 10 个组,用数字 0~9 表示。每组机床又分 10 个系(系列),系的划分原则是:在同一类机床中,主要布局或使用范围基本相同的机床,即为同一组。在同一组机床中,主参数相同、主要结构及布局形式相同的机床,即划为同一系。常用机床的组别和系别代号见表 1.3(第 20 页)。

5)机床主参数和设计顺序号

机床主参数代表机床规格的大小,用折算值表示。某些通用机床,当无法用一个主参数表示时,则在型号中用设计顺序号表示。设计顺序号由 1 起始。当设计顺序号小于 10 时,则在设计顺序号之前加"0",由 01 开始编号。

6)机床主轴数和第二主参数的表示方法

对于多轴车床、多轴钻床和排式钻床等机床,其主轴数应以实际数值列入型号,置于主参数之后,用"×"分开,读作"乘"。单轴可省略,不予表示。

第二主参数(多轴机床的主轴数除外)一般不予表示。如有特殊情况,需在型号中表示。在型号中表示的第二主参数,一般以折算成两位数为宜,最多不超过三位数。以长度、深度值等表示的,其折算系数为 1/100;以直径和宽度值等表示的,其折算系数为 1/10;以厚度和最大模数值等表示的,其折算系数为 1。当折算值大于 1时,则取整数;当折算值小于 1 时,则取小数点后第一位数,并在前面加"0"。

7)机床的重大改进顺序号

当机床的性能及结构布局有重大改进,并按新产品重新设计、试制和鉴定时,在原机床型号的尾部,加重大改进顺序号,以区别于原机床型号。序号按 A、B、C、……等字母(I、O 除外)的顺序选用。

重大改进设计不同于完全的新设计,它是在原有机床的基础上进行改进设计。但对原机床的结构性能没有作重大的改变,则不属于重大改进,其型号不变。

8)其他特性代号及其表示方法

其他特性代号置于辅助部分之首。其中同一型号机床的变形代号,也应放在其他特性代号的首位。

其他特性代号主要用以反映各类机床的特性,如:对于数控机床,可用以反映不同的控制系统等;对于加工中心,可用以反映控制系统自动交换主轴头和自动交换工作台等;对于柔性加工单元,可用以反映自动交换主轴箱;对于一机多能机床,可用以补充表示某些功能;对于一般机床,可以反映同一机床的变型等。

其他特性代号可用汉语拼音字母(I、O 除外)表示,当单个字母不够用时,可将两个字母组合起来使用,如 AB、AC、AD、……,BA、CA、DA、……。此外,其他特性代号还可以用阿拉伯数字表示,也可以用阿拉伯数字和汉语拼音字母组合表示。用汉语拼音字母读音,如有需要也可以用相对应的汉字字意读音。

9)通用机床型号示例

示例一:工作台最大宽度为 500 mm 的精密卧式加工中心,其型号为 THM6350。

示例二:最大棒料直径 16mm 数控精密单轴纵切自动车床,其型号为 CKM1116。

示例三:经过第一次重大改进、最大钻孔直径为 25 mm 的四轴立式排钻床,其型号为 Z5625 ×4A。

示例四:最大钻孔直径为 40 mm、最大跨距为 1 600 mm 的摇臂钻床,其型号为 Z3040×16。

示例五:最大车削直径为 1 250 mm、经过第一次重大改进的数显单柱立式车床,其型号为 CX5112A。

2. 专用机床型号

专用机床型号一般由设计单位代号和设计顺序号组成。型号构成如下:

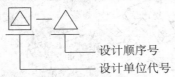

专用机床设计单位代号包括机床生产厂和机床研究单位代号(位于型号之首)。

专用机床设计顺序号按该单位的设计顺序号排列,由 001 起始,位于设计单位之后,并用“—”隔开,读作“之”。

例如,沈阳第一机床厂设计制造的第一种专用机床为专用车床,其型号为 SI—001;北京第一机床厂设计制造的第 100 种专用机床为专用铣床,其型号为 BI—100。

3. 机床自动线型号

由通用机床或专用机床组成的机床自动线,其代号为“ZX”,(读作“自线”),位于设计代号之后,并用“—”分开,读作“之”。

机床自动线设计顺序号的排列与专用机床设计顺序号相同,位于机床自动线代号之后。

机床自动线型号构成如下:

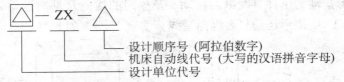

例如,北京机床研究所设计的第一条机床自动线,其型号为 JCS—ZX—001。

1.2　机床的运动

由金属切削机床的概念可以知道,各种类型的机床在进行切削加工时,应使刀具和工件作一系列的运动。这些运动的最终目的是保证刀具与工件之间具有正确的相对运动,以便刀具按一定规律切除毛坯上的多余金属,而获得具有一定几何形状、尺寸、精度和表面粗糙度的工件。以车床车削圆柱表面为例(见图 1.1),在工件安装于三爪自定心卡盘并启动之后,首先通过手动将车刀在纵、横向靠近工件(运动Ⅱ和Ⅲ);然后根据所要求的加工直径 d,将车刀横向切入一定深度(运动Ⅳ);接着通过工件旋转(运动Ⅰ)和车刀的纵向直线运动(运动Ⅴ),车削出圆柱表面;当车刀纵向移

动所需长度 l 时,横向退离工件(运动Ⅵ)并纵向退回至起始位置(运动Ⅶ)。除了上述运动外,尚需完成开车、停车和变速等动作。

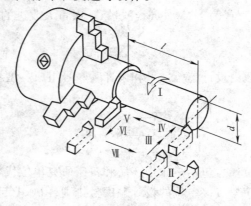

图 1.1　车削圆柱面过程中的运动

Ⅰ、Ⅴ—成形运动;Ⅱ、Ⅲ—快速趋近运动;Ⅳ—切入运动;Ⅵ、Ⅶ—快速退回运动

机床在加工过程中所需的运动,可按其功用不同而分为表面成形运动和辅助运动两类。

1. 表面成形运动

机床在切削过程中,使工件获得一定表面形状所必需的刀具和工件间的相对运动称为表面成形运动。如图 1.1 所示,工件的旋转运动Ⅰ和车刀的纵向运动Ⅴ是形成圆柱表面的成形运动。机床加工时所需表面成形运动的形式、数目与被加工表面形状、所采用的加工方法和刀具结构有关。如图 1.2(a)所示采用单刃刨刀刨削成形面,所需的成形运动为工件直线纵向移动 v 及刨刀的横向及垂向运动 s_1 及 s_2;如采用成形刨刀加工,则成形运动只需纵向直线移动 v(见图 1.2(b))。

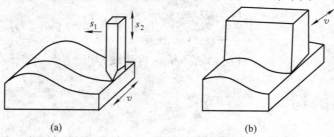

图 1.2　刨削成形面

(a)单刃刨刀刨削;(b)成形刨刀刨削

根据切削过程中所起的作用不同,表面成形运动又可分为主运动和进给运动。直接切除毛坯上的被切削层,使之变为切削的运动(形成切削速度的运动),称为主运动。例如,车床上工件的旋转、钻床和镗床上刀具的旋转及牛头刨床上刨刀的直线运动等都是主运动。主运动速度高,消耗大部分机床动力。进给运动是保证将被切削层不断地投入切削,以逐渐加工出整个工件表面的运动。如车削外圆柱表面时,车

刀的纵向直线运动、钻床上钻孔时刀具的轴向运动、卧式铣床工作台带动工件的纵向或横向直线移动等都是进给运动。进给运动速度较低,消耗机床动力很少,如卧式车床的进给功率仅为主电动机功率的 1/30~1/25。

机床在进行切削加工时,至少有一个主运动,但进给运动可能有一个或几个,也可能没有,如图 1.2(b)所示成形刨刀刨削成形面的加工中就只有主运动 v 而没有进给运动。

机床运动按运动的组成情况不同,可分为简单运动和复合运动两种。

(1)简单运动。如果一个独立的成形运动,是由单独的旋转运动或直线运动构成的,则称此成形运动为简单成形运动,简称简单运动。例如,在车床上车外圆柱面时,工件的旋转运动和刀具的直线运动就是两个简单运动。用砂轮磨外圆柱面时,砂轮和工件的旋转运动及工件的直线运动,也都是简单运动。

(2)复合运动。如果一个独立的成形运动,是由两个或两个以上的旋转运动和直线运动,按某种确定的运动关系组合而成,则称此成形运动为复合成形运动,简称复合运动。例如,在车床上车削螺纹时,形成螺旋线的刀具和工件之间的相对螺旋运动,是由工件的匀速旋转运动和刀具的匀速直线运动形成的,彼此之间不能独立,它们之间必须保持严格的运动关系,即工件每转 1 转时,刀具匀速直线移动的距离应等于螺纹的导程,从而工件和刀具的这两个单元运动组成一个复合运动。

2. 辅助运动

除了表面成形运动以外,机床在加工过程中还需完成一系列其他的运动,即辅助运动。如图 1.1 中,除了工件旋转和刀具直线移动这两个成形运动外,还有车刀快速靠近工件、径向切入以及快速退离工件、退回起始位置等运动。这些运动与外圆柱表面的形成无直接关系,但也是整个加工过程中必不可少的。这些运动均属于辅助运动。

辅助运动的种类很多,主要包括:刀具接近工件、切入、退离工件、快速返回原点的运动;为使刀具与工件保持相对正确位置的对刀运动;多工位工作台和多工位刀架的周期换位以及逐一加工多个相同局部表面时,工件周期换位所需的分度运动;等等。另外,机床的启动、停车、变速、换向以及部件和工件的夹紧、松开等操纵控制运动,也属于辅助运动。总之,除了表面成形运动外,机床上其他所需的运动都属辅助运动。

1.3 机床运动的组成

金属切削机床在加工过程中所需的各种运动通常由以下各部分组成。

(1)动源。如各种电动机、液压马达以及伺服驱动系统等,是机床运动的主要来源。伺服驱动系统根据数控装置发来的速度和位移指令控制执行部件的进给速度、方向和位移。

（2）执行件。如主轴、刀架和工作台等用来直接执行某一运动,用来安装刀具或工件。

（3）传动装置。带传动、齿轮传动、齿条传动、丝杠螺母传动、链传动、液压传动、电器传动、气压传动等,用来传递运动和速度。连接动源和执行件（或执行件和执行件）保持运动联系的一系列顺序排列的传动件,称为该运动的传动链。

（4）运动控制装置。如离合器、按钮、操纵机构、行程开关及数控装置等零部件,用来控制运动的开、关、换向和变速等。若运动控制装置是数控装置,用其输出的各种信号和指令控制机床的各个部分进行规定的、有序的动作。

（5）润滑装置。如液压泵、管路系统和分油器等,用于润滑运动副,以减小摩擦,提高机械效率,延长机构使用寿命。

（6）电气系统零部件。如控制柜、接触器和线路等,用于电源和信息的传递和控制。

（7）支承零部件。如床身、立柱、横梁、底座、工作台和拖板等,用于支承和连接其他零部件。此外,一些支承件上常常备有导轨表面,对运动部件起导向作用。

（8）其他机构。如冷却系统、分度系统、读数系统、保险系统及数控机床存放刀具的刀库、交换刀具的机械手和安全低电压照明装置等。

1.4　机床的传动系统及运动计算

为了适应工件和刀具的材料、尺寸及加工精度的变化,并满足不同加工工序的要求,机床的主运动和进给运动速度需要在一定范围内变化。根据速度调节变化的特点,机床的传动可分为无级变速传动和有级变速传动两种。无级变速传动在一定的速度范围内可以调节到需要的任意速度;有级变速传动的速度在一定的速度范围内只能调节到有限的若干级速度。目前,在绝大多数的机床上,以采用机械式有级变速传动为主,因其具有结构紧凑、工作可靠、效率高和变速范围大等优点。

1.4.1　机床的传动形式

机床各运动的传动按其所采用的传动介质不同,可分为机械传动、液压传动、电气传动和气压传动等传递形式。

1. 机械传动

机械传动采用齿轮、传动带、离合器、丝杠螺母等机械元件传递运动和动力。这种传动形式工作可靠、维修方便,目前在机床上应用最广。机床上常用的机械传动和装置有以下几种。

1）带传动

该传动的特点是结构简单、制造方便、传动平稳,并有过载保护作用。但传动比不准确,传动效率低,所占空间较大。

2）齿轮传动

该传动结构简单,传动比准确,传动效率高,传递扭矩大,但制造较复杂,制造精度要求高。同时,齿轮机构可以实现换向和各种变速传动。机床上常用的变速机构有塔轮变速机构、滑移齿轮变速机构和离合器变速机构等。

(1)滑移齿轮变速机构。它是机床传动中常用的一种变速机构,其特点是传动比准确、传动效率高、寿命长、外形尺寸小,但制造较复杂,制造精度不高时易产生振动。

(2)离合器变速机构。它也是机床传动中常用的一种变速机构,其特点是传动比准确、传动效率高、寿命长、结构紧凑、刚性好、可传递较大转矩,但制造较复杂。

3）蜗轮蜗杆传动

该传动结构紧凑、传动比大、传动平稳、无噪声、可实现自锁,但传动效率低、制造较复杂、成本高。

4）齿轮齿条传动

该传动的特点是可改变运动形式、传动效率高,但制造精度不高时影响位移的准确性。

5）丝杠螺母传动

该传动的特点是可改变运动形式、传动平稳、无噪声,但传动效率低。

此外,数控机床上的机械传动还有的采用滚动丝杠螺母传动和滚动导轨传动,它可降低摩擦损失,减少动、静摩擦因数之差,以避免爬行;采用联轴器直接与丝杠连接,以传递电动机的动力,带动工作台或刀架运动;还有一些小型数控机床的主传动系统由电动机经同步齿形带直接传动。

2. 液压传动

液压传动采用油液作介质,通过泵、阀和液压缸等液压元件传递运动和动力。这种传动形式结构简单、传动平稳、容易实现自动化,在机床上应用日益广泛。

3. 电气传动

电气传动采用电能,通过电气装置传递运动和动力。这种传动方式的电气系统比较复杂,成本较高,主要用于大型和重型机床。

4. 气压传动

气压传动以压缩空气为介质,通过气动元件传递运动和动力。这种传动形式的特点是动作迅速,易于实现自动化,但其运动平稳性差,驱动力较小,主要用于机床的某些辅助运动(如夹紧工件等)及小型机床的进给运动传动中。

根据机床的工作特点不同,有时在一台机床上往往采用以上几种传动形式的组合传动。

1.4.2　机床运动的传动链

在机床传动系统中,连接动源和执行件,或连接执行件和执行件,使它们彼此之间保持传动联系的一系列传动件,称为该运动的传动链。为了使执行件获得所需运动,或使有关执行件之间保持某种确定的运动关系,传动链中通常有两类传动机构:

一类是具有固定传动比的传动机构,如带传动、定比齿轮副、蜗杆蜗轮副和丝杠螺母副等,称为定比传动;另一类是能根据需要变换传动比的传动机构,如交换齿轮和滑移齿轮变速机构等,称为换置机构。

通常,机床需要多少个运动,其传动系统中就有多少条传动链。根据执行件运动的用途和性质不同,传动链可区分为主运动传动链、进给运动传动链、空行程传动链和分度运动传动链等。根据传动联系的性质不同,传动链还可分为内联系传动链和外联系传动链。

1. 外联系传动链

外联系传动链联系的是动源和执行件(或执行件和执行件),并使执行件得到预定速度的运动,且传递一定的动力。外联系传动链首末两端件之间不要求严格的传动比关系,只影响被加工工件的表面质量和生产率,不影响被加工工件的表面形状。例如,在车床上车外圆柱面时,主轴的旋转和刀架的移动是两个相互独立的成形运动,有两条传动链。主轴的转速和刀架的移动速度只影响工件的表面粗糙度和生产率,不影响圆柱面的形成。传动链的传动比不要求很精确,工件的旋转和刀架的移动也没有严格的相对速度关系。

2. 内联系传动链

内联系传动链联系的是执行件和执行件之间的运动,是复合运动的传动链,首末两执行件之间要求保证严格的传动比关系,否则将直接影响被加工工件的表面形状。例如,在车床上车螺纹,必须保证主轴(工件)每转 1 转,车刀必须匀速移动一个螺纹的导程。否则将直接影响被加工螺纹的导程。为了保证准确的传动比,在内联系传动链中就不能采用摩擦传动等传动比不准确的传动副。

1.4.3 机床的传动原理图

为了便于研究机床的传动链,常用一些简单的符号把传动原理和传动路线表达出来,这就是传动原理图,如图 1.3 所示。在图中仅表示与形成某一表面直接有关的运动及其传动联系。

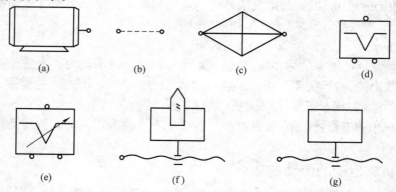

图 1.3 传动原理图常用的符号

(a)电动机;(b)定比传动;(c)、(d)、(e)换置机构;(f)刀架;(g)工作台

1. 卧式车床传动原理图

如图 1.4 所示卧式车床用螺纹车刀车螺纹传动原理图,图中主轴至刀架的传动联系为两个执行件之间的传动联系,由此保证刀具与工件间的相对运动关系。这个运动是复合运动。可将其分解为主轴的旋转运动和刀架的纵向进给运动两部分。因此,车床应有以下两条传动链。

(1) 主轴—4—5—u_L—6—7—丝杠。该传动链是复合运动的内联系传动链,u_L 表示车螺纹传动链的换置机构,如交换齿轮架上的交换齿轮和进给箱中的滑移齿轮变速机构等,可通过调整 u_L 来得到被加工螺纹的导程。

(2) 动源—1—2—u_v—3—4—主轴。该传动链是外联系传动链,u_v 表示主运动传动链的换置机构,如滑移齿轮变速机构和离合器变速机构等,通过 u_v 可调整主轴的转速,以适应切削速度的需要。

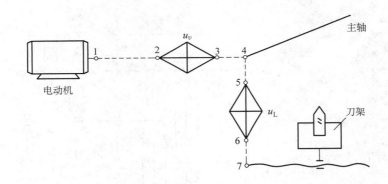

图 1.4　车螺纹传动原理

2. 数控车床传动原理图

数控车床的传动原理图基本上与卧式车床相同,所不同的是数控车床多以电气控制,如图 1.5 所示。车削螺纹时,脉冲发生器通过机械传动装置(通常是一对齿数相等的齿轮)与主轴相联系。主轴每转一转,脉冲发生器发出 n 个脉冲,经数控装置控制伺服电动机经机械传动装置或直接与滚珠丝杠连接,使刀架作纵向移动,并保证主轴每转一转,刀架纵向移动一个工件螺纹的导程。

1.4.4　机床的传动系统图

机床的传动原理图只能表示机床运动的组成情况,不能表示出连接首末两端件的传动装置的具体情况。为了清楚地反映机床各运动传动链的传动结构及运动传递情况,并对传动链进行调整计算,用规定的简单符号表达机床各传动链,按照运动的传动顺序将其展开在机床的相应轮廓内,便形成机床的传动系统图(各传动件符号见表 1.4(第 24 页))。卧式铣床主运动传动系统图如图 1.6 所示。

分析传动系统图的步骤:①"抓两头",即先找到该传动链的首末两个端件,写出

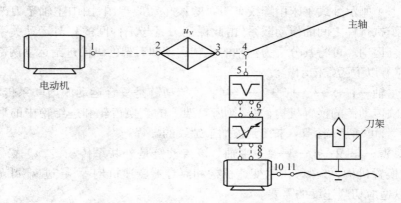

图 1.5　数控车床车螺纹传动原理

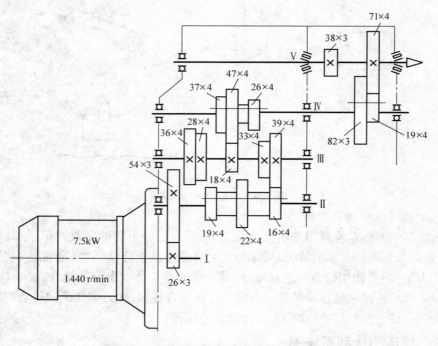

图 1.6　卧式铣床的主运动传动系统

首末两端件的计算位移;②"连中间",即从首端件开始连接到末端件,写出传动路线表达式;③列出该传动链的运动平衡方程式;④导出其换置公式。

图 1.6 所示铣床主运动传动系统的分析过程如下。

(1)首端件为电动机(7.5 kW,1 440 r/min),末端件为主轴;电动机 1 440 r/min—主轴 n r/min。

（2）传动路线表达式：电动机（1 440 r/min,7.5 kW）—Ⅰ $\dfrac{26}{54}$ Ⅱ—$\left\{\begin{array}{c}\dfrac{16}{39}\\[2mm]\dfrac{19}{36}\\[2mm]\dfrac{22}{33}\end{array}\right\}$—Ⅲ—

$\left\{\begin{array}{c}\dfrac{18}{47}\\[2mm]\dfrac{28}{37}\\[2mm]\dfrac{39}{26}\end{array}\right\}$—Ⅳ—$\left\{\begin{array}{c}\dfrac{19}{71}\\[2mm]\dfrac{82}{38}\end{array}\right\}$—Ⅴ（主轴）。

（3）列平衡方程式：$1\,440\times\dfrac{26}{54}\times u_{Ⅱ-Ⅲ}\times u_{Ⅲ-Ⅳ}\times u_{Ⅳ-Ⅴ}=n_{主轴}$,图示齿轮啮合

位置主轴转速为 $1\,440\times\dfrac{26}{54}\times\dfrac{16}{39}\times\dfrac{18}{47}\times\dfrac{19}{71}=30$ r/min。

1.4.5 机床转速图

为了直观表达出传动系统中各轴转速的变化规律及该轴具有的转速级数、各级转速的传动路线、各传动副的传动比、传动副的数目及传动顺序,常采用一种特殊形式的线图——转速图。转速图是分析和设计机床传动系统的重要工具。

1. 转速图中各图线的含义

图 1.7(a)是某机床主传动系统图,其传动路线表达式为:

电动机—$\dfrac{\phi110}{\phi194}$—Ⅰ—$\left\{\begin{array}{c}\dfrac{36}{36}\\[2mm]\dfrac{30}{42}\\[2mm]\dfrac{24}{48}\end{array}\right\}$—Ⅱ—$\left\{\begin{array}{c}\dfrac{44}{44}\\[2mm]\dfrac{23}{65}\end{array}\right\}$—Ⅲ—$\left\{\begin{array}{c}\dfrac{76}{38}\\[2mm]\dfrac{19}{76}\end{array}\right\}$—Ⅳ（主轴）

对应的图 1.7(b)是该传动系统的转速图。从转速图可知以下内容。

1）距离相等的一组竖线代表各传动轴（包括电动机轴和主轴）

从左向右依次标注的 0、Ⅰ、Ⅱ、Ⅲ、Ⅳ轴号与传动系统图上 5 个传动轴相对应,其中Ⅳ轴为主轴,0 轴为电动机轴。当电动机用联轴器与传动轴相连接,而不采用 V 带传动时,其轴号用"Ⅰ"表示。应该指出,在转速图上竖线间的距离相等,并不表示各轴中心距相等,其目的在于使图面清晰。

2）距离相等的水平线代表各级转速

因转速数列是等比数列,则相邻两级转速间的关系为:

$$\dfrac{n_2}{n_1}=\phi,\dfrac{n_3}{n_2}=\phi,\cdots,\dfrac{n_z}{n_{z-1}}=\phi,即\dfrac{n_2}{n_1}=\dfrac{n_3}{n_2}=\cdots=\dfrac{n_z}{n_{z-1}}=\phi$$

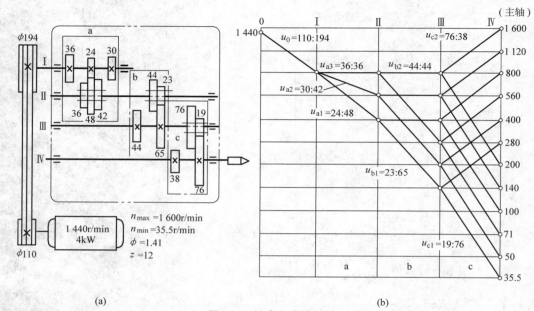

图 1.7　机床主传动系统
（a）主传动系统图；（b）转速图

两边取对数：

$$\lg n_2 - \lg n_1 = \lg n_3 - \lg n_2 = \cdots = \lg n_z - \lg n_{z-1} = \lg \phi$$

由此可见，将转速图上的竖直坐标取为对数坐标时，则任意两相邻转速在对数坐标上的间距为一格，即 1 个 $\lg \phi$，因此代表各级转速的水平线间距相等。为便于书写和阅读，习惯上在转速图上不写对数符号，而直接写出转速值。但应指出，相邻两级转速在转速图上相距 1 个格，此时表示它们的转速相差 ϕ 倍。

3）相邻两轴之间的连线（粗体的斜线和水平线）表示传动副的传动比

该传动比连线有以下 3 个特点。

（1）若传动比连线是水平的，表示为等速传动（$u = 1$），则通过此传动副传动时，两轴转速相同。例如：$u_{a3} = \phi^0 = 1$（齿数比为 $\dfrac{36}{36}$）

（2）若传动比连线向上方倾斜，表示为升速传动（$u > 1$），转速升高，倾斜程度越大，表示升速越大。例如：$u_{c2} = \phi^2 = 2$（齿数比 $\dfrac{76}{38}$）

（3）若传动比连线向下方倾斜，表示为降速传动（$u < 1$），转速越低，倾斜程度越大，表示降速越大。例如：$u_{a1} = \dfrac{1}{\phi^2} = \dfrac{1}{2}$（齿数比 $\dfrac{24}{48}$）

应该指出，一组平行的传动比连线，表示为同一传动副的传动路线。例如第二变速组中有 6 条传动比连线，但分属于两组，每组 3 条。这说明 Ⅱ—Ⅲ 轴间有两对传动副，使Ⅲ轴得到 6 级转速，其中由等速传动使Ⅲ轴得到 400 r/min、560 r/min、800 r/min 3 级转速,由降速传动使Ⅲ轴得到 140 r/min、200 r/min、280 r/min 3 级转速。对第三变速组可以此类推。

4)水平线与竖线相交,所得相应的圆圈(或黑点)代表各轴实际所具有的转速

由图 1.7(b)可知,在Ⅳ轴上具有 12 级转速:35.5、50、71 、……、1 600 r/min。

综上所述,转速图由"三线一点"所组成。它能够清楚地表示出主轴各级转速的传动路线,得到这些转速所需要的变速组数目及每个变速组中的传动副数目、各个传动比的数值、传动轴的数目、传动顺序及各轴的转速级数与大小。因此,通常把转速图作为分析和设计机床变速系统的重要工具。

2. 转速图的变速原理

由图 1.7(b)可以看出,该机床主传动系统中主轴的 12 级转速是通过 3 个变速组传动得到的。各变速组的传动副数分别为 3、2、2,即主轴的转速级数为 $Z = 3 \times 2 \times 2 = 12$。由此可知:主轴的转速级数等于组成该传动系统的各变速组中传动副数的连乘积。Ⅰ轴至Ⅳ轴之间则为 3 个变速组串联组成的变速机构,通过不同啮合位置的齿轮传动,使主轴得到 12 级按等比数列排列的转速。下面分析一下各变速组的传动比与使主轴得到等比数列转速之间的内在联系。为了便于分析,对于传动系统的 3 个变速组,按运动的传递顺序分别称变速组 a、b、c 。

1)第一变速组(变速组 a)

有 3 对齿轮传动副,其传动比分别为

$$u_{a1} = \frac{24}{48} = \frac{1}{2} = \frac{1}{1.41^2} = \frac{1}{\phi^2}$$

$$u_{a2} = \frac{30}{42} = \frac{1}{1.41} = \frac{1}{\phi}$$

$$u_{a3} = \frac{36}{36} = 1 = \phi^0$$

则有

$$u_{a1} : u_{a2} : u_{a3} = \frac{1}{\phi^2} : \frac{1}{\phi} : 1 = 1 : \phi : \phi^2$$

由此可见,在变速组 a 中相邻两传动比连线之间相差均为 1 个格,即相邻转速相差 ϕ 倍的关系,就是说通过这 3 个传动比使Ⅱ轴得到的 3 级转速(400 r/min、560 r/min、800 r/min)也是以 ϕ 为公比的等比数列,不仅如此,从转速图可以看出,通过其他变速组(b、c)将Ⅱ轴上的 3 级转速传至主轴Ⅳ轴的过程中,Ⅲ轴得到 140 ~ 800 r/min 6 级转速,Ⅳ轴得到 35.5 ~ 1 600 r/min 12 级转速,与Ⅱ轴上的 3 级转速一样,也是以 ϕ 为公比的等比数列,这说明变速组 a 是实现主轴转速为等比数列最基本的变速组,因此,这个变速组称为基本组。

通常,将变速组中相邻两传动比之比称为级比,而相邻两传动比连线在转速图中相距的格数称为级比指数,用 x 表示。这样,变速组 a(基本组)内相邻传动比关系可写为

$$u_{a1} : u_{a2} : u_{a3} = 1 : \phi^{x_0} : \phi^{2x_0}$$

式中 $x_0 = 1$，称为该变速组的级比指数为 1，反映在转速图上则为 u_{a1}、u_{a2}、u_{a3} 依次相距 1 个格。

由上述可得结论：在变速系统中必有一个基本变速组，其特征是该组的级比指数 $x_0 = 1$。

2）第二变速组（变速组 b）

有两对齿轮传动副，其传动比为

$$u_{b1} = \frac{23}{65} = \frac{1}{2.82} \approx \frac{1}{1.41^3} = \frac{1}{\phi^3}$$

$$u_{b2} = \frac{44}{44} = 1 = \phi^0$$

则有

$$u_{b1} : u_{b2} = \frac{1}{\phi^3} : 1 = 1 : \phi^3$$

该变速组内相邻传动比关系可写为

$$u_{b1} : u_{b2} = 1 : \phi^{x_1}$$

式中 $x_1 = 3$，即该变速组的级比指数为 3，反映在转速图上则 u_{b1}、u_{b2} 为相距 3 个格，即相邻转速为 ϕ^3 倍关系。通过这两个传动比，使 III 轴得到 6 级连续的等比数列转速（140～800 r/min），即从 II 轴上的 3 级转速扩大为 III 轴上 6 级转速。这个变速组起到了在基本组的基础上将转速级数扩大的作用。从将级比指数扩大的角度上看，其为第一次扩大，故称第一扩大组。第一扩大组（b 组）的级比指数 $x_1 = 3$，而这个数值同基本组的传动副数有关，它等于基本组的传动副数，若基本组的传动副数为 P_0，则第一扩大组的级比指数 x_1 应等于 P_0，即相邻传动比为 ϕ^{P_0} 倍关系，这就是第一扩大组传动比的内在规律。

3）第三变速组（变速组 c）

有两对齿轮传动副，其传动比为

$$u_{c1} = \frac{19}{76} = \frac{1}{4} = \frac{1}{1.41^4} = \frac{1}{\phi^4}$$

$$u_{c2} = \frac{76}{38} = 2 = 1.41^2 = \phi^2$$

则有

$$u_{c1} : u_{c2} = \frac{1}{\phi^4} : \phi^2 = 1 : \phi^6$$

该变速组内相邻传动比关系可写为

$$u_{c1} : u_{c2} = 1 : \phi^{x_2}$$

显然，式中 $x_2 = 6$，即该变速组的级比指数为 6，反映在转速图上则为 u_{c1}、u_{c2} 相距 6 个格，即相邻转速为 ϕ^6 倍的关系。通过这两个传动比，使 IV 轴得到 12 级连续的等比数列的转速(35.5~1 600 r/min),即从Ⅲ轴上的6级转速扩大为Ⅳ轴上的12级转速,该变速组起到将转速级数第二次扩大的作用,称为第二扩大组。

在第二扩大组中,其级比指数 $x_2 = 6$,而这个数值与基本组和第一扩大组中传动副数有关,它等于基本组和第一扩大组传动副数的乘积($3 \times 2 = 6$)。若基本组的传动副数为 P_0,第一扩大组的传动副数为 P_1,则第二扩大组的级比指数为 $x_2 = P_0 \times P_1$,即相邻传动比为 $\phi^{P_0 P_1}$ 倍的关系,这是第二扩大组中传动比的内在规律。

通常,变速组按其级比指数 x 值由小到大的排列顺序成为扩大顺序,即基本组、第一扩大组、第二扩大组、……、第 K 扩大组。而在结构上,按由电动机到主轴传动的先后顺序为传动顺序,即变速组 a、变速组 b、变速组 c、……。在具体的传动系统中,传动顺序和扩大顺序可能一致,也可能不一致。

综上所述,转速图能清楚而直观地反映出整个主传动系统传动轴的数目和传动顺序、主轴和各传动轴的转速级数和各级转速值、传动系统中传动副的数目、各变速组可变速的速度种数及其传动比、主轴转数的传动路线和传动顺序等。所以,转速图是分析和设计机床分级变速传动系统的重要工具。

1.5　机床的基本组成

机床由本体、传动系统及操纵、控制机构等几个基本部分组成。

机床本体包括主轴、刀架、工作台等执行件和床身、导轨等基础件。执行件是安装刀具或工件并带动它们作规定运动,直接执行切削任务的部件。

传动系统是驱动执行件及其他运动部件作各种规定运动的传动装置,由各种传动机构组成,一般安装在机床本体内部。

操纵、控制机构是使机床各运动部件启动、停止、改变速度、改变运动方向等的机构。

其他还有一些使加工能正常、顺利进行,减轻工人劳动强度等的辅助装置,如安全装置、冷却装置、润滑装置等。

根据不同切削方式及运动形式确定各执行件应具有的相对位置,并按照有利于操作、调整、美观的原则将组成机床的其他部件及操作手柄等加以合理配置和布局,于是形成了具有一定外形特征的各种类型的机床。

1.6　机床的技术参数与尺寸系列

机床的技术参数是表示机床尺寸大小及其工作能力的各种技术数据,一般包括以下几方面内容。

(1)主参数和第二主参数。主参数是机床最主要的一个参数,它直接反映机床的加工能力,并影响机床其他参数和基本结构的大小。对于通用机床和专门化机床,主参数通常以机床的最大加工尺寸(最大工件尺寸或最大加工面尺寸),或与此有关的机床部件尺寸来表示。例如,卧式车床为床身上最大工件回转直径、摇臂钻床为最大钻孔直径、升降台铣床为工作台面宽度等。有些机床,为了更完整地表示出它的工作能力和加工范围,还规定有第二主参数。例如,卧式车床的第二主参数为最大工件长度、摇臂钻床为主轴轴线至立柱母线之间的最大跨距等。

(2)主要工作部件的结构尺寸。这是一些与工件尺寸大小以及工、夹、量具标准化有关的参数。例如,主轴前端锥孔尺寸、工作台面尺寸等。

(3)主要工作部件移动行程范围。例如,卧式车床刀架纵向、横向移动最大行程,尾座套筒最大行程等。

(4)主运动、进给运动的速度和变速级数、快速空行程运动速度等。

(5)主运动、进给电动机和各种辅助电动机的功率。

(6)机床的轮廓尺寸(长×宽×高)和重量。

机床的技术参数是用户选择和使用机床的重要技术资料,在每台机床的说明书中均有详细列出。

在机械制造业的不同生产部门中,需在同一类型机床上加工的工件及其尺寸相差悬殊。为了充分发挥机床的效能,每一类型机床应有大小不同的几种规格,以便不同尺寸范围的工件可以对应地选用相应规格的机床进行加工。

机床的规格大小,常用主参数表示。某一类型不同规格机床的主参数数列,便是该类型机床的尺寸系列。为了既能有效地满足国民经济各部门使用机床的需要,又便于机床制造厂组织生产,某一类型机床尺寸系列中不同规格应作合理的分布。通常是按等比数列的规律排列。例如,中型卧式车床的尺寸系列为250、320、400、500、630、800、1 000、1 250(单位为 mm),即不同规格卧式车床的主参数为公比等于 1.26 的等比数列。

1.7 机床的精度

机床上加工的机械零件,不仅要保证它的形状、尺寸,还要保证一定的加工精度。机床上加工工件所能达到的精度,决定于一系列因素,如机床、刀具、夹具、工艺方案、工艺参数以及工人技术水平等,而在正常加工条件下,机床本身的精度通常是最重要的一个因素。例如,在车床上车削圆柱面,其圆柱度主要决定于车床主轴与刀架的运动精度,以及刀架运动轨迹相对于主轴轴线的位置精度。

机床的精度包括几何精度、传动精度和定位精度。不同类型和不同加工要求的机床,对这些方面的要求是不相同的。

几何精度是指机床某些基础零件工作面的几何形状精度,决定机床加工精度的运动部件的运动精度,决定机床加工精度的零、部件之间及其运动轨迹之间的相对位置精度等。例如,床身导轨的直线度、工作台台面的平面度、主轴的旋转精度、刀架和工作台等移动的直线度、车床刀架移动方向与主轴轴线的平行度等,这些都决定着刀具和工件之间的相对运动轨迹的准确性,从而也就决定了被加工表面的形状精度以及表面之间的相对位置精度。图1.8列举了这方面的几个例子。图1.8(a)表示由于车床主轴的轴向窜动,使车出的端面产生平面度误差;图1.8(b)表示由于垂直平面内车床刀架移动方向与主轴轴线的平行度误差,使车出的圆柱面成为中凹的回转双曲面;图1.8(c)表示由于卧式升降台铣床的主轴旋转轴线对工作台的平行度误差,使铣出的平面与底部的定位基准平面产生平行度误差。

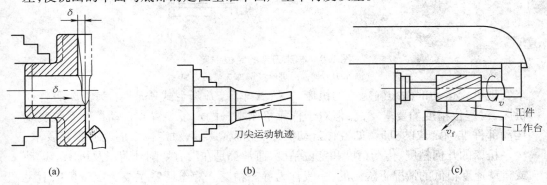

(a)　　　　　　　　　　　(b)　　　　　　　　　　　(c)

图1.8　机床加工误差

(a)主轴轴向窜动;(b)垂直平面车床刀架移动方向与主轴轴线的平行度误差;
(c)铣床主轴旋转轴线对工作台面的平行度误差

机床的几何精度是保证工件加工精度的最基本条件,因此,所有机床都有一定几何精度要求。

传动精度是指机床内联系传动链两端件之间运动关系的准确性,它决定着复合运动轨迹的精度,从而直接影响被加工表面的形状精度。例如,卧式车床的螺纹进给传动链,应保证主轴每转一转时,刀架均匀地准确移动被加工螺纹的一个导程,否则工件螺纹将会产生螺距误差(相邻螺距误差和一定长度上的螺距累积误差)。所以,凡是具有内联系传动链的机床,如螺纹加工机床、齿轮加工机床等,除几何精度外,还有较高的传动精度要求。

定位精度是指机床运动部件,如工作台、刀架和主轴箱等,从某一起始位置运动到预期的另一位置时所到达的实际位置的准确程度。例如,车床上车削外圆时,为了获得一定的直径尺寸 d,要求刀架横向移动 L(单位 mm)使车刀刀尖从位置Ⅰ移动到位置Ⅱ(见图1.9(a));如果刀尖到达的实际位置与预期的位置Ⅱ不一致,则车出的工件直径 d 将产生误差。又如图1.9(b)所示车床液压刀架,由定位螺钉顶住死挡铁实现横向定位,以获得一定的工件直径尺寸 d;在加工一批工件时,如果每次刀架定位时的实际位置不相同,即刀尖与主轴轴线之间的距离在一定范围内变动,则车出的各个工件的直径尺寸 d 也不一致。上述这种机床运动部件在某一给定位置上,作多次重复定位时实际位置的一致程度,称为重复定位精度。

机床的定位精度决定着工件的尺寸精度。对于主要通过试切和测量工件尺寸

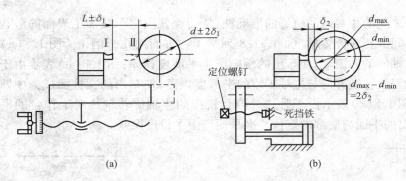

图 1.9   车床刀架的定位误差

(a)车刀刀架横向进给;(b)车床液压刀架

来实现机床运动部件准确定位的机床,如卧式车床、升降台式铣床、牛头刨床等普通机床,对定位精度的要求不高;但对于依靠机床本身的定位装置或自动控制系统实现运动部件准确定位的机床,如各种自动机床、坐标镗床等,对定位精度则有很高要求。

机床的几何精度、传动精度和定位精度,通常都是在没有切削载荷以及机床不运动或运动速度很低的情况下检测的,一般称为静态精度。静态精度主要决定于机床上主要零、部件,如主轴及其轴承、丝杠螺母、齿轮、车身、箱体等的制造与装配精度。为了控制机床的制造质量,保证加工出的零件能达到所需的精度,国家对各类通用机床都制定有精度标准。精度标准的内容包括精度检验项目、检验方法和允许的误差范围。

静态精度只能在一定程度上反映机床的加工精度,因为机床在实际工作状态下,还有一系列因素会影响加工精度。例如,由于切削力、夹紧力等的作用,机床的零、部件会产生弹性变形;在机床内部热源(如电动机、液压传动装置的发热,齿轮、轴承、导轨等的摩擦发热)以及环境温度变化的影响下,机床零、部件将产生热变形;由于切削力和运动速度的影响,机床会产生振动;机床运动部件以工作状态的速度运动时,由于相对滑动面之间的油膜以及其他因素的影响,其运动精度也与低速运动时不同。所有这些,都将引起机床静态精度的变化,影响工件的加工精度。机床在载荷、温升、振动等作用下的精度,称为机床的动态精度。动态精度除了与静态精度密切有关外,还在很大程度上决定于机床的刚度、抗振性和热稳定性等。

表 1.3   金属切削机床组系划分表(摘自 GB/T 15375—2008 部分)

类别	代号	机床名称	组别	系别	主参数名称	折算系数
车床	C	单轴纵切自动车床	1	1	最大棒料直径	1
		单轴横切自动车床	1	2	最大棒料直径	1
		单轴转塔自动车床	1	3	最大棒料直径	1
		多轴棒料自动车床	2	1	最大棒料直径	1
		多轴卡盘自动车床	2	2	卡盘直径	1/10

续表

类别	代号	机床名称	组别	系别	主参数名称	折算系数
车床	C	立式多轴半自动车床	2	6	最大车削直径	1/10
		回轮车床	3	0	最大棒料直径	1
		滑鞍转塔车床	3	1	卡盘直径	1/10
		滑枕转塔车床	3	3	卡盘直径	1/10
		曲轴车床	4	1	最大工件回转直径	1/10
		凸轮轴车床	4	6	最大工件回转直径	1/10
		单柱立式车床	5	1	最大车削直径	1/100
		双柱立式车床	5	2	最大车削直径	1/100
		落地车床	6	0	最大工件回转直径	1/100
		卧式车床	6	1	床身上最大回转直径	1/10
		马鞍车床	6	2	床身上最大回转直径	1/10
		卡盘车床	6	4	床身上最大回转直径	1/10
		球面车床	6	5	刀架上最大回转直径	1/10
		仿行车床	7	1	刀架上最大回转直径	1/10
		多刀车床	7	5	刀架上最大回转直径	1/10
		卡盘多刀车床	7	6	刀架上最大回转直径	1/10
		轧辊车床	8	4	最大工件直径	1/10
		铲齿车床	8	9	最大工件直径	1/10
钻床	Z	立式坐标镗钻床	1	3	工作台面宽度	1/10
		深孔钻床	2	1	最大钻孔直径	1/10
		摇臂钻床	3	0	最大钻孔直径	1
		万向摇臂钻床	3	1	最大钻孔直径	1
		台式钻床	4	0	最大钻孔直径	1
		圆柱立式钻床	5	0	最大钻孔直径	1
		方柱立式钻床	5	1	最大钻孔直径	1
		可调多轴立式钻床	5	2	最大钻孔直径	1
		中心孔钻床	8	1	最大工件直径	1/10
		平端面中心孔钻床	8	2	最大工件直径	1/10
镗床	T	立式单柱坐标镗床	4	1	工作台面宽度	1/10
		立式双柱坐标镗床	4	2	工作台面宽度	1/10

类别	代号	机床名称	组别	系别	主参数名称	折算系数
镗床	T	卧式坐标镗床	4	6	工作台面宽度	1/10
		卧式铣镗床	6	1	镗轴直径	1/10
		落地镗床	6	2	镗轴直径	1/10
		落地铣镗床	6	9	镗轴直径	1/10
		单面卧式精镗床	7	0	工作台面宽度	1/10
		双面卧式精镗床	7	1	工作台面宽度	1/10
		立式精镗床	7	2	最大镗孔直径	1/10
磨床	M	抛光机	0	4	—	—
		刀具磨床	0	6	—	—
		无心外圆磨床	1	0	最大磨削直径	1
		外圆磨床	1	3	最大磨削直径	1/10
		万能外圆磨床	1	4	最大磨削直径	1/10
		宽砂轮外圆磨床	1	5	最大磨削直径	1/10
		端面外圆磨床	1	6	最大回转直径	1/10
		内圆磨床	2	1	最大磨削孔径	1/10
		立式行星内圆磨床	2	5	最大磨削孔径	1/10
		落地砂轮机	3	0	最大砂轮直径	1/10
		落地导轨磨床	5	0	最大磨削宽度	1/100
		龙门导轨磨床	5	2	最大磨削宽度	1/100
		万能工具磨床	6	0	最大回转直径	1/10
		钻头刃磨床	6	3	最大刃磨钻头直径	1
		卧轴矩台平面磨床	7	1	工作台面宽度	1/10
		卧轴圆台平面磨床	7	3	工作台面直径	1/10
		立式圆台平面磨床	7	4	工作台面直径	1/10
		曲轴磨床	8	2	最大回转直径	1/10
		凸轮轴磨床	8	3	最大回转直径	1/10
		花键轴磨床	8	6	最大磨削直径	1/10
		曲线磨床	9	0	最大磨削长度	1/10
齿轮加工机床	Y	弧齿锥齿轮磨齿机	2	0	最大工件直径	1/10
		弧齿锥齿轮铣齿机	2	2	最大工件直径	1/10
		直齿锥齿轮刨齿机	2	3	最大工件直径	1/10
		滚齿机	3	1	最大工件直径	1/10

类别	代号	机床名称	组别	系别	主参数名称	折算系数
齿轮加工机床	Y	卧式滚齿机	3	6	最大工件直径	1/10
		剃齿机	4	2	最大工件直径	1/10
		衍齿机	4	6	最大工件直径	1/10
		插齿机	5	1	最大工件直径	1/10
		花键轴铣床	6	0	最大铣削直径	1/10
		碟形砂轮磨齿机	7	0	最大工件直径	1/10
		锥形砂轮磨齿机	7	1	最大工件直径	1/10
		蜗杆砂轮磨齿机	7	2	最大工件直径	1/10
		车齿机	8	0	最大工件直径	1/10
		齿轮倒角机	9	3	最大工件直径	1/10
		齿轮噪声检查机	9	9	最大工件直径	1/10
螺纹加工机床	S	套丝机	3	0	最大套丝直径	1
		卧式攻丝机	4	8	最大攻丝直径	1/10
		丝杠铣床	6	0	最大工件直径	1/10
		短螺纹铣床	6	2	最大铣削直径	1/10
		丝杠磨床	7	4	最大工件直径	1/10
		万能螺纹磨床	7	5	最大工件直径	1/10
		丝杠车床	8	6	最大工件长度	1/100
		多头螺纹车床	8	9	最大车削直径	1/10
铣床	X	龙门铣床	2	0	工作台面宽度	1/100
		圆台铣床	3	0	工作台面直径	1/100
		平面仿形铣床	4	3	最大铣削宽度	1/10
		立体仿形铣床	4	4	最大铣削宽度	1/10
		立式升降台铣床	5	0	工作台面宽度	1/10
		卧式升降台铣床	6	0	工作台面宽度	1/10
		万能升降台铣床	6	1	工作台面宽度	1/10
		床身铣床	7	1	工作台面宽度	1/100
		万能工具铣床	8	1	工作台面宽度	1/10
		键槽铣床	9	2	最大键槽宽度	1
刨插床	B	悬臂刨床	1	0	最大刨削宽度	1/100
		龙门刨床	2	0	最大刨削宽度	1/100
		龙门铣磨刨床	2	2	最大刨削宽度	1/100

类别	代号	机床名称	组别	系别	主参数名称	折算系数
刨插床	B	插床	5	0	最大插削宽度	1/10
		牛头刨床	6	0	最大刨削宽度	1/10
		模具刨床	8	8	最大刨削宽度	1/10
拉床	L	卧式外拉床	3	1	额定拉力	1/10
		连续拉床	4	3	额定拉力	1/10
		立式内拉床	5	1	额定拉力	1/10
		卧式内拉床	6	1	额定拉力	1/10
		立式外拉床	7	1	额定拉力	1/10
		气缸体平面拉床	9	1	额定拉力	1/10
锯床	G	立式带锯床	5	1	最大锯削厚度	1/10
		卧式圆锯床	6	0	最大圆锯片直径	1/100
		平板卧式弓锯床	7	1	最大锯削直径	1/10
其他机床	Q	管接头车丝机	1	6	最大加工直径	1/10
		木螺钉螺纹加工机	2	1	最大工件直径	1
		圆刻线机	4	0	最大加工长度	1/100
		长刻线机	4	1	最大加工长度	1/100

表 1.4　机床常用传动元件标准符号

名称	符　　号	名称	符　　号
向心轴承		推力轴承	
向心推力轴承		制动器	
一般齿轮的表达形式		直齿圆柱齿轮	

名称	符　号	名称	符　号
斜齿圆柱齿轮		人字齿轮	
直齿锥齿轮		斜齿锥齿轮	
弧齿轮		蜗轮蜗杆传动	
锥齿轮传动		圆柱齿轮传动	
扇形齿轮传动		超越离合器	
安全离合器		离心摩擦离合器	

名称	符　号	名称	符　号
单向啮合式离合器		双向啮合式离合器	
单向式摩擦离合器		双向式摩擦离合器	
液压离合器		电磁离合器	
联轴器		固定联轴器	
可移式离合器		弹性离合器	
齿条传动		圆柱凸轮	

名称	符　　号	名称	符　　号
链传动		带传动	
外啮合槽轮机构		整体螺母的螺杆传动	
开合螺母的螺杆传动		滚珠螺母的螺杆传动	
圆柱轮摩擦传动		锥齿轮摩擦传动	

习题与思考题

1. 说出下列机床的名称和主参数(第二主参数),并说明它们各具有何种结构特性。

CM6132, C1336 , C2150 × 6, Z3040 × 16, T6112, T4163B, XK5040, B2021A, MGB1432

2. 画简图表示用下列方法加工所需表面时,需要哪些成形运动? 其中哪些是简单运动? 哪些是复合运动?

(1)用成形车刀车削外圆锥面;

（2）用尖刃车刀纵横向同时走刀车外圆锥面；

（3）用钻头钻孔；

（4）用拉刀拉削圆柱孔；

（5）用单片薄砂轮磨螺纹；

（6）用成形铣刀铣直线成形面；

（7）用插齿刀插削直齿圆柱齿轮。

3. 按图1.10（a）和图1.10（b）所示传动系统作下列各题：

（1）写出传动路线表达式；

（2）分析主轴的转速级数；

（3）计算主轴最高、最低转速。

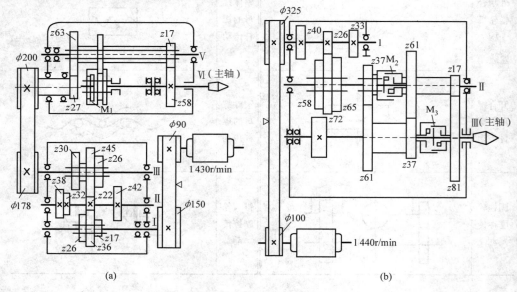

图1.10　传动系统（1）

4. 按图1.11（a）所示传动系统,试计算：

（1）轴 A 的转速（r/min）；

（2）轴 A 转 1 转时,轴 B 转过的转数；

（3）轴 B 转 1 转时,螺母 C 移动的距离。

5. 如图1.11（b）所示传动系统图,如要求工作台移动 $L_{\text{工}}$（mm）时,主轴转 1 转,试导出换置机构（$\frac{ac}{bd}$）的换置公式。

6. 试将图1.12画成一个完整的铣螺纹传动原理图,并说明为实现所需成形运动,需有几条传动链？哪几条是外联系传动链？哪几条是内联系传动链？

7. 下列情况中,应采用何种分级变速机构为宜：

（1）采用斜齿圆柱齿轮传动；

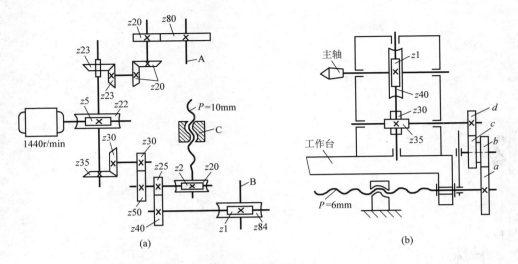

(a)　　　　　　　　　(b)

图 1.11　传动系统(2)

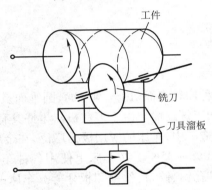

图 1.12　铣螺旋槽传动原理

(2)传动比要求不严,但要求传动平稳的传动系统;

(3)不需要经常变速的专用机床;

(4)需经常变速的通用机床。

2

车床

2.1 概述

车床主要用于加工各种回转表面(内外圆柱面、圆锥面及成形回转表面)和回转体的端面,有些车床可以加工螺纹面。由于多数机器零件具有回转表面,车床的通用性又较广,因此,在机械制造厂中,车床的应用极为广泛,在金属切削机床中所占的比例最大,占机床总台数的 20% ~ 35% 。在车床上使用各种车刀,有些车床上还可以使用加工各种孔的钻头、扩孔钻、铰刀、丝锥和板牙等。车床的主运动是由工件的旋转运动实现的;车床进给运动则是由刀具的直线移动完成的。车床种类繁多,按其用途和结构的不同,主要分为卧式车床及落地车床、立式车床、转塔车床、仪表车床、单轴自动和半自动车床、多轴自动和半自动车床、仿形车床及多刀车床、专门化车床等。

2.2 CA6140 型卧式车床

2.2.1 工艺范围

CA6140 型卧式车床工艺范围很广,它适用于加工各种轴类、套筒类和盘类零件上的回转表面,例如,内圆柱面、圆锥面、环槽及成形回转表面,端面及各种常用螺纹,还可以进行钻孔、扩孔、铰孔和滚花等工艺,如图 2.1 所示。

2.2.2 机床布局及主要技术性能

1. 机床布局

由于卧式车床主要加工轴类和直径不太大的盘套类零件,所以采用卧式布局,如

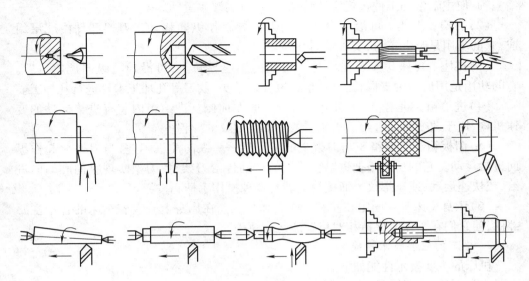

图 2.1　卧式车床工艺范围

图 2.2 所示。其主要组成部件及功用如下。

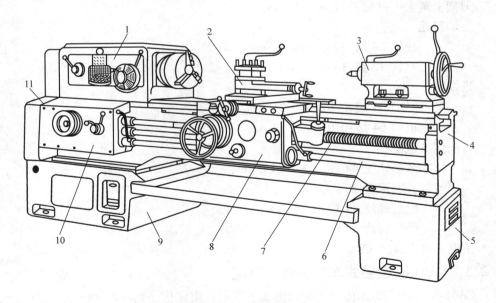

图 2.2　卧式车床外形

1—主轴箱;2—刀架;3—尾座;4—床身;5、9—床腿;6—光杠;
7—丝杠;8—溜板箱;10—进给箱;11—挂轮变速机构

(1)主轴箱。主轴箱 1 固定在床身 4 的左上部,内部装有主轴和变速传动机构。工件通过夹具装夹在主轴前端。主轴箱的功用是支承主轴,并把动力经变速机构传给主轴,使主轴带动工件按规定的转速旋转,以实现主运动。

(2)刀架。刀架 2 可沿床身 4 上的刀架导轨作纵向移动。刀架部件由几层组成,它的功用是装夹车刀,实现纵向、横向和斜向运动。

(3)尾座。尾座 3 安装在床身 4 右端的尾座导轨上,可沿导轨纵向调整位置。它的功用是用后顶尖支撑长工件,也可以安装钻头、铰刀等孔加工刀具进行孔加工。

(4)进给箱。进给箱 10 固定在床身 4 的左前侧。进给箱内装有进给运动的变速机构,用于改变机动进给的进给量或所加工螺纹的导程。

(5)溜板箱。溜板箱 8 与刀架 2 的最下层——纵向溜板相连,与刀架一起作纵向进给运动。它的功用是把进给箱传来的运动传给刀架,使刀架实现纵向和横向进给,或快速运动,或车螺纹。溜板箱上装有各种操作手柄和按钮。

(6)床身。床身 4 固定在左右床腿 5 和 9 上。在床身上安装着车床的各个主要部件,使它们在工作时保持相对位置或运动轨迹。

2. 机床的主要技术性能

机床的主要技术性能如下。

床身上最大工件回转直径:400 mm。

最大工件长度:750 mm、1 000 mm、1 500 mm、2 000 mm。

刀架上最大工件回转直径:210 mm。

主轴转速

        正转 24 级:10 ~ 1 400 r/min。

        反转 12 级:14 ~ 1 580 r/min。

进给量

        纵向 64 级:0. 028 ~ 6. 33 mm/r。

        横向 64 级:0. 014 ~ 3. 16 mm/r。

车削螺纹范围

        米制螺纹 44 种:$P = 1 \sim 192$ mm。

        英制螺纹 20 种:$a = 2 \sim 24$ 牙/in。

        模数螺纹 39 种:$m = 0. 25 \sim 48$ mm。

        径节螺纹 37 种:$DP = 1 \sim 96$ 牙/in。

主电机功率:7. 5 kW。

2.2.3 CA6140 型卧式车床的传动系统

CA6140 型卧式车床传动系统如图 2.3 所示。机床传动系统由主运动传动链、车螺纹传动链、纵向进给运动传动链、横向进给运动传动链及快速运动传动链组成。

2.2.3.1 主运动传动链

主运动传动链的两末端件是主电动机与主轴,它的功用是把动力源(电动机)的运动及动力传给主轴,使主轴带动工件旋转实现主运动,并满足卧式车床主轴变速和换向的要求。主运动的动力源是电动机,执行件是主轴。运动由电动机经 V 带轮传

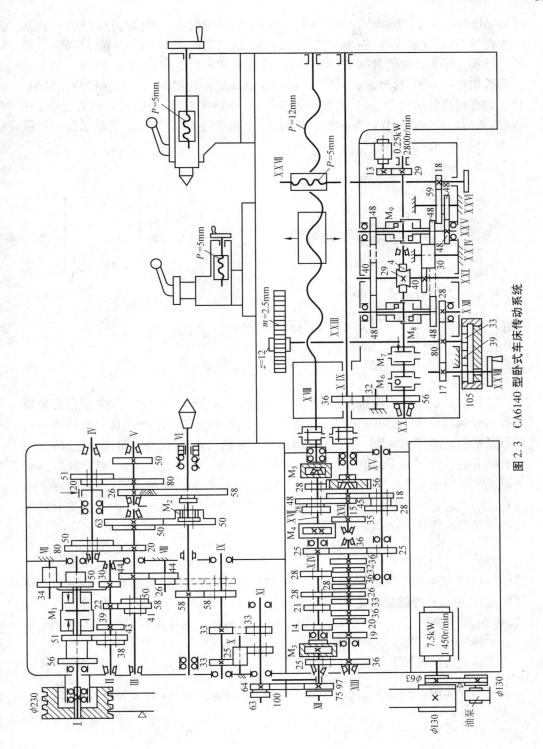

图 2.3 CA6140 型卧式车床传动系统

动副 φ130/φ230 传至主轴箱中的轴Ⅰ。轴Ⅰ上装有双向多片摩擦离合器 M_1,离合器左半部接合时,主轴正转;右半部接合时,主轴反转;左右都不接合时,轴Ⅰ空转,主轴停止转动。轴Ⅰ运动经 M_1→轴Ⅱ→轴Ⅲ,然后分成两条路线传给主轴:当主轴Ⅵ上的滑移齿轮($z=50$)移至左边位置时,运动从轴Ⅲ经齿轮副 63/50 直接传给主轴Ⅵ,使主轴得到高转速;当主轴Ⅵ上的滑移齿轮($z=50$)向右移,使齿轮式离合器 M_2 接合时,则运动经轴Ⅲ→Ⅳ→Ⅴ传给主轴Ⅵ,使主轴获得中、低转速。主运动传动路线表达式如下:

$$\text{电动机}\begin{pmatrix}7.5\text{ kW}\\1\ 450\text{ r/min}\end{pmatrix}-\frac{\phi130}{\phi230}-Ⅰ-\begin{bmatrix}M_1\text{左(正转)}-\begin{bmatrix}\dfrac{56}{38}\\\dfrac{51}{43}\end{bmatrix}-\\M_1\text{右(反转)}-\dfrac{50}{34}-Ⅶ-\dfrac{34}{30}\end{bmatrix}-Ⅱ$$

$$\begin{bmatrix}\dfrac{39}{41}\\\dfrac{30}{50}\\\dfrac{22}{58}\end{bmatrix}-Ⅲ-\begin{bmatrix}\begin{bmatrix}\dfrac{20}{80}\\\dfrac{50}{50}\end{bmatrix}-Ⅳ-\begin{bmatrix}\dfrac{20}{80}\\\dfrac{51}{50}\end{bmatrix}-Ⅴ\dfrac{26}{58}M_2\text{右}\\-\dfrac{63}{50}-\qquad\qquad M_2\text{左}\end{bmatrix}-Ⅵ\text{(主轴)}$$

由传动系统图和传动路线表达式可以看出,主轴正转时,轴Ⅱ上的双联滑移齿轮可有两种啮合位置,分别经 56/38 或 51/43 使轴Ⅱ获得两种速度。其中的每种转速经轴Ⅲ的三联滑移齿轮 39/41 或 30/50 或 22/58 的齿轮啮合,使轴Ⅲ获得三种转速,因此轴Ⅱ的两种转速可使轴Ⅲ获得 2×3=6 种转速。经高速分支传动路线时,由齿轮副 63/50 使主轴Ⅵ获得 6 种高转速。经低速分支传动路线时,轴Ⅲ的 6 种转速经轴Ⅳ上的两对双联滑移齿轮,使主轴得到 6×2×2=24 种低转速。因为轴Ⅲ到轴Ⅴ间的两个双联滑移齿轮变速组得到的四种传动比中,有两种重复,即

$$u_1=\frac{50}{50}\times\frac{51}{50}\approx1,u_2=\frac{50}{50}\times\frac{20}{80}=\frac{1}{4},u_3=\frac{20}{80}\times\frac{51}{50}\approx\frac{1}{4},u_4=\frac{20}{80}\times\frac{20}{80}=\frac{1}{16}$$

其中 ,u_2、u_3 基本相等,因此经低速传动路线时,主轴Ⅵ获得的实际只有 6×(4−1)=18 级转速,其中有 6 种重复转速。所以,主轴总转速级数为:2×3+2×3(2×2−1)=24级,这 24 级主轴转速可分解为 4 段 6 级,即 1 段高转速,3 段中低转速,每段 6 级。

主轴反转时,只能获得 3+3×(2×2−1)=12 级转速。

主轴的转速可按下列运动平衡式计算。

低转速:$n_\text{主}=n_\text{电}\times\dfrac{\phi130}{\phi230}\times(1-\varepsilon)\times\mu_{Ⅰ-Ⅱ}\times\mu_{Ⅱ-Ⅲ}\times\mu_{Ⅲ-Ⅳ}\times\mu_{Ⅳ-Ⅴ}\times\dfrac{26}{58}$

高转速:$n_\text{主}=n_\text{电}\times\dfrac{\phi130}{\phi230}\times(1-\varepsilon)\times\mu_{Ⅰ-Ⅱ}\times\mu_{Ⅱ-Ⅲ}\times\dfrac{63}{50}$

式中：ε——V 带轮的滑动系数，可取 $\varepsilon = 0.02$；

　　　$u_{\text{I}-\text{II}}$——轴 I 和轴 II 间的可变传动比。

其余类推。

例如，图 2.3 所示的齿轮啮合情况（离合器 M_2 拨向左侧），主轴的转速为：

$$n_\text{主} = 1\,450 \times \frac{\phi130}{\phi230} \times (1 - 0.02) \times \frac{51}{43} \times \frac{22}{58} \times \frac{63}{50} \approx 450 \text{ r/min}$$

主轴反转主要用于车螺纹，在不断开主轴和刀架间传动联系的情况下，使刀架退回到起始位置。

2.2.3.2　进给运动传动链

进给运动传动链的两个末端件分别是主轴和刀架，其作用是实现刀具纵向或横向移动及变速与换向。它包括车螺纹进给运动传动链和机动进给运动传动链。

（一）车螺纹进给运动传动链

CA6140 型普通车床可以车削米制、英制、模数和径节四种螺纹。车削螺纹时，主轴与刀架之间必须保持严格的传动比关系，即主轴每转一转，刀架应均匀地移动一个导程 L（mm）。CA6140 型普通车床上用的丝杠是米制丝杠。由此可列出车削螺纹传动链的运动平衡方程式为：

$$1_{(\text{主轴})} \times u_{\text{主轴—丝杠}} \times L_\text{丝} = L$$

式中：$u_{\text{主轴—丝杠}}$——从主轴到丝杠之间全部传动副的总传动比；

　　　$L_\text{丝}$——机床丝杠的导程，CA6140 型车床 $L_\text{丝} = 12$ mm；

　　　L——被加工工件的导程，mm。

1. 车削米制螺纹

米制螺纹反映螺纹形状的主参数是螺纹的导程（螺距）L。而 CA6140 型普通车床采用米制螺纹的丝杠螺母机构驱动刀架。

1）车削米制螺纹的传动路线

车削米制螺纹时，运动由主轴 VI 经齿轮副 58/58 至轴 IX，再经圆柱齿轮换向机构 33/33（车左螺纹时经 33/25 × 25/33）传动轴 XI，再经挂轮 63/100 × 100/75 传到进给箱中轴 XII，进给箱中的离合器 M_3 和 M_4 脱开，M_5 接合，再经移换机构的齿轮副 25/36 传到轴 XIII，由轴 XIII 和 XIV 间的基本变速组、移换机构的齿轮副 25/36 × 36/25 将运动传到轴 XV，再经增倍变速组传至轴 XVII，最后经齿式离合器 M_5，传动丝杠 XVIII，经溜板箱带动刀架纵向运动，完成米制螺纹的加工。其传动路线表达如下。

$$\text{主轴 VI} - \frac{58}{58} - \text{IX} - \left\{ \begin{matrix} \frac{33}{33}（\text{右螺纹}） \\[2mm] \frac{33}{25} \times \frac{35}{33}（\text{左螺纹}） \end{matrix} \right\} - \text{XI} - \frac{63}{100} \times \frac{100}{75} - \text{XII} - \frac{25}{36} - \text{XIII} -$$

$$u_\text{基} - \text{XIV} - \frac{25}{36} \times \frac{36}{25} - \text{XV} - u_\text{倍} - \text{XVII} - M_5 - \text{XVIII}（\text{丝杠}） - \text{刀架}$$

2）车削米制螺纹的运动平衡式

由传动系统图和传动路线表达式，可以列出车削米制螺纹的运动平衡式：

$$L = kP = 1_{(主轴)} \times \frac{58}{58} \times \frac{33}{33} \times \frac{63}{100} \times \frac{100}{75} \times \frac{25}{36} \times u_{基} \times \frac{25}{36} \times \frac{36}{25} \times u_{倍} \times 12$$

式中:L——螺纹导程(对于单头螺纹为螺距 P),mm;

$u_{基}$——轴XIII—XVI间基本螺距机构的传动比;

$u_{倍}$——轴XV—XVII间增倍机构的传动比。

将上式化简后得:

$$L = 7u_{基} \, u_{倍}$$

进给箱中的基本变速组为双轴滑移齿轮变速机构,由轴XIII上的 8 个固定齿轮和轴 XIV上的 4 个滑移齿轮组成,每个滑移齿轮可分别与邻近的两个固定齿轮相啮合,共有 8 种不同的传动比,即

$$u_{基1} = \frac{26}{28} = \frac{6.5}{7}; u_{基2} = \frac{28}{28} = \frac{7}{7}; u_{基3} = \frac{32}{28} = \frac{8}{7}; u_{基4} = \frac{36}{28} = \frac{9}{7};$$

$$u_{基5} = \frac{19}{14} = \frac{9.5}{7}; u_{基6} = \frac{20}{14} = \frac{10}{7}; u_{基7} = \frac{33}{21} = \frac{11}{7}; u_{基8} = \frac{36}{21} = \frac{12}{7}$$

不难看出,除了 $u_{基1}$ 和 $u_{基5}$ 外,其余的 6 个传动比组成一个等差数列。改变 $u_{基}$ 的值,就可以车削出按等差数列排列的导程组。上述变速机构是获得等差数列螺纹导程的基本变速机构,故通常称其为基本螺距机构,简称基本组。进给箱中的增倍变速组由轴XV—XVII轴间的三轴滑移齿轮机构组成,可变换 4 种不同的传动比,即

$$u_{倍1} = \frac{28}{35} \times \frac{35}{28} = 1; u_{倍2} = \frac{18}{45} \times \frac{35}{28} = \frac{1}{2};$$

$$u_{倍3} = \frac{28}{35} \times \frac{15}{48} = \frac{1}{4}; u_{倍4} = \frac{18}{45} \times \frac{15}{48} = \frac{1}{8}$$

它们之间依次相差 2 倍,改变 $u_{倍}$ 的值,可将基本组的传动比成倍地增加或缩小,这个变速机构用于扩大机床车削螺纹导程的种数,一般称其为增倍机构或增倍组。

把 $u_{基}$ 和 $u_{倍}$ 的值代入上式,得到 $8 \times 4 = 32$ 种导程值,其中符合标准的有 20 种,见表 2.1。可以看出,表中的每一行都是按等差数列排列的,而行与行之间成倍数关系。

表 2.1 CA6140 型普通车床米制螺纹导程 L　　　　　　(单位:mm)

$u_{倍}$ ＼ L ＼ $u_{基}$	$\frac{26}{28}$	$\frac{28}{28}$	$\frac{32}{28}$	$\frac{36}{28}$	$\frac{19}{14}$	$\frac{20}{14}$	$\frac{33}{21}$	$\frac{36}{21}$
$\frac{18}{45} \times \frac{15}{48} = \frac{1}{8}$	—	—	1	—	—	1.25	—	1.5
$\frac{28}{35} \times \frac{15}{48} = \frac{1}{4}$	—	1.75	2	2.25	—	2.5	—	3
$\frac{18}{45} \times \frac{35}{28} = \frac{1}{2}$	—	3.5	4	4.5	—	5	5.5	6
$\frac{28}{35} \times \frac{35}{28} = 1$	—	7	8	9	—	10	11	12

3）扩大导程传动路线

从表 2.1 可以看出，此传动路线能加工的最大螺纹导程是 12 mm。如果需车削导程大于 12 mm 的米制螺纹，应采用扩大导程传动路线。这时，主轴Ⅵ的运动（此时 M_2 接合，主轴处于低速状态）经斜齿轮传动副 58/26 到轴 Ⅴ，背轮机构 80/20 与 80/20 或 50/50 至轴Ⅲ，44/44、26/58（轴Ⅸ滑移齿轮 $z = 58$ 处于右位与轴Ⅷ齿轮 $z = 26$ 啮合）传到轴Ⅸ，其传动路线表达式为：

$$
主轴Ⅵ—\begin{bmatrix} （扩大导程）\dfrac{58}{26}—Ⅴ—\dfrac{80}{20}—Ⅳ—\begin{bmatrix} \dfrac{80}{20} \\ \dfrac{50}{50} \end{bmatrix}—Ⅲ—\dfrac{44}{44}—Ⅷ—\dfrac{26}{58} \\ （正常导程）-----------\dfrac{58}{58}------ \end{bmatrix}—Ⅸ
$$

（接正常导程传动路线）

从传动路线表达式可知，扩大螺纹导程时，主轴Ⅵ到轴Ⅸ的传动比为：

当主轴转速为 40 ~ 125 r/min 时，$u_1 = \dfrac{58}{26} \times \dfrac{80}{20} \times \dfrac{50}{50} \times \dfrac{44}{44} \times \dfrac{26}{58} = 4$

当主轴转速为 10 ~ 32 r/min 时，$u_2 = \dfrac{58}{26} \times \dfrac{80}{20} \times \dfrac{80}{20} \times \dfrac{44}{44} \times \dfrac{26}{58} = 16$

而正常螺纹导程时，主轴Ⅵ到轴Ⅸ的传动比为：$u = \dfrac{58}{58} = 1$，所以，通过扩大导程传动路线可将正常螺纹导程扩大 4 倍或 16 倍，通常将这套机构称作扩大螺距机构。CA6140 型车床车削大导程米制螺纹时，最大螺纹导程为：

$$L_{max} = 12 \times 16 = 192 \text{ mm}$$

2. 车削模数螺纹

模数螺纹反映螺纹形状的主参数是螺纹与其啮合的蜗轮的模数 m，而 CA6140 型普通车床采用米制螺纹的丝杠螺母机构驱动刀架。

模数螺纹主要用在米制蜗杆中，模数螺纹螺距应等于与其啮合蜗轮的周节，$P = \pi m$，所以模数螺纹的导程为：

$$L_m = k\pi m$$

式中：L_m ——模数螺纹的导程，mm；

   k ——螺纹的头数；

   m ——螺纹模数。

模数螺纹的标准模数 m 也是分段等差数列。车削时的传动路线与车削米制螺纹的传动路线基本相同。由于模数螺纹的螺距中含有因子 π，因此车削模数螺纹时所用的挂轮与车削米制螺纹时不同，需用 $\dfrac{64}{100} \times \dfrac{100}{97}$ 来引入常数 π，其运动平衡式为：

$$L_m = k\pi m = 1_{(主轴)} \times \frac{58}{58} \times \frac{33}{33} \times \frac{64}{100} \times \frac{100}{97} \times \frac{25}{36} \times u_基 \times \frac{25}{36} \times \frac{36}{25} \times u_倍 \times 12$$

上式中，$\frac{64}{100} \times \frac{100}{97} \times \frac{25}{36} \approx \frac{7\pi}{48}$，其绝对误差为 0.000 04，相对误差为 0.000 09，这种误差很小，一般可以忽略。将运动平衡方程式整理后得：

$$L_m = k\pi m = \frac{7\pi}{4} u_基 u_倍 ; m = \frac{7}{4k} u_基 u_倍$$

变换 $u_基$ 和 $u_倍$ 的值，就可得到各种不同模数的螺纹。表 2.2 列出了 $k = 1$ 时，模数 m 与 $u_基$、$u_倍$ 的关系。

表 2.2　CA6140 型车床模数螺纹表

$u_倍$ ＼ $u_基$ m	$\frac{26}{28}$	$\frac{28}{28}$	$\frac{32}{28}$	$\frac{36}{28}$	$\frac{19}{14}$	$\frac{20}{14}$	$\frac{33}{21}$	$\frac{36}{21}$
$\frac{18}{45} \times \frac{15}{48} = \frac{1}{8}$	—	—	0.25	—	—	—	—	—
$\frac{28}{35} \times \frac{15}{48} = \frac{1}{4}$	—	—	0.5	—	—	—	—	—
$\frac{18}{45} \times \frac{35}{28} = \frac{1}{2}$	—	—	1	—	—	1.25	—	1.5
$\frac{28}{35} \times \frac{35}{28} = 1$	—	1.75	2	2.25	—	2.5	2.75	3

3. 车削英制螺纹

英制螺纹是英、美等少数英寸制国家所采用的螺纹标准。我国部分管螺纹也采用英制螺纹。英制螺纹以每英寸长度上的螺纹牙（扣）数 a（牙/in）表示，其标准值也按分段等差数列的规律排列。由于 CA6140 型车床的丝杠是米制螺纹，被加工的英制螺纹也应换算成以毫米为单位的相应导程值，即：$P_a = \frac{1}{a}$（in）$= \frac{25.4}{a}$（mm），$L_a = kP_a = \frac{25.4k}{a}$（mm）。所以英制螺纹的螺距和导程值是分段调和数列（分母是分段等差数列）。

车削英制螺纹时，对传动路线作如下变动：首先，改变传动链中部分传动副的传动比，使其包含特殊因子 25.4；其次，将基本组两轴的主、被动关系对调，以便使分母为等差数列。其余部分的传动路线与车削米制螺纹时相同。车削英制螺纹时传动链的具体调整情况为，挂轮用 $\frac{63}{100} \times \frac{100}{75}$ 进给箱中离合器 M_3 和 M_5 接合，M_4 脱开，同时轴 XV 左端的滑移齿轮 z_{25} 左移，与固定在轴 XIII 上的齿轮 z_{36} 啮合，于是运动便由轴 XII 经离合器 M_3 传至轴 XIV，然后由轴 XIV 传至轴 XIII，再经齿轮副 $\frac{36}{25}$ 传到轴 XV，从而使基本组的运动传动方向恰好与车米制螺纹时相反,其传动比为 $u'_{基}$,$u'_{基} = \dfrac{28}{26}$、$\dfrac{28}{28}$、$\dfrac{28}{32}$、$\dfrac{28}{36}$、$\dfrac{14}{19}$、$\dfrac{14}{20}$、$\dfrac{21}{33}$、$\dfrac{21}{36}$,即 $u'_{基} = \dfrac{1}{u_{基}}$,同时轴XII与轴XV之间定比传动机构的传动比也由 $\dfrac{25}{36} \times \dfrac{36}{25}$ 改变为 $\dfrac{36}{25}$,其余部分的传动路线与车米制螺纹时相同。传动路线表达式为:

$$主轴 - \frac{58}{58} - IX - \begin{bmatrix} \dfrac{33}{33} \\ (右旋螺纹) \\ \dfrac{33}{25} \times \dfrac{25}{33} \\ (左旋螺纹) \end{bmatrix} - \frac{63}{100} \times \frac{100}{75} - XII - M_3 - XIV - \frac{1}{u_{基}} - XIII$$

$$- \frac{36}{25} - XV - u_{倍} - XVII - M_5 - XVIII(丝杠) - 刀架$$

传动链的运动平衡方程为:

$$L_a = \frac{25.4k}{a} = 1_{(主轴)} \times \frac{58}{58} \times \frac{33}{33} \times \frac{63}{100} \times \frac{100}{75} \times u'_{基} \times \frac{36}{25} \times u_{倍} \times 12$$

上式中,$\dfrac{63}{100} \times \dfrac{100}{75} \times \dfrac{36}{25} \approx \dfrac{25.4}{21}$,$u'_{基} = \dfrac{1}{u_{基}}$,代入化简得:

$$L_a = \frac{25.4k}{a} = \frac{4}{7} \times 25.4 \times \frac{u_{倍}}{u_{基}}$$

$$a = \frac{7k}{4} \times \frac{u_{基}}{u_{倍}}$$

当 $k = 1$ 时,a 值与 $u_{基}$ 和 $u_{倍}$ 的关系见表2.3。

表2.3　CA6140型车床英制螺纹表

$u_{倍}$ ＼ a ＼ $u_{基}$	$\dfrac{26}{28}$	$\dfrac{28}{28}$	$\dfrac{32}{28}$	$\dfrac{36}{28}$	$\dfrac{19}{14}$	$\dfrac{20}{14}$	$\dfrac{33}{21}$	$\dfrac{36}{21}$
$\dfrac{18}{45} \times \dfrac{15}{48} = \dfrac{1}{8}$	—	14	16	18	19	20	—	24
$\dfrac{28}{35} \times \dfrac{15}{48} = \dfrac{1}{4}$	—	7	8	9	—	10	11	12
$\dfrac{18}{45} \times \dfrac{35}{28} = \dfrac{1}{2}$	$3\dfrac{1}{4}$	$3\dfrac{1}{2}$	4	$4\dfrac{1}{2}$	—	5	—	6
$\dfrac{28}{35} \times \dfrac{35}{28} = 1$	—	—	2	—	—	—	—	3

4. 车削径节螺纹

径节螺纹主要用于同英制蜗轮相配合,即为英制蜗杆,其标准参数为径节,用 DP 表示,其定义为:对于英制蜗轮,将其总齿数折算到每一英寸分度圆直径上所得的齿数值,称为径节 DP。根据径节的定义可得蜗轮齿距为: $P = \dfrac{\pi}{DP}(\text{in}) = \dfrac{25.4\pi}{DP}(\text{mm})$。

只有英制蜗杆的轴向齿距与蜗轮齿距 $\dfrac{25.4\pi}{DP}$ 相等才能正确啮合,而径节螺纹的导程为英制蜗杆的轴向齿距,即 $L_{DP} = kP = \dfrac{25.4k\pi}{DP}$。

标准径节的数列也是分段等差数列。径节螺纹的导程排列规律与英制螺纹相同,只是含有特殊因子 25.4π。车削径节螺纹时,可采用英制螺纹的传动路线,但挂轮需换为 $\dfrac{64}{100} \times \dfrac{100}{97}$,其运动平衡式为:

$$L_{DP} = \frac{25.4k\pi}{DP} = 1_{(主轴)} \times \frac{58}{58} \times \frac{33}{33} \times \frac{64}{100} \times \frac{100}{94} \times \frac{1}{u_基} \times \frac{36}{25} \times u_倍 \times 12$$

上式中, $\dfrac{64}{100} \times \dfrac{100}{97} \times \dfrac{36}{25} \approx \dfrac{25.4\pi}{84}$,将运动平衡方程式整理后得:

$$L_{DP} = \frac{25.4k\pi}{DP} = \frac{25.4\pi}{7} \times \frac{u_倍}{u_基}; \quad DP = 7k\frac{u_基}{u_倍}$$

变换 $u_基$ 和 $u_倍$ 的值,可得常用的 24 种螺纹径节。当 $k=1$ 时, DP 值与 $u_基$ 和 $u_倍$ 的关系见表 2.4。

表 2.4　CA6140 型车床径节螺纹表

DP ⟍ $u_基$ / $u_倍$	$\dfrac{26}{28}$	$\dfrac{28}{28}$	$\dfrac{32}{28}$	$\dfrac{36}{28}$	$\dfrac{19}{14}$	$\dfrac{20}{14}$	$\dfrac{33}{21}$	$\dfrac{36}{21}$
$\dfrac{18}{45} \times \dfrac{15}{48} = \dfrac{1}{8}$	—	56	64	72	—	80	88	96
$\dfrac{28}{35} \times \dfrac{15}{48} = \dfrac{1}{4}$	—	28	32	36	—	40	44	48
$\dfrac{18}{45} \times \dfrac{35}{28} = \dfrac{1}{2}$	—	14	16	18	—	20	22	24
$\dfrac{28}{35} \times \dfrac{35}{28} = 1$	—	7	8	9	—	10	11	12

5. 车削非标准螺纹和较精密螺纹

所谓非标准螺纹是指利用上述传动路线无法得到的螺纹。这时需将进给箱中的齿式离合器 M_3、M_4、M_5 全部啮合,被加工螺纹的导程依靠调整挂轮的传动比 $\dfrac{a}{b} \times \dfrac{c}{d}$ 来实现。其运动平衡式为:

$$L = 1_{(主轴)} \times \frac{58}{58} \times \frac{33}{33} \times \frac{a}{b} \times \frac{c}{d} \times 12$$

所以,挂轮的换置公式为:

$$\frac{a}{b} \times \frac{c}{d} = \frac{L}{12}$$

适当地选择挂轮 a、b、c 及 d 的齿数,就可车出所需要的非标准螺纹。同时,由于螺纹传动链不再经过进给箱中任何齿轮传动,减少了传动件制造和装配误差对被加工螺纹导程的影响,若选择高精度的齿轮作挂轮,则可加工精密螺纹。

（二）机动进给运动传动链

机动进给传动链主要用来加工圆柱面和端面,为了减少螺纹传动链丝杠及开合螺母磨损,保证螺纹传动链的精度,机动进给是由光杠经溜板箱传动的。其传动路线表达式如下:

$$主轴（\text{VI}）-\begin{bmatrix} 米制螺纹传动路线 \\ 英制螺纹传动路线 \end{bmatrix}-\text{XVII}-\frac{28}{56}-\text{XIX}（光杠）-\frac{36}{32} \times \frac{32}{56}-M_6（超$$

$$越离合器）-M_7（安全离合器）-\text{XX}-\frac{4}{29}-\text{XXI}-$$

$$\begin{bmatrix} \begin{bmatrix} \frac{40}{48}-M_8 \uparrow \\ \frac{40}{30} \times \frac{30}{48}-M_8 \downarrow \end{bmatrix}-\text{XXII}-\frac{28}{80}-\text{XXIII}-z_{12}-齿条-刀架（纵向进给） \\ \begin{bmatrix} \frac{40}{48}-M_9 \uparrow \\ \frac{40}{30} \times \frac{30}{48}-M_9 \downarrow \end{bmatrix}-\text{XXV}-\frac{48}{48} \times \frac{59}{18}-\text{XXVII}（丝杠）-刀架（横向进给） \end{bmatrix}$$

溜板箱中由双向牙嵌式离合器 M_8、M_9 和齿轮副 $\frac{40}{48}$、$\frac{40}{30} \times \frac{30}{48}$ 组成的两个换向机构,分别用于变换纵向和横向进给运动的方向。利用进给箱中的基本螺距机构和增倍机构,以及进给传动链的不同传动路线,可获得纵向和横向进给量各 64 种。

纵向和横向进给传动链两端件的计算位移为:

纵向进给:主轴转 1 转,刀架纵向移动 $f_{纵}$（mm）;

横向进给:主轴转 1 转,刀架横向移动 $f_{横}$（mm）。

1. 纵向机动进给传动链

CA6140 型车床纵向机动进给量有 64 种。

（1）正常进给量。当运动由主轴经正常导程的米制螺纹传动路线时,可获得正常进给量(0.08～1.22 mm/r)32 种。这时的运动平衡式为:

$$f_{纵} = 1_{（主轴）} \times \frac{58}{58} \times \frac{33}{33} \times \frac{63}{100} \times \frac{100}{75} \times \frac{25}{36} \times u_{基} \times \frac{25}{36} \times \frac{36}{25} \times u_{倍} \times \frac{28}{56} \times \frac{36}{32} \times \frac{32}{56} \times$$

$$\frac{4}{29} \times \frac{40}{48} \times \frac{28}{80} \times 2.5 \times 12\pi$$

将上式化简可得:

$$f_{纵} = 0.71u_{基}\,u_{倍}$$

（2）较大进给量。当运动由主轴经英制螺纹传动路线时,可获得 8 种较大进给量(0.86~1.59 mm/r)。这时的运动平衡式为:

$$f_{纵} = 1_{(主轴)} \times \frac{58}{58} \times \frac{33}{33} \times \frac{63}{100} \times \frac{100}{75} \times \frac{1}{u_{基}} \times \frac{36}{25} \times u_{倍} \times \frac{28}{56} \times \frac{36}{32} \times \frac{32}{56} \times \frac{4}{29} \times \frac{40}{48} \times$$
$$\frac{28}{80} \times 2.5 \times 12\pi$$

将上式化简可得:

$$f_{纵} = 1.474\frac{u_{倍}}{u_{基}}$$

（3）加大进给量。当主轴转速为 10~125 r/min(12 级低转速)时,运动经扩大螺距机构及英制螺纹传动路线传动,可获得 16 种供强力切削或宽刀精车用的加大进给量(1.71~6.33 mm/r)。

（4）精细进给量。当主轴转速为 450~1 400 r/min(6 级高转速,其中 500 r/min 除外)时(此时主轴由轴Ⅲ经齿轮副 $\frac{63}{50}$ 直接传动),运动经扩大螺距机构($\frac{50}{63} \times \frac{44}{44} \times \frac{26}{58}$)及米制螺纹传动路线传动,可获得 8 种供高速精车用的细进给量(0.028~0.054 mm/r)。

2. 横向机动进给传动链

由传动系统图分析可知,当横向机动进给与纵向进给的传动路线一致时,所得到的横向进给量是纵向进给量的一半,横向与纵向进给量的种数相同,都为 64 种。

（三）刀架快速机动移动

为了缩短辅助时间,提高生产效率,CA6140 型卧式车床的刀架可实现快速机动移动。刀架的纵向和横向快速移动由快速移动电动机($P = 0.25$ kW,$n = 2\ 800$ r/min)传动,经齿轮副 $\frac{13}{29}$ 使轴 XX 高速转动,再经蜗轮蜗杆副 4/29、溜板箱内的转换机构,使刀架实现纵向或横向的快速移动。快移方向由溜板箱中双向离合器 M_8 和 M_9 控制。当快速电动机使传动轴 XX 快速旋转时,依靠齿轮 z_{56} 与轴 XX 间的超越离合器 M_6,可避免与进给箱传来的慢速工作进给运动发生矛盾。

超越离合器 M_6 的结构原理如图 2.4 所示。它由空套齿轮 1(即溜板箱中的齿轮 z_{56})、星轮 2、滚柱 3、顶销 4 和弹簧 5 组成。当空套齿轮 1 为主动并逆时针旋转时,带动滚柱 3 挤向楔缝,使星轮 2 随同齿轮 1 一

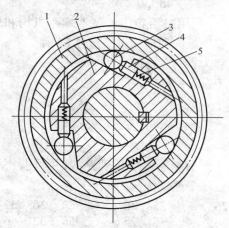

图 2.4 超越离合器
1—空套齿轮;2—星轮;3—滚柱;
4—顶销;5—弹簧

起转动,再经安全离合器 M_7 带动轴ⅩⅩ转动,这是机动进给的情况。当快速电动机启动,星轮 2 由轴ⅩⅩ带动逆时针方向快速旋转时,由于星轮 2 超越齿轮 1 转动,滚柱 3 退出楔缝,使星轮 2 和齿轮自动脱开,因而由进给箱传动齿轮 1 的慢速转动虽照常进行,却不能传动轴ⅩⅩ;此时轴ⅩⅩ由快速电动机带动作快速运动,使刀架实现快速运动。一旦快速电动机停止转动,超越离合器自动接合,刀架立即恢复正常的工作进给运动。

2.2.4 CA6140 型卧式车床的主要结构

2.2.4.1 主轴箱

主轴箱的功用是支承主轴和传动其旋转,并使其实现启动、停止、变速和换向等。因此,主轴箱中通常包含有主轴及其轴承,传动机构,启动、停止以及换向装置,制动装置,操纵机构和润滑装置等。

1. 传动机构

主轴箱中的传动机构包括定比传动机构和变速机构两部分。定比传动机构仅用于传动运动和动力,一般采用齿轮传动副;变速机构一般采用滑移齿轮变速机构,因其结构简单紧凑,所以传动效率高,传动比准确。但当变速齿轮为斜齿或尺寸较大时,则采用离合器变速。为了便于了解主轴箱中各传动件的结构、形状和装配关系以及传动轴的支承结构等,常采用主轴箱展开图。它基本上按主轴箱中各传动轴传动运动的先后顺序,沿其轴线取剖切面展开而绘制成的平面装配图。图 2.5 为 CA6140型卧式车床的主轴箱展开图,它是沿轴Ⅳ—Ⅰ—Ⅱ—Ⅲ(Ⅴ)—Ⅵ—Ⅹ—Ⅸ—Ⅺ的轴线剖切展开的(见图 2.6),图中轴Ⅶ和轴Ⅷ是另外单独取剖切面展开的。由于展开图是把立体的传动结构展开在一个平面上绘制成的,其中有些轴之间的距离被拉开了,如轴Ⅶ和轴Ⅰ、轴Ⅳ和轴Ⅲ、轴Ⅸ和轴Ⅵ等,从而使某些原来啮合的齿轮副分开了,利用展开图分析传动件的传动关系时,应予注意。下面结合图 2.5,将主轴箱传动机构的结构摘要说明如下。

(1)卸荷式皮带轮。主轴箱的运动由电动机经皮带传入,为改善主轴箱运动输入轴的工作条件,使传动平稳,主轴箱运动输入轴上的皮带轮常用卸荷式结构(见图2.5)。皮带轮 2 与花键套 1 用螺钉联成一体,支承在法兰 3 内的两个向心球轴承上,而法兰 3 则固定在主轴箱体 4 上。这样皮带轮 2 可通过花键套 1 带动轴Ⅰ旋转,而皮带的张力经法兰 3 直接传至箱体 4 上,轴Ⅰ不受此径向力的作用,弯曲变形减小,并可提高传动的平稳性。

(2)传动齿轮。主轴箱中的传动齿轮大多数是直齿的,为了使传动平稳,也有采用斜齿的,如图 2.5 中轴Ⅴ—Ⅵ间的一对齿轮 15 和 17 就是斜齿轮。多联滑移齿轮有的由整块材料制成,如轴Ⅱ上的双联滑移齿轮 33 和轴Ⅲ上的三联滑移齿轮 12;有的则由几个齿轮拼装而成,如轴Ⅲ上的双联齿轮 14 和轴Ⅳ上的双联滑移齿轮 7。齿轮和传动轴的连接情况有固定的、空套的和滑移的 3 种。固定齿轮、滑移齿轮与轴常采用花键连接,固定齿轮有时也采用平键联接,如主轴Ⅵ后部的齿轮 28。固定齿轮和空套齿轮的轴向固定,常采用弹性挡圈、轴肩、隔套、轴承内圈和半圆环等。如轴Ⅱ上的 3 个固定齿轮 9、10 和 13,是由左边的卡在轴上环槽中并由齿轮 9 箍住的两个半圆环 8,以及中间隔套 11 和右边的圆锥滚子轴承内圈来固定它们的轴向位置；轴Ⅷ上的空套齿轮 16 由左右两边的弹性挡圈限定其轴向位置。为了减少零件的磨损,空套齿轮和传动轴之间,装有滚动轴承或铜套,如轴Ⅰ上的两个空套齿轮 5 和 6 装有滚动轴承,轴Ⅵ、Ⅷ上的齿轮 17 和 16 则装有铜套。空套齿轮的轮毂上钻有油孔,以便润滑油流进摩擦面之间。

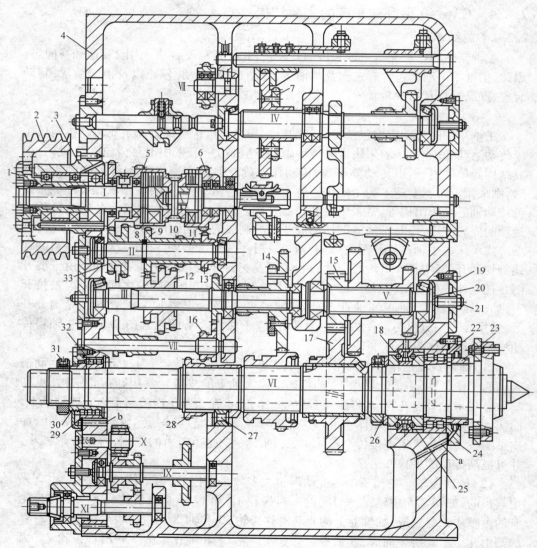

(a)

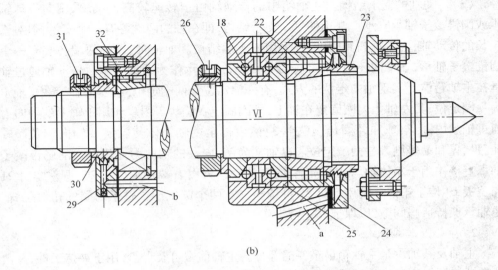

(b)

图 2.5　CA6140 型卧式车床主轴箱展开

（a）主轴箱展开；（b）轴Ⅵ局部放大

1—花键套；2—皮带轮；3—法兰；4—主轴箱体；5—双联空套齿轮；6—空套齿轮；7—双联滑移齿轮；
8—半圆环；9、10—固定齿轮；11—隔套；12—三联滑移齿轮；13—固定齿轮；14—双联固定齿轮；15、17—斜齿轮；
16—双联空套齿轮；18—双列推力向心球轴承；19—盖板；20—轴承压盖；21—调整螺钉；22—双列短圆柱滚子轴承；
23—螺母；24—轴承端盖；25—隔套；26—螺母；27—向心短圆柱滚子轴承；28—固定齿轮；29—轴承端盖；
30—套筒；31—螺母；32—双列短圆柱滚子轴承；33—双联滑移齿轮

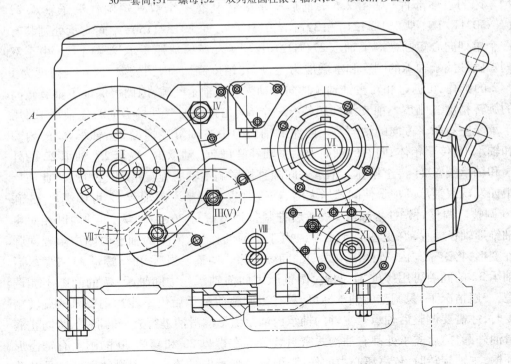

图 2.6　主轴箱展开图的剖切面

（3）传动轴的支承结构。主轴箱中的传动轴由于转速较高,一般采用向心球轴承或圆锥滚子轴承支承。常用的是双支承结构,即在轴的两端各有一个支承,但对于较长的传动轴,为了提高其刚度,则采用三支承结构。如轴Ⅲ、Ⅳ的两端各装有一个圆锥滚子轴承,在中间还装有一个（两个）向心球轴承作为辅助支承。传动轴通过轴承在主轴箱体上实现轴向定位的方式,有一端定位和两端定位两种。图2.5中,轴Ⅰ为一端定位,其左轴承内圈固定在轴上,外圈固定在法兰3内。作用于轴上的轴向力通过轴承内圈、滚球和外圈传至法兰3,然后传至主轴箱体使轴实现轴向定位。轴Ⅱ、Ⅲ、Ⅳ和Ⅴ等则都是两端定位。以轴Ⅴ为例,向左的轴向力通过左边的圆锥滚子轴承直接作用于箱体轴承孔台阶上,向右的轴向力由右端轴承压盖20、调整螺钉21和盖板19传至箱体。利用螺钉21可调整左右两个圆锥滚子轴承外圈的相对位置,使轴承保持适当间隙,以保证其正常工作。

2. 主轴及其轴承

主轴及其轴承是主轴箱最重要的部分。主轴前端可装卡盘,用于夹持工件,并由其带动旋转。主轴的旋转精度、刚度和抗振性等对工件的加工精度和表面粗糙度有直接影响,因此,对主轴及其轴承要求较高。

卧式车床的主轴支承大多采用滚动轴承,一般为前后两点支承。为了提高刚度和抗振性有些车床特别是尺寸较大的车床主轴,也有采用三点支承的。例如CA6140型车床的主轴部件（见图2.5）,前后支承处各装有一个双列短圆柱滚子轴承22（NN3021K/P5,即D3182121）和32（NN3015K/P6,即E3182115）,中间支承处则装有一个单列向心短圆柱滚子轴承27（N3216P6,即E32216）,用于承受径向力。由于双列短圆柱滚子轴承的刚度和承载能力大,旋转精度高,且内圈较薄,内孔是精度为1：12的锥孔,可通过相对主轴轴颈轴向移动来调整轴承间隙,因而可保证主轴有较高的旋转精度和刚度。前支承处还装有一个60°角接触的双列推力向心球轴承18,用于承受左右两个方向的轴向力。向左的轴向力由主轴Ⅵ经螺母23、轴承22的内圈和轴承18传至箱体;向右的轴向力由主轴经螺母26、轴承18、隔套25、轴承22的外圈和轴承端盖24传至箱体。轴承的间隙直接影响主轴的旋转精度和刚度,因此使用中如发现因轴承磨损致使间隙增大时,需及时进行调整。前轴承22可用螺母23和26调整。调整时先拧松螺母23,然后拧紧带锁紧螺母26,使轴承22的内圈相对主轴锥形轴径向移动（见图2.5（b））。由于锥面的作用,薄壁的轴承内圈产生径向弹性变形,将滚子与内、外圈滚道之间的间隙消除。调整妥当后,再将螺母23拧紧。后轴承32的间隙可用螺母31调整,调整原理同前轴承。中间轴承27的间隙不能调整,一般情况下,只调整前轴承即可,只有当调整前轴承后仍不能达到要求的旋转精度时,才需要调整后轴承。主轴的轴承由油泵供给润滑油进行充分的润滑,为防止润滑油外漏,前后支承处都有油沟式密封装置。在螺母23和套筒30的圆上有锯齿形环槽,主轴旋转时,依靠离心力的作用,把经过轴承向外流出的润滑油甩到轴承端盖

24 和 29 的接油槽里,然后经回油孔 a、b 流回主轴箱。

　　卧式车床的主轴是空心阶梯轴。其内孔用于通过长棒料以及气动、液压等夹紧驱动装置(装在主轴后端)的传动杆,也用于穿入钢棒卸下顶尖。主轴前端有精密的莫氏锥孔,供安装顶尖或心轴之用。主轴前端结构采用短锥法兰式结构,如图 2.7 所示,它以短锥和轴肩端面作定位面。卡盘、拨盘等夹具通过卡盘座 4,用四个螺栓 5 固定在主轴上,由装在主轴轴肩端面上的圆柱形端面键 3 传递扭矩。安装卡盘时,只需将预先拧紧在卡盘座上的螺栓 5 连同螺母 6 一起从主轴轴肩和锁紧盘 2 上的孔中穿过,然后将锁紧盘转过一个角度,使螺栓进入锁紧盘上宽度较窄的圆弧槽内,把螺母卡住(如图中所示位置),接着再把螺母 6 拧紧,就可把卡盘等夹具紧固在主轴上。这种主轴轴端结构的定心精度高,连接刚度好,卡盘悬伸长度小,装卸卡盘比较方便。

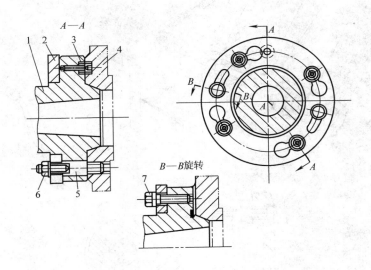

图 2.7　主轴前端结构及盘类夹具安装
1—主轴;2—锁紧盘;3—端面键;4—卡盘座;5—螺栓;6—螺母;7—螺钉

　　3. 双向多片式摩擦离合器、制动器及其操纵机构

　　双向多片式摩擦离合器装在轴Ⅰ上,如图 2.8 所示。摩擦离合器由内摩擦片 3、外摩擦片 2、止推片 10 及 11、压块 8 及空套齿轮 1 等组成。离合器左、右两部分结构是相同的。左离合器用来传动主轴正转,用于切削加工,需传递的转矩较大,所以片数较多。右离合器传动主轴反转,主要用于退刀,片数较少。

　　图 2.8 中表示的是左离合器。图中内摩擦片 3,其内孔为花键孔,装在轴Ⅰ的花键部位上,与轴Ⅰ一起旋转。外摩擦片 2 外圆上有四个凸起,卡在空套齿轮 1 的缺口槽中;外片内孔是光滑圆孔,空套在轴Ⅰ的花键外圆上。内、外摩擦片相间安装,在未

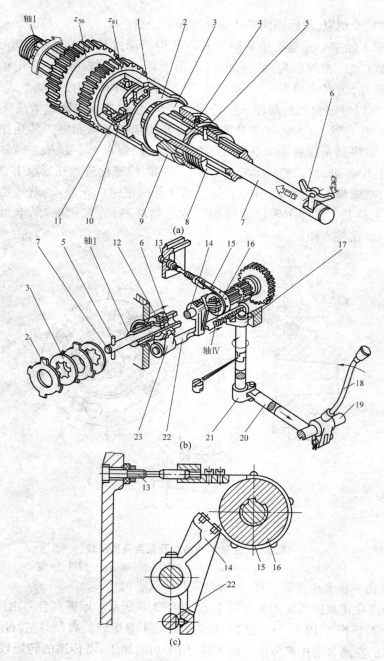

图 2.8　摩擦离合器、制动器及其操纵机构

（a）Ⅰ轴组件；（b）双向多片离合器操纵机构；（c）制动器及操纵机构

1—空套齿轮；2—外摩擦片；3—内摩擦片；4—弹簧销；5—销；6—元宝杠杆；7—拉杆；
8—压块；9—调节螺母；10、11—止推片；12—滑套；13—调节螺钉；14—杠杆；15—制动带；
16—制动盘；17—扇形齿轮；18—手柄；19、20—轴；21—曲柄；22—齿条；23—拨叉被压紧时,内、外摩擦片互不联系。当杆 7 通过销 5 向左推动压块 8 时,使内片 3 与外片 2 相互压紧,于是轴 I 的运动便通过内、外摩擦片之间的摩擦力传给齿轮 1,使主轴正向转动。同理,当压块 8 向右压时,运动传给轴 I 右端的齿轮,使主轴反转。当压块 8 处于中间位置时,左、右离合器都处于脱开状态,这时轴 I 虽然转动,但离合器不传递运动,主轴处于停止状态。

离合器的左、右接合或脱开(即压块 8 处于左端、右端或中间位置)由手柄 18 来操纵(图 2.8(b))。当向上扳动手柄 18 时,杆 20 向外移动,使曲柄 21 及齿扇 17 作顺时针转动,齿条 22 向右移动。齿条左端有拨叉 23,它卡在空心轴 I 右端的滑套 12 的环槽内,从而使滑套 12 也向右移动。滑套 12 内孔的两端为锥孔,中间为圆柱孔。当滑套 12 向右移动时,就将元宝销(杠杆)6 的右端向下压,由于元宝销 6 的回转中心轴装在轴 I 上,因而元宝销 6 作顺时针转动,于是元宝销下端的凸缘便推动装在轴 I 内孔中的拉杆 7 向左移动,并通过销 5 带动压块 8 向左压紧,主轴正转。同理,将手柄 18 扳至下端位置时,右离合器压紧,主轴反转。当手柄 18 处于中间位置时,离合器脱开,主轴停止转动。为了操纵方便,在操纵杆 19 上装有两个操纵手柄 18,分别位于进给箱右侧及溜板箱右侧。

摩擦离合器除了靠摩擦力传递运动和转矩外,还能起过载保护的作用。当机床过载时,摩擦片打滑,就可避免损坏机床。摩擦片间的压紧力是根据离合器应传递的额定扭矩来确定的。当摩擦片磨损后,压紧力减小,这时可用一字旋具(螺丝刀)将弹簧销 4 按下,同时拧动压块 8 上的螺母 9 直到螺母压紧离合器的摩擦片,调整好位置后,使弹簧销 4 重新卡入螺母 9 的缺口中,防止螺母在旋转时松动。

制动器(刹车)安装在轴 IV 上。它的功用是在摩擦离合器脱开时立刻制动主轴,以缩短辅助时间。制动器的结构如图 2.8(b)和(c)所示。它由装在轴 IV 上的制动盘 16、制动带 15、调节螺钉 13 和杠杆 14 等件组成。制动盘 16 是一钢制圆盘,与轴 IV 用花键连接。制动盘的周边围着制动带,制动带为一钢带,为了增加摩擦面的摩擦系数,在它的内侧固定一层酚醛石棉。制动带的一端与杠杆 14 连接,另一端通过调节螺钉 13 等与箱体相连。为了操纵方便并不会出错,制动器和摩擦离合器共享一套操纵机构,也由手柄 18 操纵。当离合器脱开时,齿条 22 处于中间位置,这时齿条轴 22 上的凸起正处于与杠杆 14 下端相接触的位置,使杠杆 14 向逆时针方向摆动,将制动带拉紧,使轴 IV 和主轴迅速停止转动。由于齿条轴 22 凸起的左边和右边都是凹下的槽,所以在左离合器或右离合器接合时,杠杆 14 向顺时针一方向摆动,使制动带放松,主轴旋转。制动带的拉紧程度由调节螺钉 13 调整。调整后应检查在压紧离合器时制动带是否完全松开,否则稍微放开一些。

2.2.4.2 进给箱

图 2.9 是 CA6140 型卧式车床的进给箱,它的传动关系以及加工不同螺纹时的

调整情况已如前述。进给箱由以下几部分组成:变换螺纹导程和进给量的变速机构(包括基本组和增倍组)、变换螺纹种类的移换机构、丝杠和光杠的转换机构以及操纵机构等。

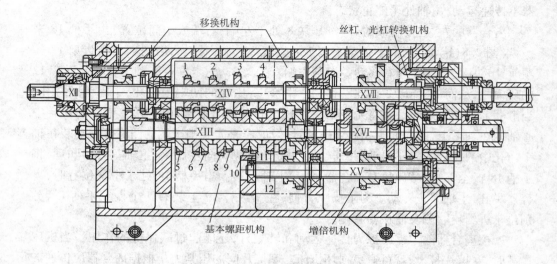

图 2.9　CA6140 型车床进给箱结构

2.2.4.3　溜板箱

图 2.10 是 CA6140 型卧式车床的溜板箱,它的传动关系以及实现纵向、横向进给运动和快速移动等情况已如前述。溜板箱主要由以下几部分组成:双向牙嵌式离合器以及纵向、横向机动进给和快速移动的操纵机构、开合螺母及其操纵机构、互锁机构、超越离合器和安全离合器等。

1. 开合螺母机构

开合螺母的功用是接通或断开从丝杠传来的运动。车螺纹时,将开合螺母扣合于丝杠上,丝杠通过开合螺母带动溜板箱及刀架。

开合螺母的结构见图 2.10 中的 *A—A* 剖视及图 2.11,它由下半螺母 18 和上半螺母 19 组成。半螺母 18 和 19 可沿溜板箱中竖直的燕尾形导轨上下移动。每个半螺母上装有一个圆柱销 20,它们分别插入固定在手柄轴上的槽盘 21 的两条曲线槽 d 中(见 *C—C* 视图)。车削螺纹时,顺时针方向扳动手柄 15,使盘 21 转动,两个圆柱销带动上下半螺母互相靠拢,于是开合螺母就与丝杠啮合。逆时针方向扳动手柄,则螺母与丝杠脱开。盘 21 上的偏心圆弧槽 d 接近盘中心部分的倾斜角比较小,使开合螺母闭合后能自锁,不会因为螺母上的径向力而自动脱开。螺钉 17 的作用是限定开合螺母的啮合位置。拧动螺钉 17,可以调整丝杠与螺母间的间隙。

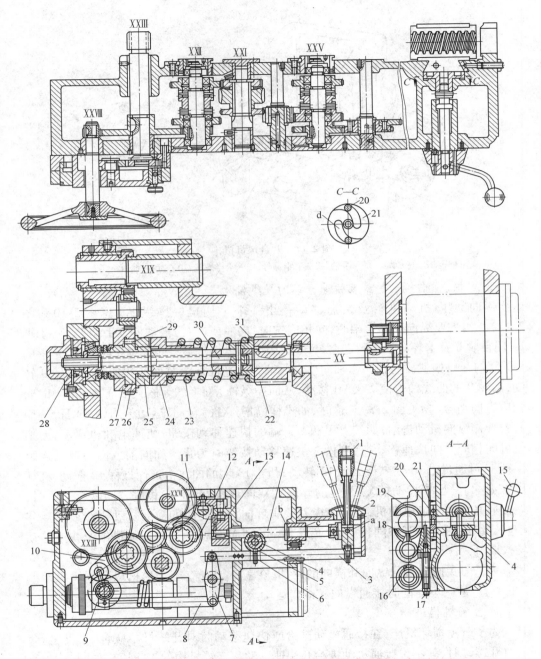

图 2.10　CA6140 型卧式车床溜板箱

1、15—手柄；2—盖；3、8—拉杆；4、14—轴；5—支承套；6、16—销；7、12—杠杆；
9、13—凸轮；10、11—拨叉；17—限位螺钉；18—下半开合螺母；19—上半开合螺母；
20—圆柱销；21—槽盘；22、27—齿轮；23—弹簧；24、25—离合器；26—行星体；
28—盖；29—滚子；30—拉杆；31—弹簧压套

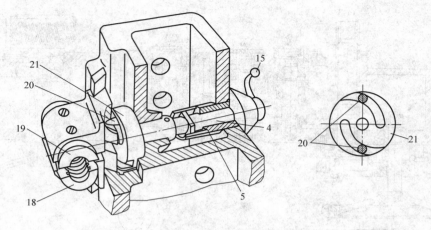

图 2.11　开合螺母机构

4—轴；5—支承套；15—手柄；18—下半螺母；19—上半螺母；20—圆柱销；21—槽盘

2. 纵向、横向机动进给及快速移动的操纵机构

纵向、横向机动进给及快速移动是由一个手柄集中操纵的（见图 2.10 和图 2.12）。当需要纵向移动刀架时，向相应方向（向左或向右）扳动操纵手柄 1。由于轴 14 用台阶 b 及卡环 c 轴向固定在箱体上，因而操纵手柄 1 只能绕销 a 摆动，于是手柄 1 下部的开口槽就拨动轴 3 作轴向移动。轴 3 通过杠杆 7 及推杆 8 使鼓形凸轮 9 转动，凸轮 9 的曲线槽迫使拨叉 10 移动，从而操纵轴 XXII 上的牙嵌式双向离合器 M_8 向相应方向啮合（参见图 2.3）。这时，如光杠（轴号 XIX）转动，运动传给轴 XXIII，从而使刀架作纵向机动进给；如按下手柄 1 上端的快速移动按钮，快速电动机启动，刀架就可向相应方向快速移动，直到松开快速移动按钮时为止。如向前或向后扳动操纵手柄 1，可通过轴 14 使鼓形凸轮 13 转动，凸轮 13 上的曲线槽迫使杠杆 12 摆动，杠杆 12 又通过拨叉 11 拨动轴 XXV 上的牙嵌式双向离合器 M_9 向相应方向啮合。这时，如接通光杠或快速电动机，就可使横刀架实现向前或向后的横向机动进给或快速移动。操纵手柄 1 处于中间位置时，离合器 M_8 和 M_9 脱开，这时机动进给及快速移动均被断开。

为了避免同时接通纵向和横向的运动，在盖 2 上开有十字形槽以限制操纵手柄 1 的位置，使它不能同时接通纵向和横向运动。

3. 互锁机构

为了避免损坏机床，在接通机动进给或快速移动时对开螺母不应合上，反之，合上对开螺母时，就不许接通机动进给和快速移动。互锁机构的工作原理如图 2.13 所示。图 2.13（a）是合上对开螺母时的情况。这是由于手柄轴 4 转过了一个角度，它的凸肩旋入到轴 14 的槽中。将轴 14 卡住，使它不能转动，同时凸肩又将球头销 9 压入到轴 3 的孔中，由于球头销 9 的另一半尚留在固定套 5 中，所以就将轴 3 卡住，使它不能轴向移动。由此可见，如合上对开螺母，进给及快移的操纵手柄就被锁住，不

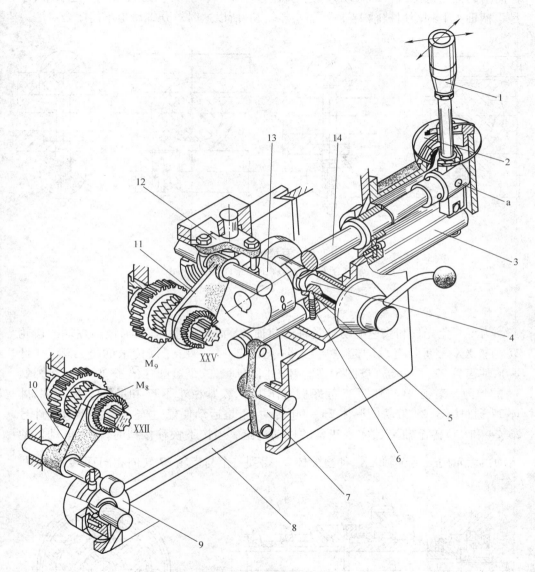

图 2.12 溜板箱操纵机构

1—操纵手柄;2—盖;3、8—拉杆;4、14—轴;5—球头销;6—弹簧;7、12—杠杆;9、13—鼓轮;10、11—拨叉

能扳动,因此能避免同时接通机动进给或快速移动。图 2.13(b)是向左扳动进给及快速操纵手柄的情况(接通向左的纵向进给或快速移动),这时轴 3 向右移动,轴 3 上的圆孔也随之移开,球头销 9 被轴 3 的表面顶住,不能向下移动,于是它的上端就卡在手柄轴 4 的 V 形槽中将手柄轴 4 锁住,使对开螺母操纵手柄轴 4 不能转动,也就是使对开螺母不能闭合。图 2.13(c)是进给及快移操纵手柄向前扳动时的情况(接

通向前的横向进给或快速移动）。这时,由于轴 14 转动,其上的长槽也随之转开,于是手柄轴 4 上的凸肩被轴 14 顶住而不能转动,所以这时对开螺母也不能闭合。

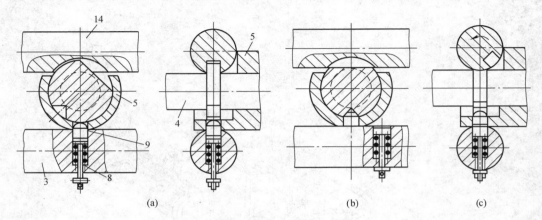

图 2.13　互锁机构工作原理

（a）开合螺母合；（b）纵向进给；（c）横向进给

14、3—轴；4—手柄轴；5—支承套；8—弹簧销；9—球头销

4. 单向超越离合器

为了避免光杠和快速电动机同时传动轴ⅩⅩ而造成损坏,在溜板箱左端的齿轮 27 与轴ⅩⅩ之间装有单向超越离合器（见图 2.14）。由光杠传来的进给运动（低速）,使齿轮 27（即外环）按图示逆时针方向转动。三个短圆柱滚子 29 分别在弹簧 33 的弹力及滚子 29 与外环 27 间摩擦力作用下,楔紧在外环 27 和星形体 26 之间,外环 27 通过滚子 29 带动星形体 26 一起转动,于是运动便经过安全离合器 M_8（件号 23、24 和 25）传至轴ⅩⅩ,实现正常的机动进给。当按下快移按钮时,快速电动机的运动由齿轮副 $\dfrac{13}{29}$ 传至轴ⅩⅩ,使星形体 26 得到一个与齿轮 27 转向相同而转速却快

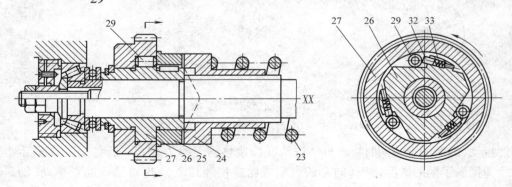

图 2.14　单向超越离合器

23、33—弹簧；24、25—离合器；26—行星体；27—齿轮；29—滚子；32—销

得多的旋转运动(高速)。这时,由于滚子29与外环27及星形体26之间的摩擦力,使滚子29通过柱销32和压缩弹簧33而向楔形槽的宽端滚动,从而脱开外环27与星形体26(及轴XX)间的传动联系。这时光杠XIX不再驱动轴XX。因此,刀架可实现快速移动。

2.2.4.4 刀架

方刀架的工作循环是:①松夹;②拔出定位销;③方刀架转位;④放下定位销;⑤夹紧。其工作原理如下。

方刀架装在刀架溜板1的上面,以刀架溜板上的圆柱形凸台定心(见图2.15(a)),用拧在轴9顶端螺纹上的手把12夹紧。方刀架可转动间隔为90°的4个位置,使装在它四侧的四把车刀依次进入加工位置。每次转位后,定位销2插入刀架溜板上的定位孔中进行定位。方刀架换位过程中的松夹、拔销、转位、定位以及夹紧等动作,都由手把12操纵。逆时针转动手把12,使其从轴9顶端的螺纹上拧松时,刀架体11便被松开。同时,手把通过内花键套7(用销钉10与手把连接)带动外花键套6转动,外花键套6的下端有锯齿形齿爪与凸轮3上的端面齿啮合,凸轮也逆时针传动。凸轮转动时,先由其上的斜面a将定位销2从定位孔中拔出,接着其缺口的一个垂直侧面b与装在刀架体中的销13相碰(见图2.15(b)),于是带动刀架体11一

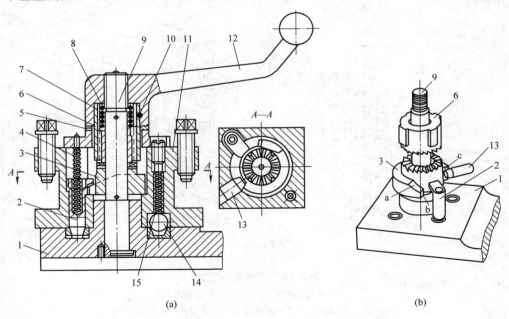

(a)   (b)

图2.15 方刀架

(a)方刀架结构;(b)主要部件结构位置

1—刀架溜板;2—定位销;3—凸轮;4、8、15—弹簧;5—垫圈;6—外花键套;
7—内花键套;9—轴;10—销钉;11—刀架体;12—手把;13—销;14—钢球

起转动,钢球 14 从定位孔中滑出,当刀架转至所需位置时,钢球 14 在弹簧 15 作用下进入另一定位孔,使刀架体先进行初定位。然后顺时针转动手把,同时凸轮 3 也被带动一起顺时针转,当凸轮上斜面 a 脱离定位销 2 的钩形尾部时,在弹簧 4 作用下,定位销插入新的定位孔,使刀架实现精确定位;接着凸轮上缺口的另一垂直侧面 c 与销 13 相碰,凸轮便被挡住不再转动。此时手把 12 仍然带着外花键套 6 一起继续顺时针传动,直到把刀架体压紧在刀架溜板上为止。在此过程中,由于花键套 6 与凸轮 3 是以单向斜齿的斜面接触,因而花键套 6 克服弹簧 8 的压力,使其齿爪在固定不转的凸轮 3 的齿爪上打滑。修磨垫圈 5 的厚度,可调整手把 12 在夹紧方刀架后的正确位置。

2.3 其他车床

2.3.1 立式车床

立式车床(分单柱式和双柱式)一般用于加工直径大、长度短且质量较大的工件。立式车床的工作台的台面是水平面,主轴的轴心线垂直于台面,工件的矫正、装夹比较方便,工件和工作台的重量均匀地作用在工作台下面的圆导轨上,如图 2.16 所示。

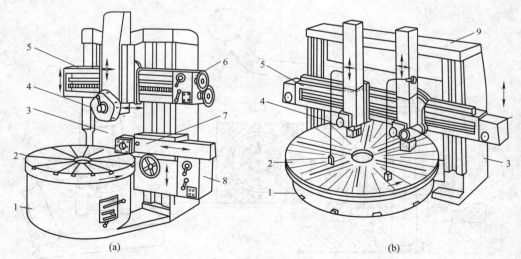

(a) (b)

图 2.16 立式车床外形
(a)单柱立式车床;(b)双柱立式车床
1—底座;2—工作台;3—立柱;4—垂直刀架;5—横梁;6—垂直刀架进给箱;
7—侧刀架;8—侧刀架进给箱;9—顶梁

2.3.2 转塔车床

与 CA6140 车床比较,转塔车床除了有前刀架外,还有一个转塔刀架。转塔刀架有六个装刀位置,可以沿床身导轨做纵向进给,每一个刀位加工完毕后,转塔刀架快速返回,转动60°,更换到下一个刀位进行加工。滑鞍转塔车床如图2.17所示。

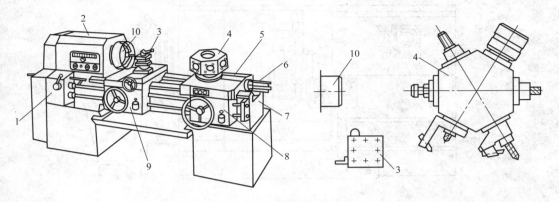

图2.17 滑鞍转塔车床

1—进给箱;2—主轴箱;3—前刀架;4—转塔刀架;5—纵向溜板;6—定程装置;7—床身;
8—转塔刀架溜板箱;9—前刀架溜板箱;10—主轴

2.3.3 数控车床

数控车床(NC lathe)用于加工回转体零件。它集中了卧式车床、转塔车床、多刀车床、仿形车床、自动和半自动车床的功能,是数控机床中产量最大的品种之一。图2.18是CK3263B型数控车床的外形。数控车床多采用这种布局形式。

数控机床不需人工操作,也没有机械操作元件和手柄、摇把等。机床在防护罩的保护下工作,只能通过防护罩上的玻璃窗观察工作情况。因此,数控机床的布局有以下特点。

底座1上装有后斜床身5。床身导轨6与水平面的夹角为75°。刀架4装在主轴的右上方。这显然是只有不需人工操作时才能采用的布局。刀架的位置决定了主轴的转向应与卧式车床相反。数控车床不用担心切屑飞溅伤人,故切削速度可以很大,以充分发挥刀具的切削性能。数控车床又集中了粗、精加工工序,所以切屑多,切削力大。倾斜床身可使切屑方便地排除,又可以采用箱式结构,刚度比卧式车床大。导轨6镶钢、淬硬、磨削,因此比较耐磨。床身左端固定有主轴箱(图中被盖板挡住,未示出)。床身中部为刀架溜板4,分为两层:底层为纵向溜板,可沿床身导轨6作纵向(Z向)移动;上层为横向溜板,可沿纵向溜板的上导轨作横向(沿床身倾斜方向,即X向)移动。刀架溜板上装有转塔刀架3,刀架有8个工位,可装12把刀具。在加工过程中,可按照零件加工程序自动转位,将所需的刀具转到加工位置。2是操作台。

图2.19是这种机床的传动系统图。主电动机M_1是直流电动机,也可用交流变频调速电动机,额定功率为37 kW,额定转速为1 150 r/min,最高转速为2 660 r/min。在此范围(约1:2.3)为恒功率调速。从最高转速起,最大输出转矩随转速的下降而提高,维持额定输出功率不变。最低转速为252 r/min。在额定转速与最低转速之间

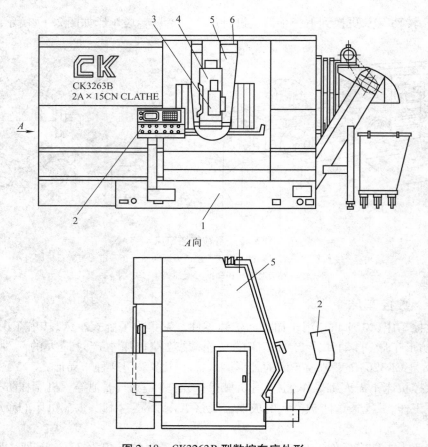

图 2.18 CK3263B 型数控车床外形

1—底座;2—操作台;3—转塔刀架;4—刀架溜板;5—后斜床身;6—床身导轨

为恒转矩调速。最大输出转矩维持额定转速时的转矩不变,最大输出功率则随转速的下降而下降。到最低转速时,最大输出功率约为 $37 \times \dfrac{252}{1\ 150} \approx 8(\mathrm{kW})$。

主电动机经带轮副和四速变速机构驱动主轴,使主轴得到 $20 \sim 90 \sim 210$ r/min, $37 \sim 170 \sim 395$ r/min,$76 \sim 350 \sim 807$ r/min,$140 \sim 650 \sim 1\ 500$ r/min 四段转速。每段转速中的第一个和第二个数字之间为恒转矩调速;第二和第三个数字之间为恒功率调速。在切削端面和阶梯轴时,希望随着切削直径的变化,主轴转速也随之而变化,以维持切削速度不变。这时切削不能中断,滑移齿轮不能移动,可以在任意一段转速内由电动机无级变速来实现。

数控车床切削螺纹时,主轴与刀架间为内联系传动链。数控车床是用电脉冲实现的。主轴经一对 $z = 79,m = 2.5$ mm 的齿轮驱动主轴脉冲发生器 G,每转发 $1\ 024$ 个脉冲,经数控系统根据加工程序处理后,输出一定数量的脉冲,再通过伺服系统,经伺服电动机 $\mathrm{M}_2(Z$ 轴$)$ 或 $\mathrm{M}_3(X$ 轴$)$、联轴节 1 或 6 以及滚珠丝杠 V 或 VI,驱动刀架的

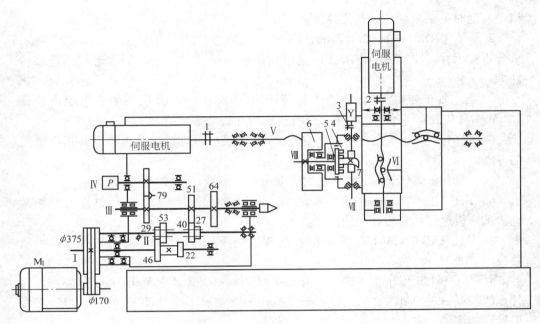

图 2.19　CK3263B 型数控车床传动系统
1、2、3—联轴器；4—柱销；5—回转轮；6—转塔；7—圆柱凸轮

纵向或横向运动。这就可切削任意导程的螺纹或进行进给量以 mm/min 计的车削。如果根据加工程序，主轴每转数控系统输出的脉冲数是变动的，就可切削变导程螺纹。如果脉冲同时输往 X 和 Z 轴，脉冲频率又根据加工程序是变化的，则可加工任意回转曲面。螺纹往往需多次车削，一刀切完后刀架退回原处，下一刀必须在上次的起点处开始才不会乱扣。因此，脉冲发生器还发出另一组脉冲，每转一个脉冲，显示工件旋转的相位，以避免乱扣。

八工位转塔刀架的转位由液压马达 Y，经联轴节 3，驱动凸轮轴Ⅶ完成。轴上装有圆柱凸轮 7。凸轮转动时，拨动回转轮 5 上的柱销 4，使回转轮 5、轴Ⅷ和转塔 6 旋转。

CK3263B 如同其他的 CNC 机床，全部工作循环是在微机数控系统控制下实现的。许多功能通过软件实现。车削对象改变后，只需改变相应的软件，就可适应新的需要。

习题与思考题

1. 若在 CA6140 型车床上车制导程为 64 mm 的右旋螺旋槽，机床传动链应如何调整? 此时主轴只能选用哪几种转速? 为什么?

2. 车床工作时,如把离合器的操作手柄扳到中间位置,车床主轴出现下列现象,试分析原因并说明解决的方法:(1)主轴转一段时间才能停止;(2)主轴仍然连续转动。

3. 当主轴正转时,光杠获得了旋转运动,但在接通了溜板箱中的进给离合器 M_8、M_9 时,却没有进给运动产生。试分析原因并说明解决的方法。

4. CA6140 型车床在正常工作中安全离合器自行打滑,试分析原因并指出解决的方法。

5. CA6140 型车床上的快速辅助电动机可以随意正反转吗? 为什么?

6. 一工人操作 CA6140 型车床,上下扳动主轴操纵手柄,主轴就是没有旋转运动。试分析原因并指出解决的方法。

7. 某工人操作 CA6140 型车床时,发现主轴没有高速运动。试分析原因并指出解决的方法。

8. 当 CA6140 型车床主轴转速为 450 ~ 1 400 r/min(其中 500 r/min 除外)时,为什么能获得细进给量? 在进给箱中变速机构调整情况不变条件下,细进给量与正常进给量的比值是多少?

9. CA6140 型车床主传动链中,能否用双向牙嵌式离合器或双向齿轮式离合器代替双向多片式摩擦离合器,实现主轴的开停及换向? 在进给传动链中,能否用单向摩擦离合器或电磁离合器代替齿轮式离合器 M_3、M_4、M_5? 为什么?

10. 欲在 CA6140 型车床上车削 $L = 10$ mm 的公制螺纹,试指出能够加工这一螺纹的传动路线有哪几条?

11. 为什么卧式车床主轴箱的运动输入轴(Ⅰ轴)常采用卸荷式带轮结构? 对照图 2.5 说明扭矩是如何传递到轴Ⅰ的。试画出轴Ⅰ采用卸荷式带轮结构与非卸荷带轮结构的受力情况简图。

12. 卧式车床进给传动系统中,为何既有光杠又有丝杠来实现刀架的直线运动? 可否单独设置丝杠或光杠? 为什么?

13. CA6140 型车床主轴前后轴承的间隙怎样调整(图 2.5)? 作用在主轴上的轴向力是怎样传递到箱体上的?

14. 在数控卧式车床上如何保证车螺纹运动的计算位移(即主轴每转 1 转时刀架移动一个工件导程)?

15. CA6140 型普通车床和 CK3263B 型数控车床的主要区别是什么?

3

铣床

3.1 概述

3.1.1 铣床的工艺范围及特点

铣床是一种用途很广的机床。它的工艺范围较为广泛,可以加工平面(包括水平面、垂直面和斜面等)、沟槽(包括键槽、T形槽、燕尾槽及异形截面槽等)、各种分齿类零件(齿轮、链轮、棘轮、花键轴等)、螺旋形表面(螺纹和螺旋槽)及各种模具型腔曲面等,此外,它还可以用于加工回转体表面和内孔以及进行切断工作等。

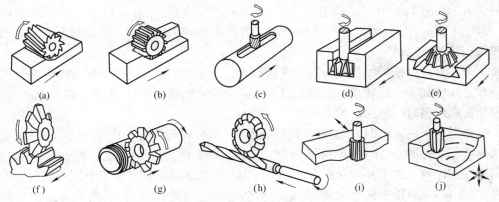

图 3.1　铣床加工的典型表面

(a)铣平面;(b)铣台阶面;(c)铣键槽;(d)铣 T 形槽;(e)铣燕尾槽;
(f)铣齿轮;(g)铣螺纹;(h)铣螺旋槽;(i)、(j)铣成形面由于铣床所使用的刀具为多齿刀具,切削过程中常有几个刀齿同时参与切削,可获得较高的生产效率。从整体看,切削过程是连续的,但对每一个刀齿而言,从这个刀齿切入、连续切削、切出,切削厚度发生着变化,这使切削力相应发生着变化,容易引起机床振动,因此,铣床在结构上要求有更高的刚度和抗振性能。

3.1.2 铣床的分类及其结构和运动

铣床的主要类型有:卧式升降台铣床、立式升降台铣床、工作台不升降式铣床、龙门铣床、工具铣床等,此外还有仿形铣床、仪表铣床和各种专门化铣床。

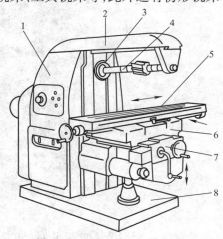

图 3.2 卧式升降台铣床
1—床身;2—悬梁;3—主轴;4—铣刀心轴;
5—工作台;6—床鞍;7—升降台;8—底座

卧式升降台铣床(见图3.2)习惯称为卧铣,因主轴卧式布局而得名。床身1固定在底座8上,作为机床其他部件安装和支撑的基础部件。床身内装有主运动(主轴3的旋转运动)的变速传动装置、主轴部件以及操纵机构等。床身1顶部的导轨上装有悬梁2,可沿主轴轴线方向调整其前后位置,悬梁上装有刀杆支架,用于支承刀杆的悬伸端,支架在悬梁上的位置可根据刀杆长短进行调整。升降台7安装在床身1的垂直导轨上,通过丝杠螺母机构可以上下(垂直)移动。升降台内装有进给运动变速传动机构以及操纵机构等。升降台的水平导轨上装有床鞍6,可沿平行于主轴3的轴线方向(横向)移动。工作台5装在床鞍6的导轨上,可沿垂直于主轴轴线方向(纵向)移动。因此,固定在工作台上的工件,可在互相垂直的三个方向上进给运动和调整位移。

万能升降台铣床的机构与卧式升降台铣床基本相同,区别在于在工作台5与床鞍6之间增加了一层转盘。转盘相对于床鞍绕垂直轴线在±45°范围内调整角度,适应加工螺旋槽时的斜向进给。

如图3.3为XK5040A型数控铣床外形,它与立式升降台铣床结构布局相似,主轴是垂直安置的,工作台16、升降台15、底座1和床身立柱与卧式升降台铣床相似,固定在工作台上的工件的互相垂直三个方向的进给运动和调整位移分别由伺服电动机4、13和14单独提供动力源,简化了三个进给运动的操纵机构,动力传递更加简捷,铣头可在一定范围内在垂直平面内调整角度,适合加工与水平面成一定夹角的斜面铣削。

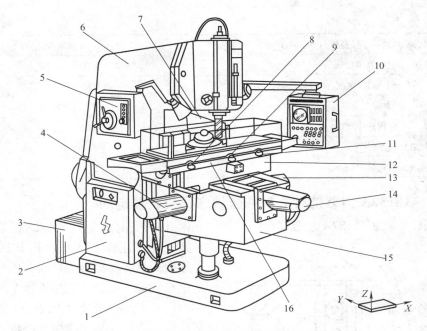

图 3.3 XK5040A 型数控铣床

1—底座;2—强电柜;3—变压器箱;4—升降进给伺服电动机;5—主轴变速手柄和按钮板;6—床身立柱;
7—数控柜;8、11—纵向行程限位保护开关;9—纵向参考点设定挡铁;10—操纵台;12—横向溜板;
13—纵向进给伺服电动机;14—横向进给伺服电动机;15—升降台;16—纵向工作台

3.2 X6132A 型万能卧式升降台铣床

3.2.1 X6132A 型万能卧式升降台铣床的用途及结构

X6132A 型万能卧式升降台铣床可用于铣削平面、斜面、沟槽、齿轮等。工作台可绕垂直轴线 ±45° 范围内调整角度,如采用分度头附件,还可加工螺旋表面。X6132A 型万能卧式升降台铣床主要技术参数如表 3.1 所示。

表 3.1 X6132A 型万能卧式升降台铣床主要技术参数

工作台面尺寸(mm)	$320 \times 1\,200$
主轴孔锥度	7:24 ISO 40
工作台行程(纵向/横向/垂向)(mm)	650/320/400
铣刀杆直径(mm)	$\phi 22$ $\phi 27$
主电机功率(kW)	7.5
主电机转速(r/min)	1 450
主轴转速范围(r/min)	18 级 30 ~ 1 500

工作台纵、横向进给速度范围（mm/min）	21级 10～1 000
垂直方向进给速度范围（mm/min）	3.3～333
工作台"T"形槽（槽数/宽度/间距）（mm）	3/14/80
机床外形尺寸（mm）	1 400×2 100×1 400
主轴中心至工作台面距离（mm）	30～430
电动冷却液泵功率（W）	40
电动冷却液泵输送量（L/min）	12

3.2.2　X6132A 型万能卧式升降台铣床结构及其运动

如图 3.4 为 X6132A 型万能卧式升降台铣床机构图,由底座 1、床身 2、悬梁 3、刀架支杆 4、主轴 5、工作台 6、床鞍 7、升降台 8 及回转盘 9 等组成。床身 2 固定在底座 1 上,用以安装和支承其他部件。床身内装有主轴部件、主轴变速传动装置及其变速操纵机构。悬梁 3 安装在床身 2 的顶部,并可沿燕尾槽形导轨调整前后位置。悬梁 3 上的刀杆支架 4 用于支承刀杆,以提高其刚度。升降台 8 安装在床身 2 前侧面垂直导轨上,可作上下移动。升降台内装进给运动传动装置及其操纵机构。升降台 8 的水平导轨上装有床鞍 7,可沿主轴轴线方向作横向移动。床鞍 7 上装有回转盘 9,回转盘上面的燕尾槽导轨上装有工作台 6。因此,工作台除了可沿导轨作垂直于主轴轴线方向的纵向移动外,还可以通过回转盘绕垂直轴线在 ±45°范围内调整角度,以便铣削螺旋表面。

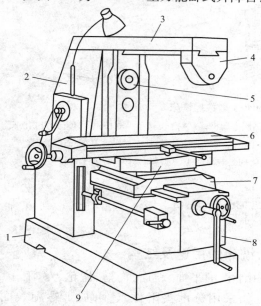

图 3.4　X6132A 型万能卧式升降台铣床外形图
1—底座；2—床身；3—悬梁；4—刀杆支架；5—主轴；
6—工作台；7—床鞍；8—升降台；9—回转盘

3.2.3　X6132A 型万能卧式升降台铣床的传动系统

图 3.5 为 X6132A 型万能卧式升降台铣床的传动系统图,主运动为主轴的旋转运动,进给运动为纵向、横向及垂直方向的 3 个方向的运动。

主运动动力源为 7.5 kW、1 450 r/min 电机,末端件为主轴 V 轴,其传动路线表达式为:

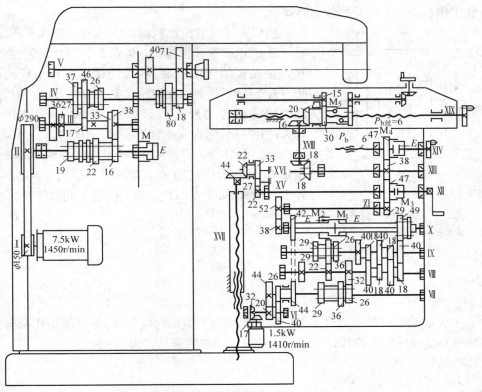

图 3.5　X6132A 型万能升降台铣床传动系统

$P_{h丝}$—丝杠导程

$$主电动机\left(\frac{7.5\ \text{kW}}{1\ 450\ \text{r/min}}\right)\frac{\phi150}{\phi290}\text{II}-\begin{bmatrix}\dfrac{19}{36}\\[4pt]\dfrac{22}{33}\\[4pt]\dfrac{16}{38}\end{bmatrix}-\text{III}-\begin{bmatrix}\dfrac{27}{37}\\[4pt]\dfrac{17}{46}\\[4pt]\dfrac{38}{26}\end{bmatrix}-\text{IV}-\begin{bmatrix}\dfrac{80}{40}\\[4pt]\dfrac{18}{71}\end{bmatrix}-\text{V（主轴）}$$

主传动链中有两组三联滑移齿轮和一组双联滑移齿轮,所以,主轴可获得 18（$3\times3\times2=18$）级转速。主轴的正反转由主电机正反转实现。轴 II 右端装有多片式电磁制动器 M,停车后,多片式电磁制动器 M 线圈接通直流电源,使主轴迅速而平稳地停止转动。

进给运动由进给电动机(1.5 kW、1 410 r/min)驱动。电动机的运动经一对锥齿轮 17/32 传到轴 VI,然后根据轴 X 的电磁摩擦离合器 M_1、M_2 的结合情况,分两条路线传动。如果轴 X 上离合器 M_1 脱开、M_2 啮合,轴 VI 的运动经齿轮副 40/26、44/42 及离合器 M_2,传至轴 X。这条路线可使工作台作快速移动;如轴 X 上离合器 M_2 脱开、M_1 啮合,轴 VI 的运动经齿轮副 20/44 传至轴 VII,再经轴 VII—VIII 间和轴 VIII—IX 间两组三联滑移齿轮变速以及轴 X 间的曲回机构,经离合器 M_1 将运动传至轴 X。这是一条使工作台作正常运动的传动路线。

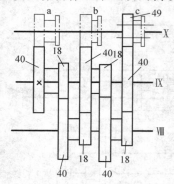

图 3.6　曲回机构原理图

a、b、c—齿数为 49 的齿轮在变速过程中的 3 个位置

轴 Ⅶ—Ⅷ 间的曲回机构工作原理如图 3.6 所示，轴 Ⅹ 上的单联滑移齿轮 $z = 49$ 有 3 个啮合位置：当滑移齿轮在 a 啮合位置时，轴 Ⅸ 的运动直接由齿轮副 40/49 传至轴 Ⅹ；当滑移齿轮在 b 啮合位置时，轴 Ⅸ 的运动经曲回机构齿轮副 18/40—18/40—40/49 传至轴 Ⅹ；当滑移齿轮在 c 啮合位置时，轴 Ⅸ 的运动经曲回机构齿轮副 18/40—18/40—18/40—18/40—40/49 传至轴 Ⅹ。因而，通过轴 Ⅹ 上单联滑移齿轮 $z = 49$ 的 3 种啮合位置，可使曲回机构得到 3 种不同的传动比：

$$u_a = \frac{40}{49}$$

$$u_b = \frac{18}{40} \times \frac{18}{40} \times \frac{40}{49}$$

$$u_c = \frac{18}{40} \times \frac{18}{40} \times \frac{18}{40} \times \frac{18}{40} \times \frac{40}{49}$$

轴 Ⅹ 的运动可经过离合器 M_3、M_4、M_5 以及相应的后续传动路线，使工作台分别得到垂直横向和纵向的移动。进给运动的传动路线表达式为：

$$
\left(\begin{array}{c}\text{电动机}\\1.5\ \text{kW}\\1\,410\ \text{r/min}\end{array}\right) \frac{17}{32} - \text{Ⅵ} -
$$

$$
\frac{20}{44} - \text{Ⅶ} - \left[\begin{array}{c}\dfrac{29}{29}\\[4pt]\dfrac{36}{22}\\[4pt]\dfrac{26}{32}\end{array}\right] - \text{Ⅷ} - \left[\begin{array}{c}\dfrac{29}{29}\\[4pt]\dfrac{22}{36}\\[4pt]\dfrac{32}{26}\end{array}\right] - \text{Ⅸ} - \left[\begin{array}{c}\dfrac{40}{49}\\[4pt]\dfrac{18}{40}\times\dfrac{18}{40}\times\dfrac{18}{40}\times\dfrac{18}{40}\times\dfrac{40}{49}\\[4pt]\dfrac{18}{40}\times\dfrac{18}{40}\times\dfrac{40}{49}\end{array}\right] - M_1 \text{合（工作进给）}
$$

$$
\frac{40}{26} \times \frac{44}{42} - M_2 \text{合（快速）}
$$

$$
- \text{Ⅹ} \frac{38}{52} \text{Ⅺ} \frac{29}{47} \left[\begin{array}{c}\dfrac{47}{38} \text{XIII} \left[\begin{array}{c}\dfrac{18}{18} - \text{ⅩⅧ} - \dfrac{16}{20} - M_5 \text{合} - \text{ⅪⅩ（纵向进给）}\\[4pt]\dfrac{38}{47} - M_4 \text{合} - \text{ⅪⅩ（横向进给）}\end{array}\right]\\[12pt]M_3 \text{合} - \text{Ⅻ} \dfrac{22}{27} \text{ⅩⅤ} \dfrac{27}{33} \text{ⅩⅥ} \dfrac{22}{24} \text{ⅩⅦ（垂直进给）}\end{array}\right]
$$

在理论上，铣床在互相垂直的 3 个方向上均可获得 $3 \times 3 \times 3 = 27$ 种进给量，但由于轴 Ⅶ—Ⅸ 间的两组三联滑移齿轮变速组的 $3 \times 3 = 9$ 种传动比中，有三种相等，即：

$$\frac{26}{32} \times \frac{32}{26} = \frac{29}{29} \times \frac{29}{29} = \frac{36}{22} \times \frac{22}{36} = 1$$

所以，轴 Ⅶ—Ⅸ 间的两个变速组只有 7 种不同的传动比。因而轴 Ⅹ 上的滑移齿轮

$z = 49$ 只有 $7 \times 3 = 21$ 种不同的转速。由此可知,X6132A 型铣床的纵向、横向、垂直进给量均为 21 级,纵向和横向的进给量范围为 $10 \sim 1\,000$ mm/min,垂直进给量范围为 $3.3 \sim 333$ mm/min。

3.2.4 X6132A 型万能卧式升降台铣床的主要部件结构

1. 主轴部件

X6132A 万能卧式升降台铣床的主轴部件结构如图 3.7 所示,其基本形状为阶梯形空心轴,前端直径大于后端直径,使主轴 1 前端具有较大的变形抗力。主轴 1 前端的 7∶24 精密锥孔 7 用于安装铣刀刀杆,使其能准确定心,保证刀杆有较高的旋转精度。主轴中心孔穿入拉杆,拉紧并锁定刀杆或刀具,使它们定位可靠。端面键 8 用于连接主轴和刀杆,并传递转矩。

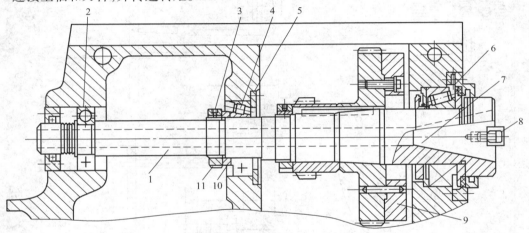

图 3.7 X6132 型万能卧式升降台铣床的主轴部件结构
1—主轴;2—后支承;3—锁紧螺钉;4—中间支承;5—轴承盖;6—前支承;
7—主轴前锥孔;8—端面键;9—飞轮;10—隔套;11—螺母

由于铣床采用多齿刀具,引起铣削力周期性变化,从而使切削过程产生振动,这就要求主轴部件具有较高的刚度和抗振性,因此主轴采用三支承结构。前支承 6 和中间支承 4 分别采用 P5 级和 P6 级的圆锥滚子轴承,分别承受向左、向右的进给力和背向力,并保证主轴的回转精度。后支承 2 为单列深沟球轴承,只承受背向力。调整轴承间隙时,先将悬梁移开,并拆下床身盖板,露出主轴部件,然后拧松中间支承 4 左侧螺母 11 上的锁紧螺钉 3,用专用勾头扳手勾住螺母 11,再用一短铁棍通过主轴前端的端面键 8 扳动主轴 1 顺时针旋转,使中间支承 4 的内圈向右移动,从而使中间支承 4 的间隙得以消除。如继续转动主轴 1,使其向左移动,并通过轴肩带动前支承 6 的内圈左移,从而消除前支承 6 的间隙。

2. 孔盘变速操纵机构

X6132A 铣床的主运动和进给运动的变速操纵机构都采用了孔盘变速操纵机构

来控制,下面以主变速操纵机构为例进行分析。

孔盘变速操纵机构控制三联滑移齿轮的工作原理图如图 3.8 所示。拨叉 1 固定在齿条轴 2 上,齿条轴 2 和 2′与齿轮 3 啮合。齿条轴 2 和 2′的右端是具有不同直径 D 和 d 的圆柱形成的阶梯轴,直径为 D 的台肩能穿过孔盘上的大孔,直径为 d 的台肩能穿过孔盘上的小孔。变速时,先将孔盘右移,使其退离齿条轴,然后根据变速要求,转动孔盘一定角度,再使孔盘左移复位。孔盘在复位时,可通过孔盘上对应齿条轴之处为大孔、小孔或无孔的不同状态,而使滑移齿轮获得左、中、右 3 种不同的位置,从而达到变速的目的。3 种工作状态如下。

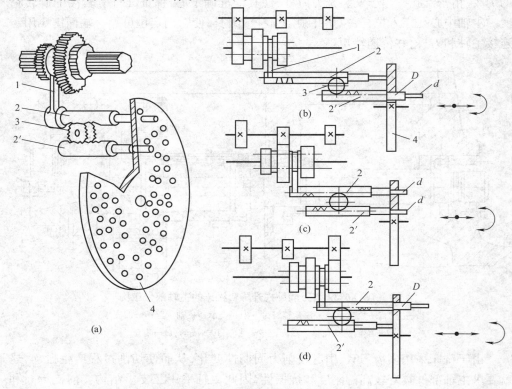

图 3.8　孔盘变速器操纵机构控制三联滑移齿轮的工作原理

(a)结构图;(b)、(c)、(d)3 种工作状态(左、中、右)

1—拨叉;2、2′—齿条轴;3—齿轮;4—孔盘;D、d—圆柱直径

(1)孔盘上对应齿条轴 2 的位置无孔,而对应齿条轴 2′的位置为大孔。孔盘复位时,向左顶齿条轴 2,并通过拨叉 1 将三联齿轮推到左位。齿条轴 2′则在齿条轴 2 及小齿轮 3 的共同作用下右移,直径为 D 的大台肩穿过孔盘上的大孔(见图 3.8(b))。

(2)孔盘对应两齿条轴的位置均为小孔,齿条轴上直径为 d 的小台肩穿过孔盘上的小孔,两齿条轴均处于中间位置,从而通过拨叉使滑移齿轮处于中间位置(见图 3.8(c))。

（3）孔盘上对应齿条轴 2 的位置为大孔，对应齿条轴 2′ 的位置无孔，这时孔盘顶齿条轴 2′ 左移，通过齿轮 3 使齿条轴 2 的台肩穿过大孔右移，并使齿轮处于右位（见图 3.8(d)）。

对于双联滑移齿轮，其齿条轴只需一个台肩即可完成滑移齿轮左右两个工作位置的定位。

3. 主变速操纵机构

如图 3.9 所示，该变速机构操纵了主运动传动链的两个三联滑移齿轮和一个双联滑移齿轮，使主轴获得 18 级转速，孔盘每转 20° 改变一种速度。变速由手柄 1 和速度盘 4 联合操纵。变速时，将手柄 1 向外拉出，手柄 1 绕销 3 摆动而脱开定位销 2；然后逆时针转动手柄 1 约 250°，经操纵盘 5、平键带动齿轮套筒 6 转动，再经齿轮 9 使齿条轴 10 向右移动，其上拨叉 11 拨动孔盘 12 右移并脱离各组齿条轴；接着转动速度盘 4，经心轴、一对锥齿轮使孔盘 12 转过相应的角度（由速度盘 4 的速度标记确定）；最后反向转动手柄 1，通过齿条轴 10，由拨叉 11 将孔盘 12 向左推回原位，并由定位销 2 定位，使各滑移齿轮达到正确的啮合位置。

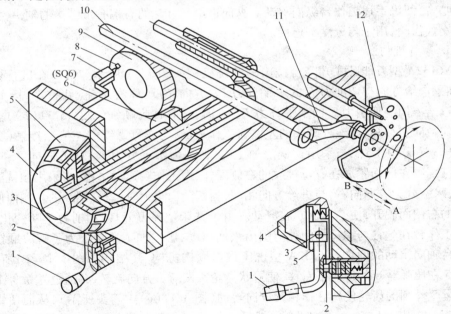

图 3.9　X6132A 型卧式万能升降台铣床的主变速操纵机构

1—手柄；2—定位销；3—销；4—速度盘；5—操纵盘；6—齿轮套筒；

7—微动开关；8—凸块；9—齿轮；10—齿条轴；11—拨叉；12—孔盘

变速时，为了使滑移齿轮在移位过程易于啮合，变速机构中设有主电动机瞬时点动控制。速度操纵过程中，齿轮 9 上的凸块 8 压下微动开关 7，瞬时接通主电动机，使之产生瞬时转动，带动传动齿轮慢速转动，使滑移齿轮容易进入啮合。

4. 工作台结构

如图 3.10 所示,万能卧式升降台铣床工作台由工作台 6、床鞍 1 和回转盘 2 组成。床鞍 1 与升降台用矩形导轨相配合(图中未画出),使工作台在升降台导轨上横向移动。工作台不作横向移动时,可通过手柄 13 经偏心轴 12 的作用将床鞍夹紧在升降台上。工作台 6 可沿回转盘 2 上的燕尾形导轨作纵向移动。工作台 6 连同回转盘 2 一起可绕锥齿轮的轴线 XVIII 回转 ±45°,并利用螺栓 14 和两块弧形压板 11 固定在床鞍 1 上。纵向进给丝杠 3 的一端通过滑动轴承支承在前支架 5 上,另一端通过圆锥滚子轴承和推力球轴承支承在后支架 9 上。轴承的间隙可通过螺母 10 进行调整。回转盘 2 的左端安装有双螺母结构,右端装有带端面齿的空套锥齿轮。离合器 M_5 用花键与花键套筒 8 相连,而花键套筒 8 又通过滑键 7 与铣有长键槽的进给丝杠相连。因此,当 M_5 左移与空套锥齿轮的端面齿啮合,轴 XVIII 的运动就可由锥齿轮副、离合器 M_5、花键套筒 8、滑键 7 传至进给丝杠,使其转动。由于双螺母既不能转动也不能轴向移动,所以丝杠在旋转时,同时作轴向移动,从而带动工作台 6 纵向进给。纵向进给丝杠 3 的左端空套有手轮 4,将手轮向前推进,压缩弹簧,使端面齿离合器啮合,便可手摇工作台纵向移动。纵向进给丝杠 3 的右端有带键槽的轴头,可以安装交换齿轮,用于与分度头连接。

5. 顺铣机构

X6132A 型万能卧式升降台铣床的顺铣机构如图 3.11 所示。铣床在进行切削时,如果进给方向与切削力 F 的水平分力 F_X 方向相反,称为逆铣(见图 3.11(a));如果进给方向与切削力 F 的水平分力 F_X 方向相同,称为顺铣(见图 3.11(b))。如果工作台向右移动,则丝杠螺纹的左侧为工作表面,与螺母螺纹的左侧相接触(见图 3.11(a)、(b)中 I)。当采用逆铣法加工时,切削力水平分力 F_X 的方向向左,正好使丝杠螺纹左侧面紧靠在螺母螺纹的右侧面,因而工作台运动平稳;当采用顺铣法加工时,水平分力方向向右,与进给方向相同,当切削力很大时,丝杠螺纹的左侧面便与螺母的右侧面脱开,使工作台向右窜动。由于铣床是多刃刀具,切削力不断变化,从而使工作台在丝杠与螺母的间隙范围内来回窜动,影响加工质量。为了解决顺铣时工作台轴向窜动的问题,X6132A 型铣床设有顺铣机构,其结构如图 3.11(c)所示。齿条 5 在压弹簧 6 的作用下右移,使冠状齿轮 4 按箭头方向旋转,并通过左螺母 1 和右螺母 2 外圆的齿轮使两者作相反方向转动(图 3.11(c)中箭头所示),从而使螺母 1 的螺纹左侧与丝杠螺纹右侧靠紧,螺母 2 的螺纹右侧与丝杠螺纹左侧靠紧。顺铣时,丝杠 3 的进给力由螺母 1 承受,由于丝杠 3 与螺母 1 之间摩擦力 f 的作用,使螺母 1 有随丝杠 3 转动的趋势,并通过冠状齿轮 4 使右螺母 2 产生与丝杠 3 反向旋转的趋势,从而消除了右螺母 2 与丝杠 3 间的间隙,不会产生轴向窜动;逆铣时,丝杠 3 的进给力由右螺母 2 承受,两者之间产生较大的摩擦力,因而使右螺母 2 有随丝杠 3 一起转动的趋势,从而通过冠状齿轮 4 使左螺母 1 产生与丝杠 3 反向旋转的趋势,使左螺母 1 螺纹左侧与丝杠螺纹右侧脱开,减少丝杠的磨损。

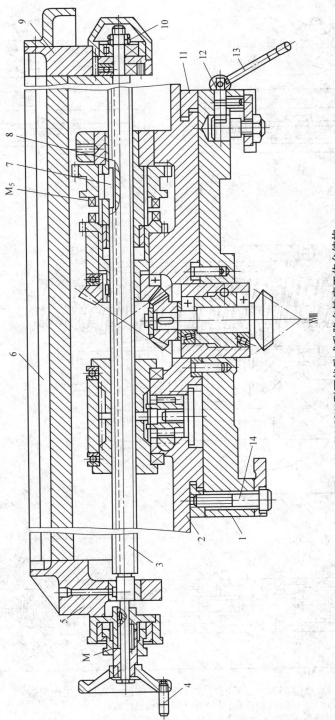

图 3.10　X6132A 型万能卧降台铣床工作台结构

1—床鞍;2—回转盘;3—纵向进给丝杠;4—手轮;5—前支架;6—工作台;7—滑键;
8—花键套筒;9—后支架;10—螺母;11—压板;12—偏心轴;13—手柄;14—螺栓

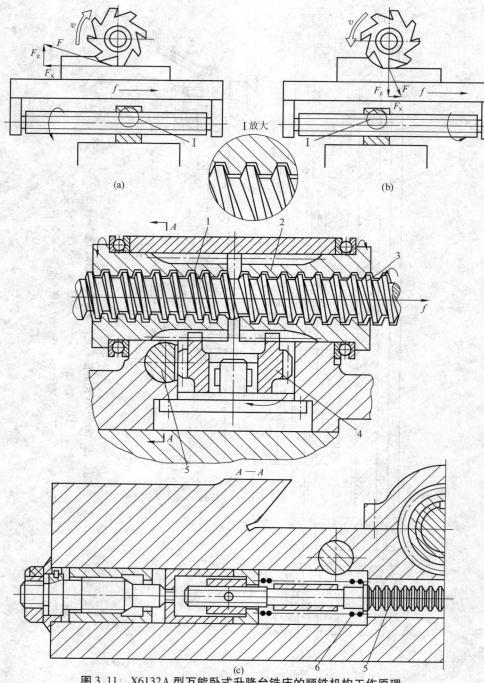

图 3.11 X6132A 型万能卧式升降台铣床的顺铣机构工作原理

（a）逆铣；（b）顺铣；（c）顺铣机构结构

1—左螺母；2—右螺母；3—丝杠；4—冠状齿轮；5—齿条；6—压弹簧

F—切削力；F_x—切削力的水平分力；F_z—切削力的垂直分力；v—铣刀线速度；f—摩擦力

6. 工作台的纵向进给操纵机构

X6132A 型万能卧式升降台铣床工作台纵向进给操纵机构如图 3.12 所示,由手柄 23 控制,在接通或断开离合器 M_5 的同时,压动微动开关 S_1 或 S_2,使进给电动机正转或反转,实现工作台向右或向左的纵向进给运动。

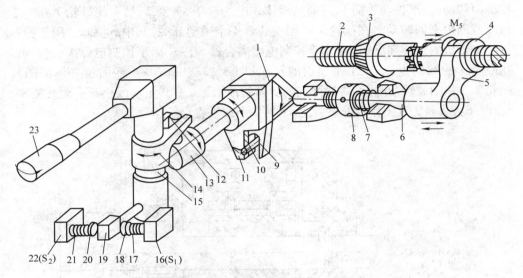

图 3.12　工作台纵向进给操纵机构简图

1—凸块;2—纵向丝杠;3—空套锥齿轮;4—离合器 M_5 右半部;5—拨叉;6—拨叉轴;
7、17、21—弹簧;8—调整螺母;9、14—叉子;10、12—销子;11—摆块;13—套筒;
15—垂直轴;16—微动开关 S_1;18、20—可调螺钉;19—压块;22—微动开关 S_2;23—手柄

当手柄 23 在中间位置时,凸块 1 顶住拨叉轴 6,使其右移,弹簧 7 受压,离合器 M_5 无法啮合,从而使进给运动断开。此时,手柄 23 下部的压块 19 也处于中间位置,使控制进给电动机正转或反转的微动开关 16(S_1)及微动开关 22(S_2)均处于放松状态,从而使进给电动机停止转动。

把手柄 23 向右扳动时,压块 19 也向右摆动,压动微动开关 16,使进给电动机正转。同时,手柄中部叉子 14 逆时针转动,并通过销子 12 带动套筒 13、摆块 11 及固定在摆块 11 上的凸块 1 逆时针转动,使其突出点离开拨叉轴 6,从而使拨叉轴 6 及拨叉 5 在弹簧 7 的作用下左移,并使端面齿离合器 M_5 右半部 4 左移,与左半部啮合,接通工作台向右的纵向进给运动。

把手柄 23 向左扳动时,压块 19 也向左摆动,压动微动开关 22,使进给电动机反转。此时,凸块 1 顺时针转动,同样不能顶住拨叉轴 6,离合器 M_5 的左、右半部同样可以啮合,接通工作台向左的纵向进给运动。机床侧面另有一个手柄,可通过杠杆及销子 10 拨动凸块 1 下部的叉子 9,从而使凸块 1 及压块 19 摆动,进而控制纵向进给运动。

7. 工作台的横向和垂直进给操纵机构

X6132A 型万能卧式升降台铣床工作台横向和垂直进给操纵机构如图 3.13 所示,手柄 1 有上、下、前、后及中间 5 个工作位置,用于接通和断开横向和垂直进给运动。前后扳动手柄 1,可通过手柄 1 前端的球头带动轴 4 及与轴 4 用销联接的鼓轮 7 作轴向移动;上下扳动手柄 1,可通过毂体 3 上的扁槽、平键 2、轴 4 使鼓轮 7 在一定角度范围内来回转动。在鼓轮 7 两侧安装着 4 个微动开关,其中 S_3 和 S_4 用于控制进给电动机的正转和反转;S_7 用于控制电磁离合器 M_4;S_8 用于控制电磁离合器 M_3。在鼓轮 7 的圆周上,加工出带斜面的槽(见图 3.13E—E、F—F 截面及立体简图)。鼓轮 7 在移动或转动时,可通过槽上的斜面使顶销 5、6、8、9 压动或松开微动开关 S_7、S_8、S_3、S_4,从而实现工作台前、后、上、下的横向或垂直进给运动。

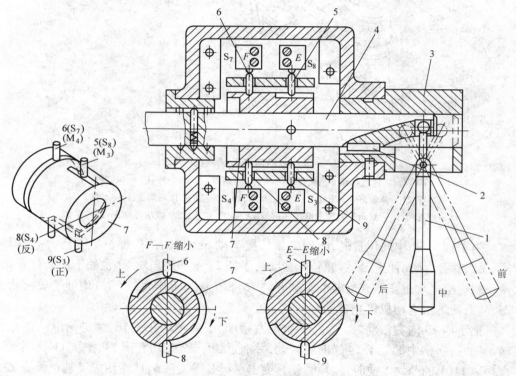

图 3.13　工作台横向和垂直进给操纵机构示意图

1—手柄;2—平键;3—毂体;4—轴;5、6、8、9—顶销;7—鼓轮

S_3、S_4、S_7、S_8—微动开关;M_3、M_4—电磁离合器

向前扳动手柄 1 时,鼓轮 7 向左移动,顶销 9 被鼓轮上的斜面压下,作用于微动开关 S_3,使进给电动机正转。与此同时,顶销 6 脱开凹槽,处于鼓轮 7 的圆周上,作用于微动开关 S_7,使横向进给电磁离合器 M_4 通电压紧工作,从而实现工作台向前的横向进给运动。

向后扳动手柄 1 时,鼓轮 7 向右轴向移动,顶销 8 被鼓轮 7 上的斜面压下,作用于微动开关 S_4,使进给电动机反转。此时顶销 6 仍处于鼓轮圆周上,压下微动开关 S_7,电磁离合器 M_4 通电工作,实现工作台向后的横向进给运动。

向上扳动手柄 1 时,鼓轮 7 逆时针转动,顶销 8 被鼓轮 7 的上斜面压下,作用于微动开关 S_4,进给电动机反转,顶销 5 处于鼓轮 7 的圆周表面上,从而压动微动开关 S_8,使电磁离合器 M_3 吸合,这样就使工作台向上移动。

向下扳动手柄时,鼓轮 7 顺时针转动,顶销 9 被鼓轮 7 的上斜面压下,作用于微动开关 S_3,进给电动机正转,顶销 5 仍处于鼓轮 7 的圆周表面上,压动微动开关 S_8,使电磁离合器 M_3 吸合,从而使工作台向下移动。

当操作手柄处于中间位置时,顶销 8、9 均位于鼓轮 7 的凹槽中,微动开关 S_3、S_4 都处于放松状态,进给电动机不运转。同时,顶销 5、6 也均位于鼓轮 7 的槽中,放松微动开关 S_7 和 S_8。,使电磁离合器 M_4 和 M_3 均处于失电不吸合状态,故工作台的横向和垂直方向均无进给运动。

3.2.5 万能分度头

3.2.5.1 万能分度头的用途及其传动系统

万能分度头是升降台铣床所配备的重要附件之一,用来扩大机床的工艺范围。分度头安装在铣床工作台上,被加工工件支承在分度头主轴顶尖与尾座顶尖之间或安装于分度头主轴前端的卡盘上。利用分度头可进行以下工作。

(1)使工件绕分度头主轴轴线回转一定角度,以完成等分或不等分的分度工作。如使用于加工方头、六角头、花键、齿轮以及多齿刀具等。

(2)通过分度头使工件的旋转与工作台丝杠的纵向进给保持一定运动关系,以加工螺旋槽、交错轴斜齿轮及阿基米德螺旋线凸轮等。

(3)用卡盘夹持工件,使工件轴线相对于铣床工作台倾斜一定角度,以加工与工件轴线相交成一定角度的平面、沟槽及直齿锥齿轮等。

图 3.14 所示为 FW250 型万能分度头的外形及传动系统。分度头主轴 9 安装在回转体 8 内,回转体 8 以两侧轴颈支承在底座 10 上,并可绕其轴线沿底座 10 的环形导轨转动,使主轴 9 在水平线以下 6° 至水平线以上 90° 范围内调整倾斜角度,调整后螺钉 4 将回转体 8 锁紧。主轴前端有一莫氏锥孔,用以安装支承工件的顶尖;主轴前端还有定位锥面,可用于三爪自定心卡盘的定位及安装。主轴后端莫氏锥孔用于安装交换齿轮轴,并经交换齿轮与侧轴连接,实现差动分度。分度头侧轴 5 可装上配换交换齿轮,以建立与工作台丝杠的运动联系。在分度头侧面可装上分度盘 3,分度盘在若干不同圆周上均布着不同的孔数。转动分度手柄 11,经传动比为 1:1 的交错轴斜齿轮副和 1:40 的蜗杆副带动主轴 9 回转。通过分度手柄 11 转过的转数及装在手柄槽内分度定位销 12 插入分度盘上孔的位置,就可使主轴转过一定角度,进行分度。FW250 型万能分度头备有两块分度盘,供分度时选用,每块分度盘前后两面皆有孔,

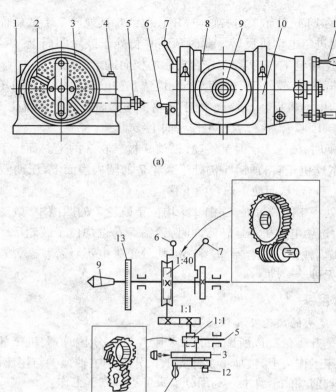

图 3.14 FW250 型万能分度头

(a)外形;(b)传动系统

1—紧固螺钉;2—分度叉;3—分度盘;4—螺钉;5—侧轴;6—螺杆脱落手柄;7—主轴锁紧手柄;
8—回转体;9—主轴;10—底座;11—分度手柄;12—分度定位销;13—刻度盘

正面 6 圈孔,反面 5 圈孔。它们的孔数分别为:第一块正面每圈孔数为 24、25、28、30、34、37;反面每圈孔数为 38、39、41、42、43。第二块正面每圈孔数为 46、47、49、51、53、54;反面每圈孔数为 57、58、59、62、66。

3.2.5.2 万能分度头分度方法

万能分度头常用的分度方法有直接分度法、简单分度法和差动分度法等。

1. 直接分度法

首先松开主轴锁紧手柄 7(如图 3.14 所示),并用蜗杆脱落手柄 6 使蜗杆与蜗轮脱开啮合,然后用于直接转动主轴,并按刻度盘 13 控制主轴的转角,最后用主轴锁紧手柄 7 锁紧主轴,铣削工件表面。直接分度法用于对分度精度要求不高,且分度次数较少的工件。

2. 简单分度法

直接利用分度盘进行分度的方法称简单分度法。分度时用分度盘紧固螺钉 1 锁定分度盘,拔出分度定位销 12,转动分度手柄 11,通过传动系统使分度主轴转过所需的角度,然后将分度定位销 12 插入分度盘 3 相应的孔中。

设被加工工件所需分度数为 z(即在一周内分成 z 个等分),每次分度时分度头主轴应转过 $1/zr$,根据传动关系,这时手柄对应转过的转数可按下式求得:

$$n_{手} = \frac{1}{z} \times \frac{40}{1} \times \frac{1}{1} = \frac{40}{z}$$

为使分度时容易记忆,可将上式写成如下形式:

$$n_{手} = \frac{40}{z} = a + \frac{p}{q}$$

式中:a——每次分度时手柄所转过的整数转(当 $40/z < 1$ 时,$a = 0$);

q——所用分度盘中孔圈的孔数;

p——手柄转过整数转后,在 q 个孔的孔圈上转过的孔距。

在分度时,q 值应尽量取分度盘上能实现分度的较大值,可使分度精度高些。为防止由于记忆出错而导致分度操作失误,可调整分度叉 2 的夹角,使分度叉 2 以内的孔数在 q 个孔的孔圈上包含 $(p+1)$ 个孔,即包含的实际孔数比所需要转过的孔数多一个孔,在每次分度定位销 12 插入孔中时可清晰地识别。

例 3.1 在铣床上加工直齿圆柱齿轮,齿数 $z = 28$,用 FW250 分度,求每次分度手柄应转过的整数转与转过的孔数。

解: $n_{手} = \frac{40}{z} = \frac{40}{28} = 1 + \frac{3}{7} = 1 + \frac{12}{28} = 1 + \frac{18}{42} = 1 + \frac{21}{49}$

计算时应将分数部分化为最简分数,然后分子、分母同乘以一个整数,使分母等于 FW250 分度盘上具有的孔数。计算结果表明:每次分度时,手柄转过 $\frac{10}{7}$ r,即在手柄转过整数转后,应在孔数为 28 的孔圈上再转过 12 个孔距,或在孔数为 42、49 的孔圈上分别转过 18、21 个孔距。

3. 差动分度法

当需分度的工件的分度数不能与 40 相约,或由于分度盘的孔圈有限,使得分度盘上没有所需分度数的孔圈,则无法用简单分度法进行分度,如 73、83、113 等。

此时,要用差动分度法进行分度,如图 3.15 所示。用差动分度法进行分度时,必须用交换齿轮。z_1、z_2、z_3、z_4 将分度头主轴与侧轴 2 联系起来,经一对交错轴斜齿轮副传动,使分度盘回转,补偿所需的角度。此时应松开分度盘紧固螺钉 3。交换齿轮 1 用于改变分度盘转动的方向,其安装形式如图 3.15(a)所示。

差动分度法的基本思路是:要实现需分度工件的分度数 z(假定 $z > 40$),手柄应转过 $40/z$ r,其定位插销相应从 A 点到 C 点(见图 3.15(c)),但 C 点处没有相应的孔供定位,分度定位销 12 无法插入(见图 3.14),故不能用简单分度法分度。为了在分度盘现有孔数的条件下实现所需的分度数 z,并能准确定位,可选择一个在现有分度盘上可实现分度,同时非常接近所需分度数 z 的假定分度数 z_0,并以假定分度数 z_0 进行分度,手柄转 $40/z_0$ r,插销相应从 A 点转到 B 点(见图3.15(c)),离所需分度数 z 的定位点 C 的差值为 $\dfrac{40}{z}-\dfrac{40}{z_0}$,为了补偿这一差值,只要将分度盘上的 B 点转到 C 点,以使分度定位销12插入(见图3.14)准确定位,就可实现分度数为 z 的分度。实现补差的传动由手柄经分度头的传动系统,再经连接分度头主轴9与侧轴5的交换齿轮传动分度盘3。分度时分度手柄11按所需分度数转 $40/z$ r时,经上述传动,使分度盘转 $\left(\dfrac{40}{z}-\dfrac{40}{z_0}\right)$ r,分度定位销12准确插入 C 点定位。因此,分度时手柄轴与分度盘之间的运动关系为:手柄轴转 $40/z$ r,则分度盘转 $\left(\dfrac{40}{z}-\dfrac{40}{z_0}\right)$ r。这条差动传动链的运动平衡式为:

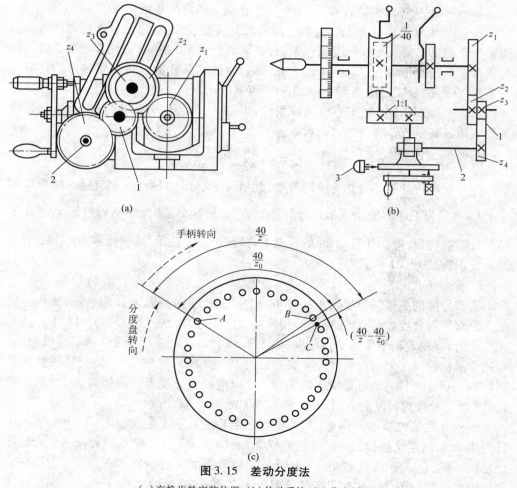

(a)

(b)

(c)

图3.15　差动分度法

(a)交换齿轮安装位置;(b)传动系统;(c)分度原理

1—交换齿轮;2—侧轴;3—紧固螺钉

$$\frac{40}{z} \times \frac{1}{1} \times \frac{1}{40} \times \frac{z_1}{z_2}\frac{z_3}{z_4} \times \frac{1}{1} = \frac{40}{z} - \frac{40}{z_0} = \frac{40(z_0 - z)}{zz_0}$$

化简得换置公式为:

$$\frac{z_1}{z_2}\frac{z_3}{z_4} = \frac{40(z_0 - z)}{z_0}$$

式中:z——所需分度数;

z_0——假定分度数。

选取的 z_0 应接近于 z,并能与 40 相约,且有相应的交换齿轮,以使调整计算易于实现。当 $z_0 > z$ 时,分度盘旋转方向与手柄转向相同;当 $z_0 < z$ 时,分度盘旋转方向与手柄转向相反。分度盘方向的改变通过在 z_3 与 z_4 间加一介轮实现(见图 3.15(a))。FW250 型万能分度头所配备的交换齿轮有 25(两个)、30、35、40、50、55、60、70、80、90、100 共 12 个。

例 3.2 在铣床上加工齿数为 77 的直齿圆柱齿轮,用 FW250 型万能分度头进行分度,试进行调整计算。

解:因 77 无法与 40 相约,分度盘上又无 77 孔的孔圈,故用差动分度法。

取假定分度数 $z_0 = 75$

1)确定分度盘孔圈孔数及插销应转过的孔间距数

$$n_手 = \frac{40}{z_1} = \frac{40}{75} = \frac{8}{15} = \frac{16}{30}$$

即选孔数为 30 的孔圈,使分度手柄转过 16 个孔距。

2)计算交换齿轮齿数

$$\frac{z_1}{z_2}\frac{z_3}{z_4} = \frac{40(z_0 - z)}{z_0} = \frac{40(75 - 77)}{75} = -\frac{80}{75} = -\frac{16}{15} = -\frac{32}{30} = -\frac{80}{60} \times \frac{40}{50}$$

因 $z_0 < z$,所以分度盘旋转方向应与手柄转向相反,需在 z_3、z_4 间加一介轮。

3.2.5.3 铣螺旋槽的调整计算

在万能升降台铣床上利用万能分度头铣削螺旋槽时,应作以下调整计算。

(1)工件支承在工作台上的分度头与尾座顶尖之间,扳动工作台绕垂直轴线偏转角度 β(β 为工件的螺旋角),使铣刀旋转平面与工件螺旋槽方向一致(见图 3.16(a))。铣右旋工件时工作台应绕垂直轴线逆时针方向旋转,铣左旋工件时工作台应绕垂直轴线顺时针方向旋转。

(2)在分度头侧轴与工作台丝杠间装上交换齿轮架及一组交换齿轮(见图 3.16(b)),以使工作台带动工件作纵向进给的同时,将丝杠运动经交换齿轮组、轴及分度头内部的传动使主轴带动工件作相应回转。此时,应松开紧固螺钉 1(见图 3.14),并将分度定位销 12 插入分度盘 3 孔内,以便通过锥齿轮将运动传至分度手柄 11。

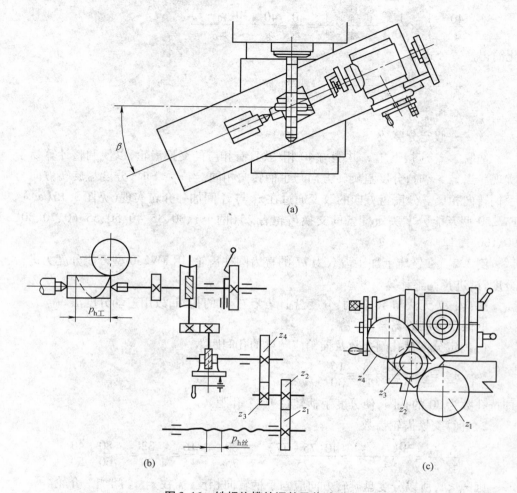

图 3.16 铣螺旋槽的调整及传动联系

(a)铣螺旋槽示意图;(b)铣螺旋槽时传动关系图;(c)分度头与工作台的交换齿轮连接示意

z_1、z_2、z_3、z_4—配换交换齿轮组的齿数;β—工件的螺旋角;

$P_{h丝}$—工作台纵向进给丝杠导程;$P_{h工}$—工件螺旋槽导程

（3）加工多头螺旋槽或交错轴斜齿轮等工件时,加工完一条螺旋槽后,应将工件退离加工位置,然后通过分度头使工件分度。可见,为了在铣螺旋槽时,保证工件的直线移动与其绕自身轴线回转之间保持一定运动关系,由交换齿轮组将进给丝杠与分度头主轴之间的运动联系起来,构成了一条内联系传动链。该传动链的两端件及运动关系为:工作台纵向移动一个工件,螺旋槽导程 $P_{h工}$ — 工件转 1 r。由此根据图3.16(b)所示传动系统,可列出运动平衡式为:

$$\frac{P_{h工}}{P_{h丝}} \times \frac{z_1}{z_2} \cdot \frac{z_3}{z_4} \times \frac{1}{1} \times \frac{1}{1} \times \frac{1}{40} = 1$$

式中：$P_{h丝}$——工作台纵向进给丝杠导程（$P_{h丝}=6$ mm）；

$P_{h工}$——工件螺旋槽导程；

z_1、z_2、z_3、z_4——配换交换齿轮组的齿数。

化简得换置公式为：

$$\frac{z_1}{z_2}\frac{z_3}{z_4}=\frac{40P_{h丝}}{P_{h工}}=\frac{240}{P_{h工}}$$

由图 3.17 可知,工件螺旋槽的导程

$$P_{h工}=\frac{\pi D}{\tan \beta}$$

式中：$P_{h工}$——工件螺旋槽的导程,mm；

D——工件计算直径,mm；

β——螺旋角。

螺旋角为 β、法向模数为 m_n、端面模数为 m_s、齿数为 z 的交错轴斜齿轮的螺旋导程

$$P_{h工}=\frac{\pi m_s z}{\tan \beta}$$

因为

$$m_s=\frac{m_n}{\cos \beta}$$

所以

$$P_{h工}=\frac{\pi m_n z}{\sin \beta}$$

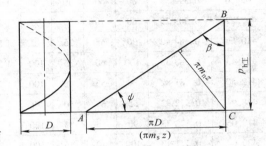

图 3.17 螺旋槽的导程

$P_{h工}$—工件螺旋槽的导程；ψ—螺旋升角；

β—螺旋角；A、B、C—三角形的顶点；D—直径

例 3.3 利用 FW250 型万能分度头铣削一个右旋斜齿轮,齿数 $z=30$,法向模数 $m_n=4$,螺旋角 $\beta=18°$,所用铣床工作台纵向丝杠的导程 $P_{h丝}=6$ mm,试进行调整计算。

解：铣床工作台按图 3.16(a) 逆时针旋转 18°。

1)计算工件导程 $P_{h工}$

$$P_{h工}=\frac{\pi m_n z}{\sin \beta}=\frac{\pi \times 4 \times 30}{\sin 18°}=1\ 219.97$$

故

$$\frac{z_1}{z_2}\frac{z_3}{z_4}=\frac{40P_{h丝}}{P_{h工}}=\frac{40\times 6}{1\ 219.97}=\frac{11}{56}=\frac{55}{70}\times\frac{25}{100}$$

交换齿轮齿数也可查工件导程与交换齿轮齿数表直接获得(见表 3.2)。

2)分度时手柄转的转数与转过的孔数

$$n_手=\frac{40}{z}=\frac{40}{30}=1+\frac{1}{3}=1+\frac{10}{30}$$

即分度手柄转 1 r,再在孔数为 30 的孔圈上转过 10 个孔距。

表 3.2　工件导程与交换齿轮齿数表(部分)

导程 $P_{h工}$(mm)	交换齿轮传动比	交换齿轮				导程 $P_{h工}$(mm)	交换齿轮传动比	交换齿轮			
		z_1	z_2	z_3	z_4			z_1	z_2	z_3	z_4
400.00	0.600 00	100	50	30	100	1 163.64	0.206 25	55	80	30	100
403.20	0.595 24	100	60	25	70	1 188.00	0.202 02	40	55	25	90
405.00	0.592 59	80	60	40	90	1 200.00	0.200 00	70	90	30	100
407.27	0.589 29	60	70	55	80	1 206.88	0.198 86	35	55	25	80
410.66	0.584 42	90	55	25	70	1 209.62	0.198 41	50	70	25	90
411.43	0.583 33	100	60	35	100	1 221.81	0.196 43	55	70	25	100
412.50	0.581 82	80	55	40	100	1 228.80	0.195 31	25	40	25	80
418.91	0.572 92	55	60	50	80	1 232.00	0.194 81	30	55	25	70
419.05	0.572 73	90	55	35	100	1 234.31	0.194 44	70	90	25	100
420.00	0.571 43	100	70	40	100	1 256.74	0.190 97	55	80	25	90
422.40	0.568 18	100	55	25	80	1 257.14	0.190 91	35	55	30	100
424.28	0.565 66	80	55	35	90	1 260.00	0.190 48	40	70	30	90
426.67	0.562 50	90	80	50	100	1 267.23	0.189 39	25	55	25	60
—	—	—	—	—	—	1 280.00	0.187 50	60	80	25	100

3.3　其他铣床

除了以上介绍的万能升降台铣床外,在机械加工中,还经常使用各种其他类型的铣床,例如,主轴垂直布置的立式升降台铣床,工具车间常用的万能工具铣床,用于加工大、中型工件的龙门铣床和用于精度要求较高的数控机床等。各类铣床根据其使用要求的不同,在机床布局和运动方式上均各有特点。

3.3.1　立式升降台铣床

立式升降台铣床与上述万能升降台铣床的区别主要是主轴立式布置,与工作台面垂直,如图 3.18 所示。主轴 2 安装在立铣头 1 内,可沿其轴线方向进给或经手动调整位置。立铣头 1 可根据加工要求,在垂直平面内向左或向右在 45°范围内回转,使主轴与台面倾

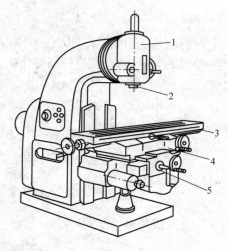

图 3.18　立式升降台铣床
1—立铣头;2—主轴;3—工作台;
4—床鞍;5—升降台

斜成所需角度,以扩大铣床的工艺范围。立式铣床的其他部分,如工作台3、床鞍4及升降台5的结构与卧式升降台铣床相同。在立式铣床上可安装端铣刀或立铣刀加工平面、沟槽、斜面、台阶、凸轮等表面。

3.3.2　龙门铣床

龙门铣床是一种大型高效通用机床,主要用于加工各类大型工件上的平面、沟槽等。可以对工件进行粗铣、半精铣,也可以进行精铣加工。图3.19为龙门铣床的外形图。它的布局呈框架式。5为横梁,4为立柱,在它们上面各安装两个铣削主轴箱(铣削头)6和3、2和8。每个铣头都是一个独立的主运动部件。铣刀旋转为主运动。9为工作台,其上安装被加工的工件。加工时,工作台9沿床身1上导轨作直线进给运动,4个铣头都可沿各自的轴线作轴向移动,实现铣刀的切深运动。为了调整工件与铣头间的相对位置,铣头6和3可沿横梁5水平方向移位,铣头8和2可沿立柱在垂直方向移位,加工时,工作台带动工件进行纵向进给运动。7为按钮站,操作位置可以自由选择。由于在龙门铣床上可以用多把铣刀同时加工工件的几个平面,所以龙门铣床产率很高,在成批和大量生产中得到广泛应用。

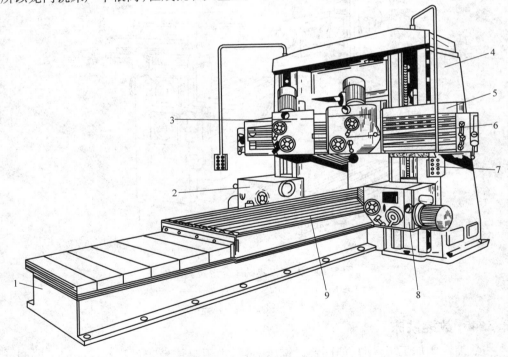

图 3.19　龙门铣床外形

1—床身;2和8、3和6—铣削头;4—立柱;5—横梁;7—操作台;9—工作台

3.3.3　万能工具铣床

万能工具铣床主要用于刀具、量具、附件和夹具的铣削加工,它的基本布局与万

能升降台铣床相似,但配备有多种附件,因而扩大了机床的万能性。如图3.20所示为万能工具铣床外形及其附件。在图3.20(a)中,机床安装着主轴座1、固定工作台2,此时的机床功能与卧式升降台铣床相似,只是机床的横向进给运动由主轴座1的水平移动来实现,而纵向进给运动与垂向进给运动仍分别由工作台2及升降台3来实现。根据加工需要,机床还可安装图示附件,图3.20(b)所示为可倾斜工作台;图3.20(c)所示为回转工作台;图3.20(d)所示为平口钳;图3.20(e)所示为分度装置(利用该装置,可在垂直平面内调整角度,其上端顶尖可沿工件轴向调整距离);图3.20(f)所示为立铣头;图3.20(g)所示为插削头(用于插削工件上键槽)。由于万能工具铣床具有较强的万能性,故常用于工具车间,加工形状较复杂的各种切削刀具、夹具及模具零件等。

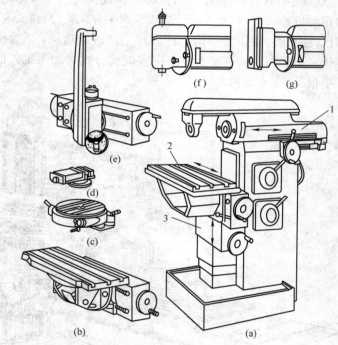

图3.20　万能工具铣床外形及其附件

(a)机床;(b)、(c)、(d)、(e)、(f)、(g)—机床附件

1—主轴座;2—固定工作台;3—升降台

3.3.4　数控铣床

数控铣床加工工件时,如同普通铣床一样,由刀具或者工件进行主运动,也可由刀具与工件进行相对的进给运动,以加工一定形状的工件表面。不同的工件表面,往往需要采用不同类型的刀具与工件一起进行不同的表面成形运动,因而就产生了不同类型的数控铣床。铣床的这些运动,必须由相应的执行部件(如主运动部件、直线或圆周进给部件)以及一些必要的辅助运动(如转位、夹紧、冷却及润滑)部件等来完成。

　　加工工件所需要的运动仅仅是相对运动,因此,对部件的运动分配可以有多种方案。如图 3.21 所示为数控铣床总体布局示意图,可见同是用于铣削加工的铣床,根据工件的质量和尺寸的不同,可以有 4 种不同的布局方案。

　　图 3.21(a)所示是加工较轻工件的升降台铣床,由工件完成 3 个方向的进给运动,分别由工作台、滑鞍和升降台来实现。当加工工件较重或者尺寸较高时,则不宜由升降台带着工件进行垂直方向的进给运动,而是改由铣头带着刀具来完成垂直进给运动,如图 3.21(b)所示。这种布局方案,铣床的尺寸参数即加工尺寸范围可以取得大一些。

　　图 3.21(c)所示的龙门式数控铣床,工作台载着工件进行一个方向上的进给运动,其他两个方向的进给运动由多个刀架即铣头部件在立柱与横梁上移动来完成。这样的布局不仅适用于重量大的工件加工,而且由于增多了铣头,使铣床的生产效率得到很大的提高。

　　当加工更大、更重的工件时,由工件进行进给运动,在结构上是难于实现的,因此,采用如图 3.21(d)所示的布局方案,全部进给运动均由铣头运动来完成,这种布局形式可以减小铣床的结构尺寸和重量。

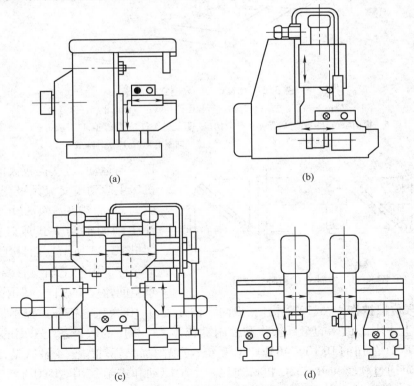

图 3.21　数控铣床总体布局示意

(a)工作台升降式;(b)工作台不升降式;(c)、(d)龙门式

3.3.4.1　XKA5750 数控立式铣床结构组成

XKA5750 数控立式铣床外形如图 3.22 所示,图中 1 为底座,5 为床身,工作台 13 由伺服电机 15 带动在升降滑座 16 上进行纵向(X 轴)左、右移动;伺服电机 2 带动升降滑座 16 进行垂直(Z 轴)上、下移动;滑枕 8 进行横向(Y 轴)进给运动。用滑枕实

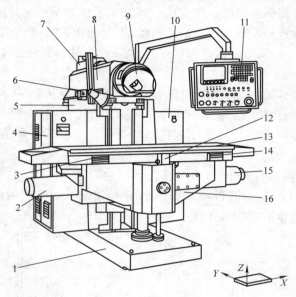

图 3.22　XKA5750 数控立式铣床

1—底座;2—伺服电机;3、14—行程限位挡铁;4—强电柜;5—床身;
6—横向限位开关;7—后壳体;8—滑枕;9—万能铣头;10—数控柜;11—按钮站;
12—纵向限位开关;13—工作台;15—伺服电动机;16—升降滑座

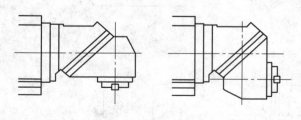

图 3.23　主轴立式和卧式位置

现横向运动,可获得较大的行程。机床主运动由交流无级变速电机驱动,万能铣头 9 不仅可以将铣头主轴调整到立式或卧式位置(如图 3.23 所示),而且还可以在前半球面内使主轴中心线处于任意空间角度。纵向行程限位挡铁 3、14 起限位保护作用,6、12 为横向、纵向限位开关,4、10 为强电柜和数控柜,悬挂按钮站 11 上集中了机床的全部操作和控制键与开关。机床的数控系统采用的是 AU-TOCONTECH 公司的 DELTA 40M CNC 系统,可以附加坐标轴增至 4 轴联动,程序输入/输出可通过软驱和 RS232C 接口连接。主轴驱动和进给采用 AUTOCON 公司主轴伺服驱动和进给伺服驱动装置以及交流伺服电机,检测装置为脉冲编码器,与伺服电机装成一体,半闭环控制。主轴有锁定功能(机床有学习模式和绘图模式)。电气

控制采用可编程控制器和分立电气元件相结合的控制方式,使电机系统由可编程控制器软件控制,结构简单,提高了控制能力和运行可靠性。

3.3.4.2 XKA5750 数控立式铣床传动系统

1. 主传动系统

如图 3.24 所示为 XKA5750 数控铣床的传动系统图。主运动是铣床主轴的旋转运动,由装在滑枕后部的交流伺服电机(11 kW)驱动,电机的运动通过速比为 1:2.4 的一对弧齿同步齿形带轮传到滑枕的水平轴 Ⅰ 上,再经过万能铣头的两对弧齿锥齿轮副(33/34、26/25)运动传到主轴 Ⅳ,转速范围为 50~2 500 r/min(电机转速范围为 120~6 000 r/min)。当主轴转速在 625 r/min(电机转速在 1 500 r/min)以下时为恒转矩输出;主轴转速在 625~1 875 r/min 时,为恒功率输出;超过 1 875 r/min 后,输出功率下降;转速到 2 500 r/min 时,输出功率下降到额定功率的 1/3。

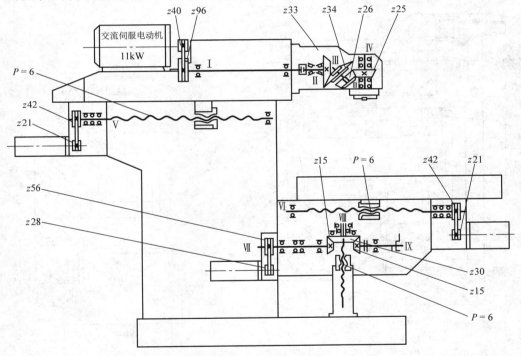

图 3.24 XKA5750 数控铣床传动系统图

2. 进给传动系统

工作台的纵向(X 向)进给和滑枕的横向(Y 向)进给传动系统,是由交流伺服电机通过速比为 1:2 的一对同步圆弧齿形带轮,将运动传动至导程为 6 mm 的滚珠丝杠轴 Ⅵ。升降台的垂直(Z 向)进给运动为交流伺服电机通过速比为 1:2 的一对同步齿形带轮将运动传到轴 Ⅶ,再经过一对弧齿锥齿轮传到垂直滚珠丝杠上,带动升降台运动。垂直滚珠丝杠上的弧齿锥齿轮还带动轴 Ⅸ 上的锥齿轮,经单向超越离合器与自锁器相连,防止升降台因自重而下滑。

3.3.4.3　XKA5750 数控铣床典型结构

1. 万能铣头部件结构

万能铣头部件结构如图 3.25 所示,主要由前、后壳体 12、5,法兰 3,传动轴Ⅱ、Ⅲ,主轴Ⅳ及两对弧齿锥齿轮组成。万能铣头用螺栓和定位销安装在滑枕前端。铣削主运动由滑枕上的传动轴Ⅰ(见图 3.25)的端面键传到轴Ⅱ,端面键与连接盘 2 的径向槽相配合,连接盘与轴Ⅱ之间由两个平键 1 传递运动。轴Ⅱ右端为弧齿锥齿轮,通过轴Ⅲ上的两个锥齿轮 22、21 和用花键连接方式装在主轴Ⅳ上的锥齿轮 27,将运动传到主轴上。主轴为空心轴,前端有 7∶24 的内锥孔,用于刀具或刀具心轴的定心;通孔用于安装拉紧刀具的拉杆通过。主轴端面有径向槽,并装有两个端面键 18,用于主轴向刀具传递扭矩。

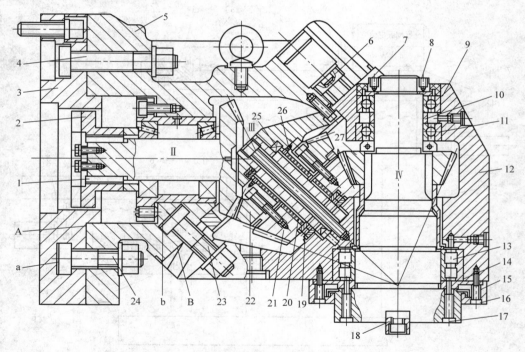

图 3.25　万能铣头部件结构

1—平键;2—连接盘;3—法兰;4、6、23、24—T 形螺栓;5—后壳体;7—锁紧螺钉;
8—螺母;9—角接触球轴承;10—隔套;11—角接触球轴承;12—前壳体;13—轴承;
14—半圆环垫片;15—法兰;16、17—螺钉;18—端面键;19、25—推力圆柱滚子轴承;
20、26—滚针轴承;21、22、27—锥齿轮

万能铣头能通过两个互成 45°的回转面 A 和 B 调节主轴Ⅳ的方位,在法兰 3 的回转面 A 上开有 T 形圆环槽 a,松开 T 形螺栓 4 和 24,可使铣头绕水平轴Ⅱ转动,调整到要求位置将 T 形螺栓拧紧即可。在万能铣头后壳体 5 的回转面 B 内,也开有 T

形圆环槽 b,松开 T 形螺栓 6 和 23,可使铣头主轴绕与水平轴线成 45°夹角的轴Ⅲ转动。绕两个轴线转动组合起来,可使主轴轴线处于前半球面的任意角度。

万能铣头作为直接带动刀具的运动部件,不仅要能传递较大的功率,更要具有足够的旋转精度、刚度和抗振性。万能铣头除对零件结构、制造和装配精度要求较高外,还要选用承载力和旋转精度都较高的轴承。两个传动轴都选用了 P5 级精度的轴承,轴上为一对 30209/P5 型圆锥滚子轴承,一对 RNA6906/P5 型向心滚针轴承 20、26,承受径向载荷;轴向载荷由两个型号分别为 81107/P5 和 81106/P5 的推力短圆柱滚子轴承 19 和 25 承受。主轴上前、后支承均为 P4 级精度轴承,前支承是 NN3017K/P4 型双列圆柱滚子轴承,只承受径向载荷;后支承为两个 7210C/P4 型向心推力球轴承 9 和 11,既承受径向载荷,也承受轴向载荷。为了保证旋转精度,主轴轴承不仅要消除间隙,而且要有预紧力,轴承磨损后也要进行间隙调整。前轴承消除和预紧的调整是靠改变轴承内圈在锥形颈上的位置,使内圈外胀实现的。调整时,先拧下 4 个螺钉 16,卸下法兰 15,再松开螺母 8 上的锁紧螺钉 7,拧松螺母 8 将主轴Ⅳ向前(向下)推动 2 mm 左右,然后拧下两个螺钉 17,将半圆环垫片 14 取出,根据间隙大小磨薄垫片,最后将上述零件重新装好。后支承的两个向心推力球轴承开口向背(轴承 9 开口朝上,轴承 11 开口朝下),进行消隙和预紧调整时,两轴承外圈不动,使用内圈的端面距离相对减小的办法实现。具体是通过控制两轴承内圈隔套 10 的尺寸。调整时取下隔套 10,修磨到合适尺寸,重新装好后,用螺母 8 顶紧轴承内圈及隔套即可。最后要拧紧锁紧螺钉 7。

2. 工作台纵向传动机构

工作台纵向传动机构如图 3.26 所示。交流伺服电机 20 的轴上装有圆弧齿同步齿形带轮 19,通过同步齿形带 14 和装在丝杠右端的同步齿形带轮 11 带动丝杠旋转,使底部装有螺母 1 的工作台 4 移动。装在伺服电机中的编码器将检测到的位移量反馈回数控装置,形成半闭环控制。同步齿形带轮与电机轴,以及与丝杠之间的连接采用锥环无键式连接,这种连接方法不需要开键槽,而且配合无间隙、对中性好。滚珠丝杠两端采用角接触球轴承支承,右端支承采用 3 个 7602030TN/P4TFA,等级为 P4,径向载荷由 3 个轴承分担。两个开口向右的轴承 6、7 承受向左的轴向载荷,向左开口的轴承 8,承受向右的轴向载荷。轴承的预紧力,由两个轴承 7、8 的内、外圈轴向尺寸差实现,当用螺母 10 通过隔套将轴承内圈压紧时,外圈因比内圈轴向尺寸稍短,故仍有微量间隙,用螺钉 9 通过法兰盘 12 压紧轴承外圈时,就会产生预紧力。调整时修磨垫片 13 厚度尺寸即可。丝杠左端的角接触球轴承(7602025TN/P4),除承受径向载荷外,还通过螺母 3 的调整,使丝杠产生预拉伸,以提高丝杠的刚度和减小丝杠的热变形。5 为工作台纵向移动时的限位行程挡铁。

3. 升降台传动机构及自动平衡机构

如图 3.27 所示是升降台升降传动部分,交流伺服电机 1 经一对齿形带轮 2、3 将运动传到传动轴Ⅶ,轴Ⅶ右端的弧齿锥齿轮 7 带动锥齿轮 8 使垂直滚珠丝杠Ⅷ旋转,

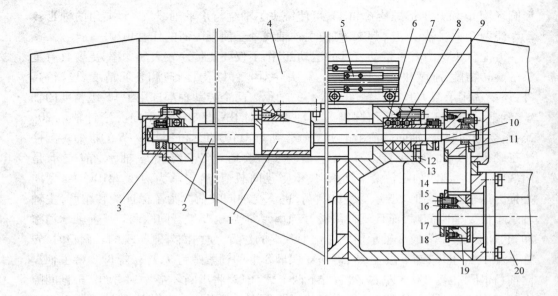

图 3.26 工作台纵向传动机构

1、3、10—螺母;2—丝杠;4—工作台;5—限位挡铁;6、7、8—轴承;9、15—螺钉;11、19—伺服齿形带轮;
12—法兰盘;13—垫片;14—同步齿形带;16—外锥环;17—内锥环;18—端盖;20—交流伺服电动机

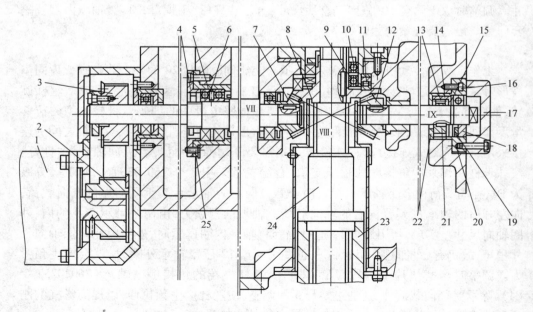

图 3.27 升降台升降传动部分

1—交流伺服电动机;2、3—齿形带轮;4、18、24—螺母;5、6—隔套;7、8、12—锥齿轮;9—深沟球轴承;
10—角接触球轴承;11—滚子轴承;13—滚子;14—外环;15、22—摩擦环;16、25—螺钉;
17—端盖;19—碟形弹簧;20—防转销;21—星轮;23—支承套

升降台上升、下降。传动轴Ⅶ有左、中、右3点支承,轴向定位由中间支承的一对角接触球轴承来保证,由螺母4锁定轴承与传动轴的轴向位置,并对轴承预紧,预紧量用修磨两轴承的内、外圈之间的隔套5、6厚度来保证。传动轴的轴向定位由螺钉25调节。垂直滚珠丝杠螺母副的螺母24由支承套23固定在机床底座上,丝杠通过锥齿轮8与升降台连接,其支承由深沟球轴承9和角接触球轴承10承受径向载荷;由P5级精度的推力圆柱滚子轴承11承受轴向载荷。图中轴Ⅸ的实际安装位置是在水平面内,与轴Ⅶ的轴线呈90°相交(图中为展开画法)。其右端为自动平衡机构。因滚珠丝杠无自锁能力,当垂直放置时,在部件自重作用下,移动部件会自动下移。因此除升降台驱动电机带有制动器外,还在传动机构中装有自动平衡机构,一方面防止升降台因自重下落,另外还可平衡上升、下降时的驱动力。本机床的平衡机构由单向超越离合器和自锁器组成。工作原理为:丝杠旋转的同时,通过锥齿轮12和轴Ⅸ带动单向超越离合器的星轮21转动。当升降台上升时,星轮的转向使滚子13与超越离合器的外环14脱开,外环14不随星轮21转动,自锁器不起作用;当升降台下降时,星轮21的转向使滚子楔在星轮与外环之间,使外环随轴一起转动,外环与两端固定不动的摩擦环15、22(由防转销20固定)形成相对运动,在碟形弹簧19的作用下,产生摩擦力,增大升降台下降时的阻力,起自锁作用,并使上、下运动的力量平衡。调整时,先拆下端盖17,松开螺钉16,适当旋紧螺母18,压紧碟形弹簧19,即可增大自锁力。调整前需用辅助装置支承升降台。

4. 数控回转工作台

数控回转工作台和数控分度头是数控铣床的常用附件,可使数控铣床不但有沿X、Y、Z3个坐标轴直线运动,还可以沿工作台在圆周方向有进给运动和分度运动。通常回转工作台可以实现上述运动,用以进行圆弧加工或与直线联动进行曲面加工,以及利用工作台精确地自动分度,实现箱体在零件各个面的加工。在自动换刀多工序数控机床、加工中心上,回转工作台已成为不可缺少的部件。为快速更换工件,带有托板交换装置的工作台应用也越来越多。数控机床回转工作台主要有两种:数控进给回转工作台和分度回转工作台,其工作台面的形式有带托板交换装置和不带托板交换装置两种。

(1)数控进给回转工作台。数控回转工作台的主要功能有两个:一是工作台进给分度运动,即在非切削时,装有工件的工作台在整个圆周(360°范围内)进行分度旋转;二是工作台进行圆周方向进给运动,即在进行切削时,与X、Y、Z3坐标轴进行联动,加工复杂的空间曲面。图3.28所示的数控回转工作台由传动系统、间隙消除装置及蜗轮夹紧装置等组成。回转工作台由电机1驱动,经齿轮2和4带动蜗杆9转动,通过蜗轮10使工作台回转。为了消除反向间隙和传动间隙,通过调整偏心轮3来改变齿轮2、4的中心距,使齿轮总是无侧隙啮合。齿轮4和蜗杆9是靠楔形拉紧圆柱销5(A—A剖面)来连接的,以消除轴与套的配合间隙。蜗杆9采用双导程螺杆,轴向移动蜗杆可消除间隙。调整时松开螺母7的锁紧螺钉8,使压板6与调整套

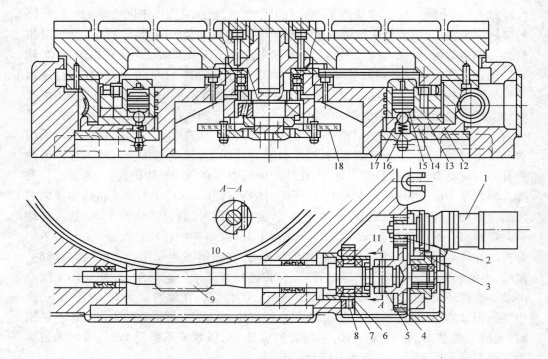

图 3.28　数控回转工作台

1—电机；2、4—齿轮；3—调整偏心轮；5—圆柱销；6—压板；7—螺母；8—螺钉；9—蜗杆；10—蜗轮；
11—调整套；12、13—夹紧块；14—液压缸；15—活塞；16—弹簧；17—钢球；18—光栅

松开,松开楔形圆柱销 5,然后转动调整套 11 带动蜗杆 9 进行轴向移动,调整后锁紧调整套 11 和楔形圆柱销 5。当工作台静止时,必须处于锁紧状态。为此,在蜗轮底部装有 8 对夹紧块 12 及 13,并在底座上均布着 8 个小液压缸 14,当液压缸 14 的上腔通入压力油时,活塞 15 向下运动,通过钢球 17 撑开夹紧块 12 及 13,将蜗轮夹紧。当工作台需要回转时,数控系统发出指令,液压缸 14 通回油,钢球 17 在弹簧 16 的作用下向上抬起,夹紧块 12 和 13 松开,此时蜗轮和回转工作台可按照控制系统的指令进行回转运动。数控回转工作台设有零点,当它进行回零运动时,首先使装在蜗轮上的挡块碰撞限位开关,使工作台减速,然后通过光栅 18 使工作台准确地停在零点位置上,利用光栅可进行任意角度的回转分度,并可达到很高的分度精度。数控回转工作台主要应用于铣床,特别是在加工复杂的空间曲面方面(如航空发动机叶片、船用螺旋桨等),由于回转工作台具有圆周进给运动,易于实现与 X、Y、Z 3 个坐标的联动,但需与高性能的数控系统相配套。

(2)分度回转工作台。数控机床的分度工作台与进给回转工作台的区别在于它根据加工要求将工件回转至所需的角度,以达到加工不同面的目的。它不能实现圆周进给运动,故而结构上两者有所差异。分度工作台主要有两种形式:定位销式分度

工作台和鼠齿盘式分度工作台。前者的定位分度主要靠工作台的定位销和定位孔实现,分度的角度取决于定位孔在圆周上分布的数量,由于其分度角度的限制及定位精度低等原因,很少用于现代数控机床和加工中心上。鼠齿盘式分度工作台是利用一对上、下啮合的齿盘,通过上、下齿盘的相对旋转来实现工作台的分度,分度的角度范围依据齿盘的齿数而定。其优点是定位刚度好,重复定位精度高,分度精度可达±(0.5~3)′,且结构简单。缺点是鼠齿盘的制造精度要求很高,目前鼠齿盘式工作台已经广泛应用于各类加工中心上。

如图 3.29 所示为 ZHS—K63 卧式加工中心上的带有托板交换工件的分度回转工作台,用鼠齿盘分度结构。其分度工作原理如下。

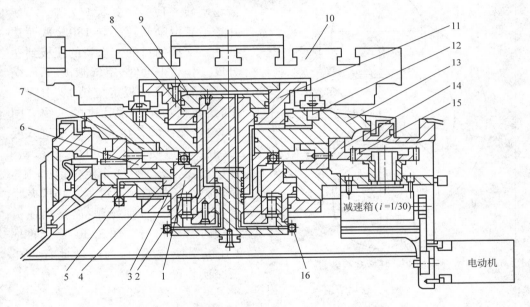

图 3.29　带有托板交换工件的分度回转工作台

1—活塞体;2、5、16—液压阀;3、4、8、9—油腔;6、7—鼠齿盘;
10—托板;11—液压缸;12—定位销;13—工作台体;14—齿圈;15—齿轮

当回转工作台不转位时,上齿盘 7 和下齿盘 6 总是啮合在一起,当控制系统给出分度指令后,电磁铁控制换向阀运动(图中未画出),压力油进入油腔 3,使活塞体 1 向上移动,并通过滚珠轴承带动整个工作台体 13 向上移动,使得鼠齿盘 6 与 7 脱开,装在工作台体 13 上的齿圈 14 与驱动齿轮 15 保持啮合状态,电机通过皮带和一个降速比 $i = 1/30$ 的减速箱带动齿轮 15 和齿圈 14 转动,当控制系统给出转动指令时,驱动电机旋转并带动上齿盘 7 旋转进行分度,当转过所需角度后,驱动电机停止,压力油通过液压阀 5 进入油腔 4,迫使活塞体 1 向下移动并带动整个工作台体 13 下移,使上、下齿盘相啮合,可准确地定位,从而实现了工作台的分度回转。

驱动齿轮 15 上装有剪断销(图中未画出),如果分度工作台发生超载或碰撞等现象,剪断销将自动切断,从而避免了机械部分的损坏。

分度工作台根据编程命令可以正转,也可以反转,由于该齿盘有 360 个齿,故最小分度单位为一度。分度工作台上的两个托板是用来交换工件的,托板规格为 $\phi630$ mm。托板台面上有 7 个 T 形槽,两个边缘定位块用来定位夹紧,托板台面利用 T 形槽可安装夹具和零件,托板是靠 4 个精磨的圆锥定位销 12 在分度工作台上定位的,由液压夹紧。托板的交换过程是:当需要更换托板时,控制系统发出指令,使分度工作台返回零位,此时液压阀 16 接通,压力油进入油腔 9,使得液压缸 Ⅱ 向上移动,托板则脱开定位销 12,当托板被顶起后,液压缸带动齿条(见图 3.30 中虚线部分)向左移动,从而带动与其相啮合的齿轮旋转并使整个托板装置旋转,使托板沿着滑动轨道旋转 180°,从而达到托板交换的目的。当新的托板到达分度工作台上面时,空气阀接通,压缩空气经管路从托板定位销 12 中间吹出,清除托板定位销孔中的杂物。同时,电磁液压阀 2 接通,压力油进入液压油腔 8,迫使液压缸 11 向下移动,并带动托板夹紧在 4 个定位销 12 中,完成整个托板的交换过程。托板夹紧和松开一般不单独操作,而是在托板交换时自动进行。图 3.30 所示的是 2 托板交换装置,作为选件也有 4 托板交换装置。

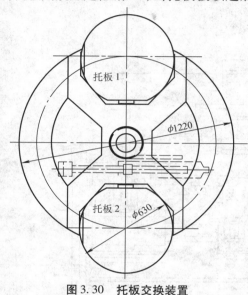

图 3.30 托板交换装置

习题与思考题

1. 铣床和刨床都是用来加工平面和沟槽,主要区别在哪里?

2. 在 X6132 型卧式升降台铣床上利用 FW125 型万能分度头加工:

(1) $z=73$、$z=83$、$z=97$、$z=101$、$z=107$ 齿的直齿圆柱齿轮;

(2) $z=36$、$m_n=3$、$\beta=180$,$z=54$、$m_n=2$、$\beta=15°30'$,$z=42$、$m_n=2.5$、$\beta=8°30'$ 的右旋螺旋齿圆柱齿轮。

问:采用哪一种分度方法进行分度?对机床和分度头需作哪些调整计算?

已知 FW125 型万能分度头三块分度盘孔圈数分别如下:第一块为 16、24、30、36、41、47、57、59;第二块为 23、25、28、33、39、43、51、61;第三块为 22、27、29、31、37、49、

53、63。并带有模数 $m = 1.75$ 的挂轮 15 个,其齿数为 24(两个)、28、32、40、44、48、56、64、72、80、84、86、96、100。

3. 在 X6132 型卧式升降台铣床上利用 FW125 型万能分度头在 100 mm 的圆柱表面上铣切两条螺旋槽,其螺旋角 $\beta = 8°36'$、右旋,试对分度头和机床作必要的调整计算。

4. X6132 型铣床在主变速和进给变速时,为什么都设置有主电机和进给电机的瞬时冲动?

5. XK5040A 型数控铣床工作台升降运动传动链,为什么要设置平衡装置?

6. XKA5750 型数控铣床和 X6132 型铣床的区别是什么?

4

磨床

4.1 概述

磨床是以磨料磨具(如砂轮、砂带、油石、研磨料)为工具进行磨削加工的机床。它是由于精加工和硬表面加工的需要而发展起来的,目前也有少数应用于粗加工的高效磨床。磨床可以加工各种表面,如内外圆柱面和圆锥面、平面、渐开线齿廓面、螺旋面以及各种成形面等,还可以刃磨刀具和进行切断等,工艺范围非常广泛。

4.1.1 磨削加工特点

(1)适合磨削硬度很高的淬硬钢件及其他高硬度的特殊金属材料和非金属材料。

(2)使工件较易获得高的加工精度和小表面粗糙度值。在一般磨削加工中,加工精度可达到 IT5 ~ IT7 级,表面粗糙度值为 $R_a = 0.32 ~ 1.25$ μm;在超精磨削和镜面磨削中,表面粗糙度值可分别达到 $R_a = 0.04 ~ 0.08$ μm 和 $R_a = 0.01$ μm。

(3)在通常情况下,磨削余量较其他切削加工的切削余量小得多。因此,磨床广泛应用于零件的精加工,尤其是淬硬钢件和高硬度特殊材料的精加工。

随着科学技术的不断发展,对机器及仪器零件的精度和表面粗糙度要求愈来愈高,各种高硬度材料的使用增加。同时由于精密铸造和精密锻造工艺的进步,毛坯可不经过其他切削加工而直接磨成成品。此外,高速磨削和强力磨削工艺的发展进一步提高了磨削效率。因此,磨床的使用范围日益扩大,其在金属切削机床中所占的比重不断上升。

4.1.2　磨床类型

为了适应磨削各种加工表面、工件形状及生产批量的要求,磨床的种类很多,其中主要类型有以下几个。

(1)外圆磨床,包括普通外圆磨床、万能外圆磨床、半自动宽砂轮外圆磨床、端面外圆磨床和无心外圆磨床等。

(2)内圆磨床,包括普通内圆磨床、无心内圆磨床和行星式内圆磨床等。

(3)平面磨床,包括卧轴矩台平面磨床、立轴矩台平面磨床、卧轴圆台平面磨床和立轴圆台平面磨床等。

(4)工具磨床,包括工具曲线磨床和钻头沟槽磨床等。

(5)刀具刃磨磨床,包括万能工具磨床、拉刀刃磨床和滚刀刃磨床等。

(6)各种专门化磨床,是专门用于磨削某一类零件的磨床,如曲轴磨床、凸轮轴磨床、花键轴磨床、活塞环磨床、齿轮磨床和螺纹磨床等。

(7)研磨机。

(8)其他磨床,有珩磨机、抛光机、超精加工机床和砂轮机等。

4.1.3　外圆磨床的工作方法与主要类型

外圆磨床主要用来磨削外圆柱面和圆锥面,基本的磨削方法有两种:纵磨法和切入磨法。外圆磨床磨削方法如图 4.1 所示。

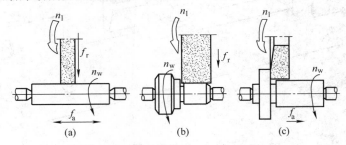

图 4.1　外圆磨床的磨削方法

(a)纵磨;(b)切入磨;(c)用砂轮端面磨削工件的台阶面

n_1—砂轮旋转角速度;n_w—工件旋转角速度;f_r—砂轮横向进给量;f_a—工件纵向进给量

(1)纵磨。纵磨时(见图 4.1(a)),砂轮旋转作主运动(n_1)。进给运动有:工件旋转作圆周进给运动(n_w),工件沿其轴线往复移动作纵向进给运动(f_a),在工件每一纵向行程或往复行程终了时,砂轮周期地作一次横向进给运动(f_r),全部余量在多次往复行程中逐步磨去。

(2)切入磨。切入磨时(见图 4.1(b)),工件只作圆周进给运动(n_w),而无纵向进给运动,砂轮则连续地作横向进给运动(f_r),直到磨去全部余量,达到所要求的尺寸为止。

在某些外圆磨床上,还可用砂轮端面磨削工件的台阶面(见图 4.1(c))。磨削时工件转动(n_w),并沿其轴线缓慢移动(f_a),以完成进给运动。

4.2　M1432A 型万能外圆磨床

4.2.1　M1432A 型万能外圆磨床的布局和用途

1. M1432A 型万能外圆磨床的总布局

图 4.2 是 M1432A 型万能外圆磨床的外形图,它由下列主要部件组成。

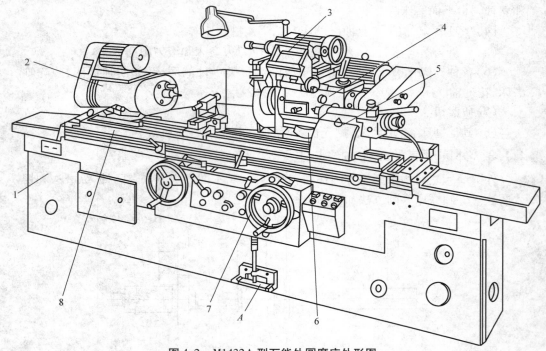

图 4.2　M1432A 型万能外圆磨床外形图

1—床身;2—头架;3—内圆磨具;4—砂轮架;5—尾座;6—滑鞍及横向进给机构;7—进给手轮;8—工作台

(1)床身 1。它是磨床的基础支承件。在它的上面装有砂轮架、工作台、头架、尾座及横向滑鞍等部件,使它们在工作时保持准确的相对位置。床身内部有用作液压油的油池。

(2)头架 2。它用于安装及夹持工件,并带动工件旋转,实现圆周进给运动。在水平面内可逆时针方向转 90°。

(3)内圆磨具 3。它用于支承磨内孔的砂轮主轴。内圆磨具主轴由单独的电机驱动。

(4)砂轮架 4。它用于支承并传动高速旋转的砂轮主轴。砂轮架装在滑鞍 6 上,当需磨削短圆锥面时,砂轮架可以在水平面内调整至一定角度位置(±30°)。

(5)尾座 5。它和头架的前顶尖一起支承工件。

(6)滑鞍及横向进给机构 6。转动横向进给手轮 7,可以使横向进给机构带动滑鞍 6 及其上的砂轮架作横向进给运动。

（7）工作台8。它由上下两层组成。上工作台可绕下工作台在水平面内回转一个角度（±10°），用以磨削锥度不大的长圆锥面。上工作台的上面装有头架和尾座，它们随着工作台一起，沿床身导轨作纵向往复运动。

2. 机床的用途

M1432A型机床是普通精度级万能外圆磨床。它主要用于磨削IT6~IT7级精度的圆柱形或圆锥形的外圆和内孔，表面粗糙度R_a在1.25~0.08 μm之间。图4.3是机床的几种典型加工方法。图4.3(a)为磨削外圆柱面；图4.3(b)为偏转工作台，磨削锥度不大的长圆锥面；图4.3(c)为转动砂轮架，磨削锥度大的圆锥面；图4.3(d)为转动头架磨削圆锥面；图4.3(e)为用内圆磨具磨削圆柱孔。此外，本机床还能磨削阶梯轴的轴肩、端平面、圆角等。这种机床的通用性较好，但生产率较低，适用于单件小批量生产车间、工具车间和机修车间。

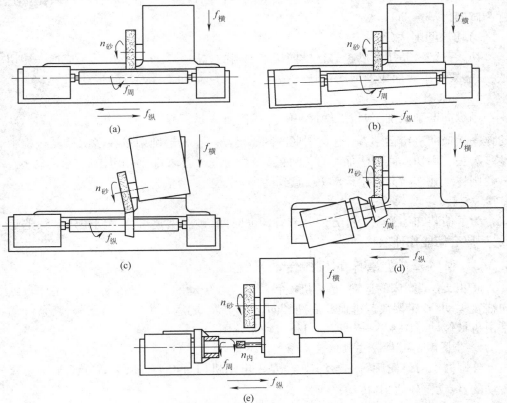

图4.3 M1432A型万能外圆磨床典型加工示意图

(a)磨削外圆柱面；(b)磨削锥度不大的圆锥面；(c)磨削锥度大的圆锥面；
(d)转动头架磨削圆锥面；(e)磨削圆柱孔

4.2.2 M1432A型磨床的运动

1. 表面成形运动

万能外圆磨床主要用来磨削内外圆柱面、圆锥面，其基本磨削方法有两种：纵向磨削法和切入磨削法。

1)纵向磨削法(图4.3(a)、(b)、(d)、(e))

纵向磨削法是使工作台作纵向往复运动进行磨削的方法,用这种方法加工时,表面成形方法采用相切—轨迹法。共需要3个表面成形运动。

(1)砂轮的旋转运动。当磨削外圆表面时,磨外圆砂轮作旋转运动$n_{砂}$,按"切削原理"的定义,这是主运动;当磨削内圆表面时,磨内孔砂轮作旋转运动$n_{内}$,它也是主运动(见图4.3)。

(2)工件纵向进给运动。这是砂轮与工件之间的相对纵向直线运动。实际上这一运动由工作台纵向往复运动来实现,称为纵向进给运动$f_{纵}$。它与砂轮旋转运动一起用相切法磨削工件的轴向直线(导线)。

(3)工件旋转运动。这是用轨迹法磨削工件的母线——圆。工件的旋转运动,称为圆周进给运动$f_{周}$。

2)切入磨削法(图4.3(c))

切入磨削法是用宽砂轮进行横向切入磨削的方法。表面成形运动是成形—相切法,只需要两个表面成形运动,即砂轮的旋转运动$n_{砂}$和工件的旋转运动$f_{周}$。

2. 砂轮横向进给运动

用纵向磨削法加工时,工件每一纵向行程或往复行程(纵向进给$f_{纵}$)终了时,砂轮作一次横向进给运动$f_{横}$,这是周期的间歇运动。全部磨削余量在多次往复行程中逐步磨去。用切入磨削法加工时,工件只作圆周进给运动$f_{周}$而无纵向进给运动$f_{纵}$,砂轮则连续地作横向进给运动$f_{横}$,直到磨去全部磨削余量为止。

3. 辅助运动

为了使装卸和测量工件方便并节省辅助时间,砂轮架还可作横向快进和快退运动,尾座套筒能作伸缩移动。

4.2.3 M1432A型磨床的机械传动系统

M1432A型磨床的运动,是由机械和液压联合传动的。液压传动的有:工作台纵向往复移动、砂轮架快速进退和周期径向自动切入、尾座顶尖套筒缩回等,其余运动都由机械传动。图4.4是机床的机械传动系统图。

1. 外圆磨削时砂轮主轴的传动链

外圆磨削时砂轮旋转主运动($n_{砂}$)是由电动机(1 440 r/min,4 kW)经V带直接传动的,传动链较短,其传动路线为:

$$主电机 —— \frac{\phi126}{\phi112} —— 砂轮(n_{砂})$$

2. 内圆磨具的传动链

内圆磨削时,砂轮旋转的主运动($n_{内}$)由单独的电动机(2 840 r/min,1.1 kW)经平带直接传动。更换平带轮,使内圆砂轮获得10 000 r/min和15 000 r/min 2种高转速。内圆磨具装在支架上,为了保证工作安全,内圆砂轮电动机的启动与内圆磨具支

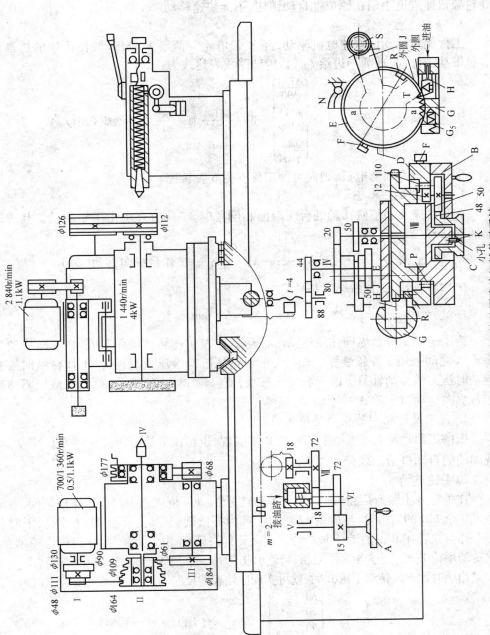

图 4.4 M1432A 型万能外圆磨床机械传动系统

架的位置有联锁作用,只有当支架翻到工作位置时,电动机才能启动。这时,(外圆)砂轮架快速进退手柄在原位上自动锁住,不能快速移动。

3. 头架拨盘的传动链

工件旋转运动由双速电机驱动,经 V 带塔轮及两级 V 带传动,使头架的拨盘或卡盘带动工件,实现圆周进给 $f_{周}$,其传动路线表达式为:

$$
\text{头架电机(双速)} - \text{I} - \left\{ \begin{array}{c} \phi 130 \\ \phi 90 \\ \phi 111 \\ \phi 109 \\ \phi 48 \\ \phi 164 \end{array} \right\} - \text{II} - \frac{\phi 61}{\phi 184} - \text{III} - \frac{\phi 68}{\phi 177} - \text{拨盘或卡盘}(f_{周})
$$

由于电机为双速电机,因而可使工件获得 6 种转速。

4. 工作台的手动驱动

调整机床及磨削阶梯轴的台肩端面和倒角时,工作台还可由手轮驱动。其传动路线表达式为:

$$
\text{手轮 A} - \text{V} \frac{15}{72} - \text{VI} \frac{18}{72} - \text{VII} \frac{18}{\text{齿条}} \text{工作台纵向移动}(f_{纵})
$$

手轮转一转,工作台纵向移动量

$$
f = 1 \times \frac{15}{72} \times \frac{18}{72} \times 18 \times 2 \times \pi = 5.89 \approx 6 \text{(mm)}
$$

为了避免工作台纵向往复运动时带动手轮 A 快速转动碰伤工人,在液压传动和手轮 A 之间采用了联锁装置。轴 VI 上的小液压缸与液压系统相通,工作台纵向往复运动时压力油推动轴 VI 上的双联齿轮移动,使齿轮 18 与 72 脱开。因此,液压驱动工作台纵向运动时手轮 A 并不转动。

5. 滑板及砂轮架的横向进给运动

横向进给运动 $f_{横}$,可用手摇手轮 B 来实现,也可由进给液压缸的活塞 G 驱动,实现周期的自动进给。现分述如下。

1)手轮进给

在手轮 B 上装有齿轮 12 和 50。D 为刻度盘,外圆周表面上刻有 200 格刻度,内圆周是一个 110 的内齿轮,与齿轮 12 啮合。C 为补偿旋钮,其上开有 21 个小孔,平时总有 1 孔与固装在 B 上的销子 K 接合。C 上又有一只 48 齿的齿轮与 50 齿的齿轮啮合,故转动手轮 B 时,上述各零件无相对转动,仿佛是一个整体,于是 B 和 C 一起转动。

当顺时针方向转动手轮 B 时,就可实现砂轮架的径向切入,其传动路线表达式如下:

$$
\text{手轮 B} - \text{VIII} - \left\{ \begin{array}{c} \frac{50}{50} \text{(粗)} \\ \frac{20}{80} \text{(粗)} \end{array} \right\} - \text{IX} - \frac{44}{88} - \text{丝杠}(t=4) - \text{半螺母}
$$

因为 C 有 21 孔,D 有 200 格,所以 C 转过一个孔距,刻度盘 D 转过 1 格,即

$$
\frac{1}{21} \times \frac{48}{50} \times \frac{12}{110} \times 200 \approx 1 \text{(格)}
$$

因此,C 每转过 1 孔距,砂轮架的附加横向进给量为 0.01 mm(粗进给)或 0.002 5 mm(细进给)。

在磨削一批工件时,通常总是先试磨一只,待磨到尺寸要求时,将刻度盘 D 的位置固定下来。这可通过调整刻度盘上挡块 F 的位置,使它在横进给磨削至所需直径时,正好与固定在床身前罩上的定位爪 N 相碰时,停止进给。这样,就可达到所需的磨削直径了。

假如砂轮磨损或修整以后,砂轮本身外圆尺寸变小,如果挡块 F 仍在原位停下,则势必引起工件磨削直径变大。这时必须重新调整挡块 F 的位置。其调整方法是:拔出旋钮 C,使小孔与销子 K 脱开,握住手轮 B,转动旋钮 C 通过齿轮 48、50、12 和110 使刻度盘倒转(即使 F 与 N 远离),其刻度盘倒转的格数(角度)决定于因砂轮直径减小而引起的工件径向尺寸的增大值。调整妥当后,将旋钮 C 推入,使小孔和销子接合,又一次将 C、B、D 联成一体。

2)液动周期自动进给

当工作台在行程末端换向时,压力油通入液压缸 G_5 的右腔,推动活塞 G 左移,使棘爪 H 移动(因为 H 活装在 G 上),从而使棘轮 E 转过一个角度,并带动手轮 B 转动(因为用螺钉将 E 固装在 B 上),实现了径向切入运动。当 G_5 右腔通回油时,弹簧将活塞 G 推至右极限位置。

液动周期切入量大小的调整:棘轮 E 上有 200 个棘齿,正好与刻度盘 D 上的刻度 200 格相对应,棘爪 H 每次最多可推过棘轮上 4 个棘齿(即相当刻度盘转过 4 个格)。转动齿轮 S,使空套的扇形齿轮板 J 转动,根据它的位置就可以控制棘爪 H 推过的棘齿数目。

当自动径向切入达到工件尺寸要求时,刻度盘 D 与 F 成 180°。安装的调整块 R正好处于最下部位置,压下棘爪 H,使它无法与棘轮啮合(因为 R 的外圆比棘轮大)。于是自动径向切入就停止了。

4.2.4　M1432A 型磨床的主要结构

1. 砂轮架

砂轮架中的砂轮主轴及其支承部分结构直接影响工件的加工质量,应具有较高的回转精度、刚度、抗振性及耐磨性,它是砂轮架部件中的关键结构,如图 4.5 所示。砂轮主轴的前、后径向支承都为"短三瓦动压型液体滑动轴承",每一个滑动轴承由三块扇形轴瓦组成,每块轴瓦都支承在球面支承螺钉 6 的球头上。调节球面支承螺钉的位置,即可调整轴承的间隙(通常间隙为 0.015 ~ 0.025 mm)。短三瓦轴承是动压型液体滑动轴承,工作时必须浸在油中。当砂轮主轴向一个方向高速旋转以后,3块轴瓦各在其球面螺钉的球头上摆动到平衡位置,在轴和轴瓦之间形成 3 个楔形缝隙。当吸附在轴颈上的油液由入口(h_1)被带到出口(h_2)时(见图 G),使油液受到挤压(因为 $h_2 < h_1$),于是形成压力油楔,将主轴浮在 3 块瓦中间,不与轴瓦直接接触,所以它的回转精度较高。当砂轮主轴受到外界载荷作用而产生径向偏移时,在偏移方向处楔形缝隙变小,油膜压力升高,而在相反方向处的楔形缝隙增大,油膜压力减小。于是便产生了一个使砂轮主轴恢复到原中心位置的趋势,减小偏移。由此可见,

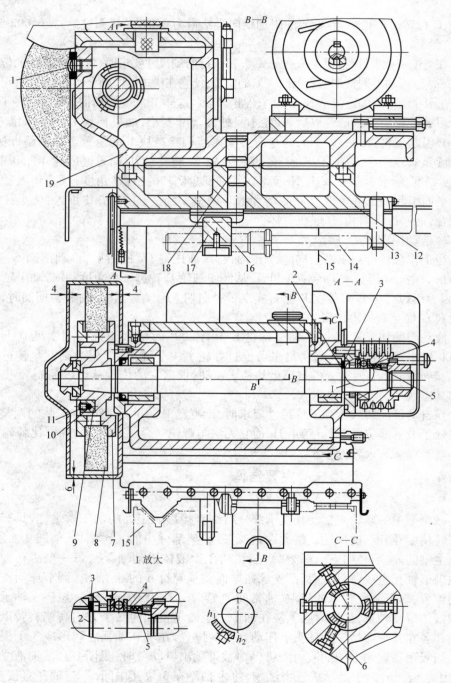

图 4.5   M1432A 型万能外圆磨床砂轮架

1—油窗；2—主轴右端轴肩；3—止推环；4—柱销；5—弹簧；6—球面支承螺钉；7—法兰；8—砂轮；9—平衡块；
10—钢球；11—螺钉；12—滑鞍；13—挡销；14—柱塞；15—床身；16—柱塞油缸；17—油缸支座；18—圆柱销；19—壳体

这种轴承的刚度也是较高的。砂轮主轴的轴向定位可见图 4.5 *A—A* 剖面所示。主轴右端轴肩 2 靠在止推滑动轴承环 3 上,以承受向右的轴向力。向左的轴向力则可通过装于带轮上 6 个小孔内的 6 根小弹簧 5 及 6 根小滑柱 4 作用在止推滚动轴承上。小弹簧的作用可给止推滚动轴承以预加载荷。润滑油装在砂轮架壳体内,油面高度由油窗 1 观察。在砂轮主轴轴承的两端用橡胶油封密封。

　　砂轮主轴运转的平稳性对磨削表面质量影响很大,所以,对于装在砂轮主轴上的零件都要经过仔细平衡。特别是砂轮,直接参与磨削,如果它的重心偏离旋转的几何中心,将引起振动,降低磨削表面的质量。在将砂轮装到机床上之前,必须进行静平衡。平衡砂轮的方法是:首先将砂轮夹紧在砂轮法兰 7 上,法兰 7 的环形槽中安装有 3 个平衡块 9,先粗调平衡块 9,使它们处在周向大约相距为 120°的位置上。再把夹紧在法兰上的砂轮放在平衡架上,继续周向调整平衡块的位置,直到砂轮及法兰处于静平衡状态。然后,将平衡好的砂轮及法兰装到砂轮架的主轴上。每个平衡块 9 分别用螺钉 11 及钢球 10 固定在所需的位置。由于砂轮运动速度很高,外圆线速度达 35 m/s,为了防止由于砂轮碎裂损伤工人或设备,在砂轮的周围(磨削部位除外)安装有安全保护罩(砂轮罩)。砂轮架壳体 19 用 T 形螺钉紧固在滑鞍 12 上,它可绕滑鞍上定心圆柱销 18 在 ±30°范围内调整位置。磨削时,滑鞍带着砂轮架沿床身 15 上的滚动导轨作横向进给运动。

　　2. 内圆磨具及其支架
　　图 4.6 为内圆磨具装配图,图 4.7 是内圆磨具支架。

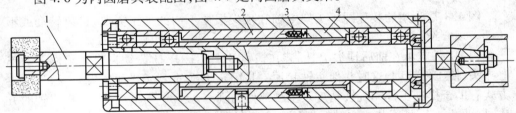

图 4.6　M1432A 型万能外圆磨床的内圆磨具
1—接杆;2、4—套筒;3—弹簧

　　内圆磨具装在支架的孔中,图 4.7 所表示的为工作位置,如果不工作时,内圆磨具应翻向上方。磨削内孔时,因砂轮直径较小,要达到足够的磨削线速度,就要求砂轮轴具有很高的转速(本机床为 10 000 r/min 和 15 000 r/min)。因此要求内圆磨具在高转速下运转平稳,主轴轴承应具有足够的刚度和寿命,并采用平带传动内圆磨具的主轴。主轴支承用 4 个 P5 级精度的角接触球轴承,前后各两个。它们用弹簧 3 预紧,预紧力的大小可用主轴后端的螺母来调节。弹簧 3 共有 8 根,均匀分布在套筒 2 内,套筒 2 用销子固定在壳体上,所以弹簧力通过套筒 4 将后轴承的外圈向右推紧,又通过滚子、内圈、主轴后螺母及主轴传到前端的轴肩,使前轴承内圈亦向右拉紧。于是前后两对轴承都得到预紧。当主轴热膨胀伸长或者轴承磨损,弹簧能自动补偿,并保持较稳定的预紧力,使主轴轴承的刚度和寿命得以保证。轴承用锂基润滑脂润滑。当被磨削内孔长度改变时,接杆 1 可以更换。

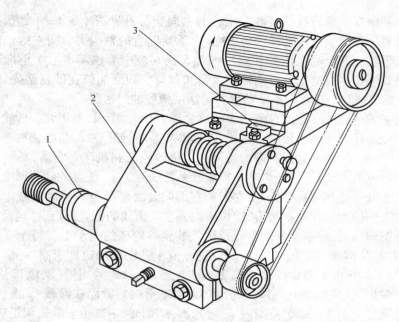

图 4.7 M1432A 型万能外圆磨床的内圆磨具支架

1—内圆磨具;2—磨具支架;3—挡块(支架翻上时用)

3. 头架

图 4.8 是头架的装配图。头架主轴和顶尖根据不同的加工需要,可以转动或不转动。现介绍如下。

(1)工件支承在前后顶尖上,固装在拨盘 8 上的拨杆 G 拨动夹紧在工件上的鸡心夹头,使工件转动,这时头架主轴和顶尖是固定不动的,常称"死顶尖"。这种装夹方式有助于提高工件的旋转精度及主轴部件的刚度(见 A—A 剖面)。固定主轴的方法:拧动螺杆 1,将固装在主轴后端的摩擦环 2 顶紧,使主轴及顶尖固定不转。

(2)用三爪自动心卡盘或四爪单动卡盘来夹持工件,在头架主轴前端安装一只卡盘(见图 4.8 中的"安装卡盘"),卡盘固定在法兰盘 6 上,6 又插入主轴的锥孔内,并用拉杆拉紧。运动由拨盘 8 上的螺钉 D 来带动法兰盘 6 旋转,这时主轴也随着一起转动。

(3)机床自磨顶尖(见图 4.8 中的"自磨顶尖装置"),这时,拨盘通过连接盘 10 带动头架主轴旋转。

头架主轴直接支承工件,因此主轴及其轴承应具有较高的旋转精度、刚度和抗振性。M1432A 磨床的头架主轴轴承采用 P5 级精度的精密轴承,并通过仔细修磨主轴前端的台阶厚度和垫圈 9、4、5、3 等的厚度,对主轴轴承进行预紧,以提高主轴部件的刚度和旋转精度。主轴的运动由带传动,使运动平稳。带轮采用卸荷结构,以减少主轴的弯曲变形。带的张紧力调整和带的更换可通过移动电机座及转动偏心套 11 来达到。头架可绕底座 13 上的圆柱销 12 转动,以调整头架的角度,其范围从 0° ~ 90°(逆时针方向)。

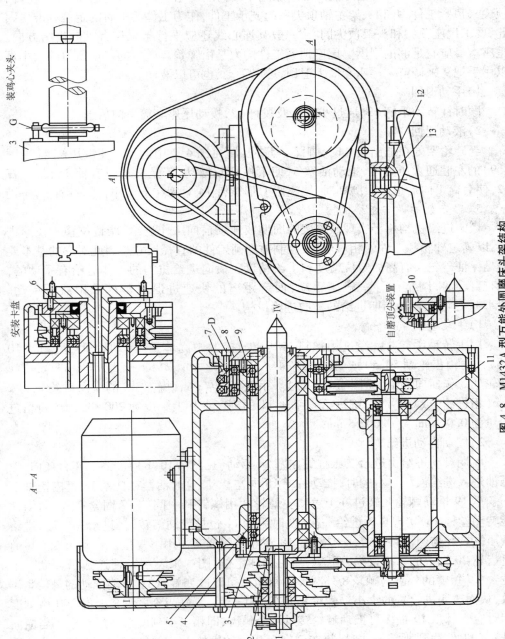

A—A

装鸡心夹头

安装卡盘

自磨顶尖装置

图 4.8 M1432A 型万能外圆磨床头架结构

1—螺杆;2—摩擦环;3、4、5、9—垫圈;6—法兰盘;7—带轮;8—拨盘;10—连接板;11—偏心套;12—圆柱销;13—底座

4. 尾座

图 4.9 是 M1432A 型万能外圆磨床尾座结构图。尾座的功用就是利用尾座套筒顶尖来顶紧工件,并和头架主轴顶尖一起支承工件,作为工件磨削时的定位基准。因此,要求尾座顶尖和头架顶尖同心,一般其连心线还应平行于工作台纵向进给方向。尾座本身应有足够的刚度。尾座顶紧工件的力是由弹簧 2 产生的。顶紧力的大小可以用手把 9 来调节。尾座套筒 1 退回,可以手动,也可以液动。

1)手动退回

顺时针转动手柄 13,通过小轴 7 及拨杆 12,拨动尾座套筒 1 向后退。

2)液动退回

当砂轮架处在退出位置时,脚踩"脚踏板"(见图 4.2 中的 A),使液压缸 4(见图 4.9)的左腔通入压力油,推动活塞 5,使下拨杆 6 摆动,于是又通过套筒 15、上拨杆 12,使套筒 1 向后退出。磨削时,尾座用 L 形螺钉 14 紧固在上工作台的斜面上。

5. 砂轮架的横向进给机构

横向进给机构用于实现砂轮架的周期或连续横向工作进给,调整位移和快速进退,以确定砂轮和工件的相对位置,控制被磨削工件的直径尺寸。因此对它的基本要求是保证砂轮架有高的定位精度和进给精度。横向进给机构的工作进给有手动的,也有自动的,调整位移一般用手动,而定距离的快速进退通常都采用液压传动。图 4.10 是可作自动周期进给的横向进给机构。

1)手动进给

用手转动手轮 11,经过用螺钉与其相连接的中间体 17 带动轴 Ⅱ(见图 4.10(b)),再由齿轮副 50/50 或 20/80,经 44/88 传动丝杠 16 转动(螺距 $P = 4$ mm),可使砂轮架 5 作横向进给(见图 4.10(a))。手轮 11 转 1 r,砂轮架 5 的横向进给量为 2 mm(粗进给)或 0.5 mm(细进给),手轮 11 的刻度盘 9 上刻度为 200 格,因此每格进给量为 0.01 mm 或 0.002 5 mm。

2)周期自动进给

周期自动进给由进给液压缸的柱塞 18 驱动(见图 4.10(b))。当工作台换向、液压油进入进给液压缸右腔时,推动柱塞 18 向左移动,这时活套在柱塞 18 槽内销轴上的棘爪 19 推动棘轮 8 转过一个角度。棘轮 8 用螺钉和中间体 17 固紧在一起,因此能转动丝杠 16,实现自动进给一次(此时手轮 11 也被带动旋转)。进给完毕后,进给液压缸右腔与回油路接通,于是柱塞 18 在左端的弹簧作用下复位。转动齿轮 20(通过齿轮 20 轴上的手把操纵,调整好后由钢球定位,图中未表示),使遮板 7 转动一个位置(其短臂的外圆与棘轮 8 外圆大小相同),可以改变棘爪 19 所能推动的棘轮 8 齿数,从而改变进给量的大小。棘轮 8 上有 200 个齿,正好与刻度盘 9 上的 200 格刻度相对应。棘爪 19 最多可推动棘轮转过 4 个棘齿,即相当于刻度盘转过 4 格。当横向进给至工件达到所需尺寸时,装在刻度盘 9 上的撞块 14 正好处于垂直线 aa 上的手轮 11 中心正下方。由于撞块 14 的外圆与棘轮 8 的外圆大小相同,因此将棘爪 19 压下,使其无法和棘轮 8 相啮合,于是横向进给便自动停止。

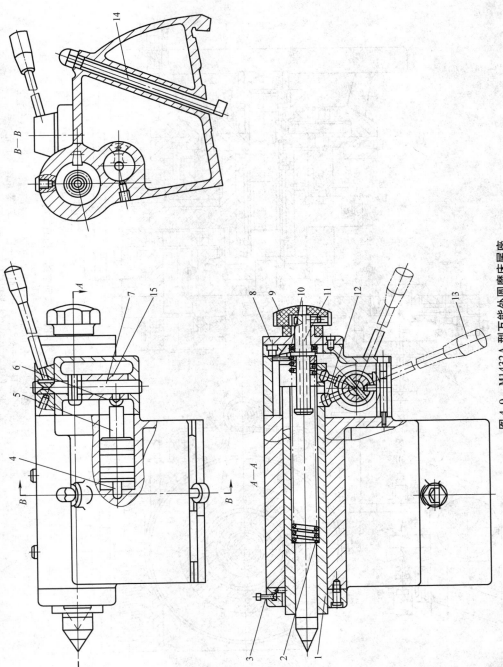

图 4.9 M1432A 型万能外圆磨床尾座

1—尾座套筒;2—弹簧;3—密封盖;4—液压缸;5—活塞;6—拨杆;7—小轴;8—销;9—手把;10—推力轴承;11—丝杠;12—上拨杆;13—手柄;14—螺钉;15—套筒

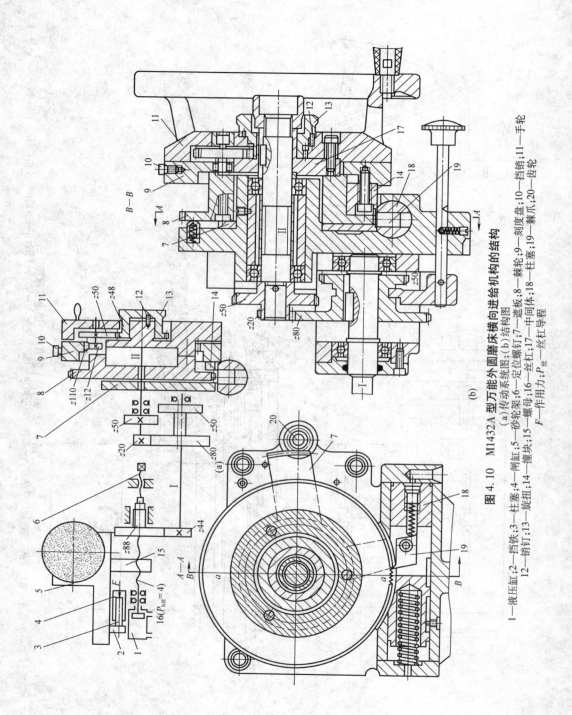

(b)

图 4.10 M1432A 型万能外圆磨床横向进给机构的结构

(a)传动系统图；(b)结构图

1—液压缸；2—挡铁；3—柱塞；4—闸缸；5—砂轮架；6—定位螺钉；7—遮板；8—棘轮；9—刻度盘；10—挡销；11—手轮；12—销钉；13—旋扭；14—撞头；15—螺母；16—丝杠；17—中间体；18—柱塞；19—棘爪；20—齿轮

F—作用力；$P_{\underline{44}}$—丝杠导程

3)定程磨削及其调整

在进行批量加工时,为了简化操作,节省辅助时间,通常先试磨一个工件,当磨削到所要求的尺寸后,调整刻度盘位置,使其与撞块 14 成 180°安装的挡销 10 处于垂直线 aa 上的手轮中心正上方,正好与固定在床身前罩上的定位爪(图中未示)相碰(此时手轮 11 不转)。这样,在磨削同一批其余工件时,当转动手轮(或液压自动进给)至挡销 10 与定位爪相碰时,说明工件已经达到所需磨削尺寸。应用这种方法,可以减少在磨削过程中反复测量工件的次数。

当砂轮磨损或修正后,由挡销 10 控制的工件直径将变大。这时,必须重新调整砂轮架 5 的行程终点位置。为此,需调整刻度盘 9 上挡销 10 与手轮 11 的相对位置。调整方法是:拔出旋钮 13,使它与手轮 11 上的销钉 12 脱开后顺时针转动,经齿轮副 48/50 带动齿轮 z_{12} 旋转,z_{12} 与刻度盘 9 上的内齿轮 z_{10} 相啮合(见图 4.10(a)),于是便使刻度盘 9 连同挡销 10 一起逆时针转动。刻度盘 9 转过的格数(角度)应根据砂轮直径减少所引起的工件尺寸变化量确定。调整妥当后,将旋钮 13 推入,手轮 11 上的销钉 12 插入它后端面上的销孔中,使刻度盘 9 和手轮 11 连成一个整体。

由于在旋钮后端面上沿周向均布 21 个销孔,而手轮 11 每转 1 r 的横向进给量为 2 mm(粗进给)或 0.5 mm(细进给),因此,旋钮 13 每转过一个孔距时,可补偿砂轮架 5 的横向位移量 f_r,

$$粗进给:f_r = \frac{1}{21} \times \frac{48}{50} \times \frac{12}{110} \times 2 = 0.01(mm)$$

$$细进给:f_r = \frac{1}{21} \times \frac{48}{50} \times \frac{12}{110} \times 0.5\ mm = 0.002\ 5(mm)$$

4)快速进退

图 4.11 为砂轮架横向快速进退机构。当液压缸 1 左腔通入压力油时,使活塞向右移动,推动丝杠 7、半螺母 6,使滑鞍 8 及其上的砂轮架快速趋近工件,当丝杠 7 的前端碰到刚性定位螺钉 10,便使砂轮架停止前进。这个位置就是磨削工件时周期径向切入运动的起始基准。用螺钉 10 调整它的位置。砂轮架横向进给丝杠和半螺母 17(图 4.5)的螺纹间隙将影响砂轮架横向进给的精度。本机床将闸缸 16(图 4.5)固定在垫板 15 上,当通入压力油后,推动柱塞 14 顶紧在挡销 13 上。挡销又固定在滑鞍 12 上,从而使横进给丝杠的螺纹紧靠在半螺母螺纹的一侧,消除了它们之间的间隙,提高了横向进给的精度。为了提高横向进给的精度,横进给导轨是 V 形和平面形组合的滚动导轨,如图 4.12 所示。图(a)为滚动导轨示意图,1 为安装砂轮架的滑鞍,2 是滚柱,3 是垫板;图(b)为滚柱和隔离架的结构,4 为隔离架。

滚动导轨的特点是摩擦系数小,可以减少爬行,与普通滑动导轨相比能提高微量进给的精度。但是由于滚柱和导轨之间的接触为线接触,抗振性较差,对进一步提高磨削表面质量(如细化粗糙度、减小振纹等)带来不良的影响。

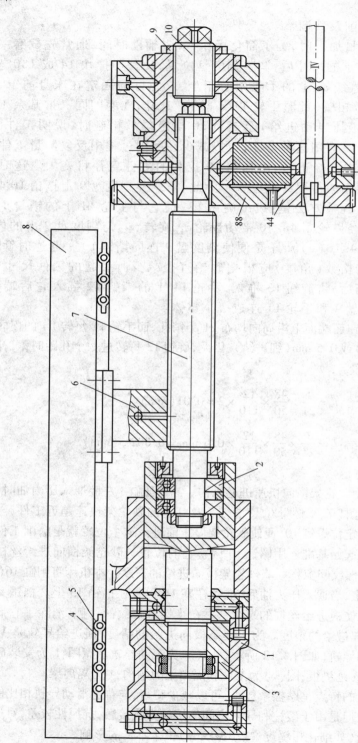

图 4.11　M1432A 型万用外圆磨床横向快速进退进退机构

1—液压缸;2—轴承;3—活塞;4—保持架;5—滚柱;6—半螺母;7—丝杠;8—滑鞍;9—锁紧螺母;10—定位螺钉

　　为了使工作台运动具有好的直线性,导轨应具有较高的几何精度,且用专门的低压油润滑,以减少磨损和爬行。

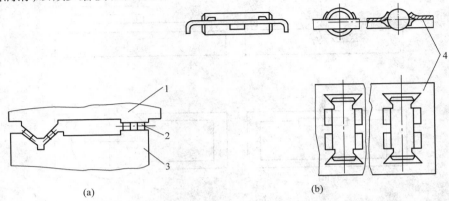

图 4.12　横向进给滚动导轨

(a)滚动导轨;(b)滚柱和隔离架

1—滑鞍;2—滚柱;3—床身;4—隔离架

4.3　其他类型磨床简介

4.3.1　平面磨床

　　平面磨床主要用途如图 4.13 所示。

　　1. 主要类型和运动

　　根据砂轮的工作面不同,平面磨床可以分为用砂轮轮缘(即圆周)进行磨削和用砂轮端面进行磨削两类。用砂轮轮缘磨削的平面磨床,砂轮主轴为水平布置(卧式);而用砂轮端面磨削的平面磨床,砂轮主轴为竖直布置。根据工作台的形状不同,平面磨床又分为矩形工作台和圆形工作台两类。

　　按上述方法分类,常把普通平面磨床分为 4 类:①卧轴矩台式平面磨床(图 4.13(a));②卧轴圆台式平面磨床(图 4.13(d));③立轴矩台式平面磨床(图 4.13(b));④立轴圆台式平面磨床(图 4.13(c))。

　　图中:n 为砂轮的旋转主运动;f_1 为工件圆周或直线进给运动;f_2 为轴向进给运动;f_3 为周期切入运动。

　　上述 4 种平面磨床的特点比较如下。

　　(1)砂轮端面磨削和轮缘磨削。端面磨削的砂轮一般比较大,能同时磨出工件的全宽,磨削面积较大,所以,生产率较高。但是,端面磨削时,由于砂轮与工件表面的接触面积大,发热量大,冷却和排屑条件差,所以,加工精度和表面粗糙度较差。

　　(2)矩台式平面磨床与圆台式平面磨床。圆台式平面磨床由于采用端面磨削,且为连续磨削,没有工作台的换向时间损失,故生产率较高。但是,圆台式只适于磨

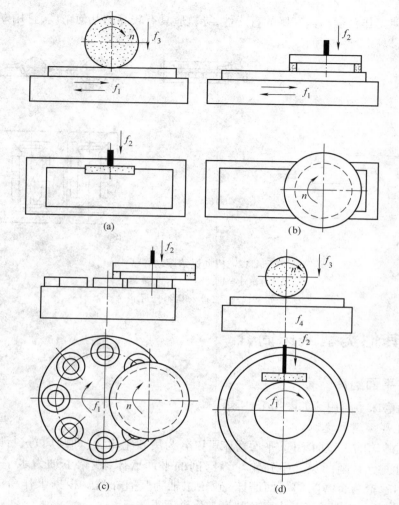

图 4.13　平面磨床的加工示意图

（a）卧轴矩台平面磨床；（b）立轴矩台平面磨床；（c）立轴圆台平面磨床；（d）卧轴圆台平面磨床

削小零件和大直径的环形零件端面,不能磨削长零件。而矩台式平面磨床可方便地磨削各种零件,工艺范围较宽。卧轴矩台平面磨床除了用砂轮的周边磨削水平面外,还可用砂轮端面磨削沟槽、台阶等侧平面。

目前,应用较多的是卧轴矩台式平面磨床和立轴圆台式平面磨床。

2. 卧轴矩台式平面磨床

如图 4.14 所示这种机床的砂轮主轴通常是用内连式异步电动机直接带动的。往往电机轴就是主轴,电动机的定子就装在砂轮架 3 的壳体内。砂轮架 3 可沿滑座 4 的燕尾导轨作间歇的横向进给运动(手动或液动)。工作台 2 沿床身 1 的导轨作纵向往复运动(液压传动)。

目前我国生产的卧轴矩台平面磨床能达到的加工质量如下。

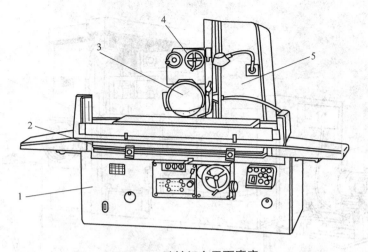

图 4.14　卧轴矩台平面磨床

1—床身；2—工作台；3—砂轮架；4—滑座；5—立柱

普通精度级：试件精磨后，加工面对基准面的平行度为 0.015 mm/1 000 mm，表面粗糙度 $R_a = 0.32 \sim 0.63$ μm。

高精度级：试件精磨后，加工面对基准面的平行度为 0.005 mm/1 000 mm，表面粗糙度 $R_a = 0.04 \sim 0.01$ μm。

3. 立轴圆台平面磨床

如图 4.15 所示砂轮架 3 的主轴也是由内连式异步电机直接驱动。砂轮架 3 可沿立柱 4 的导轨作间歇的竖直切入运动。圆工作台旋转作圆周进给运动。为了便于装卸工件，圆工作台 2 还能沿床身导轨纵向移动。由于砂轮直径大，所以常采用镶片砂轮。这种砂轮使冷却液容易冲入切削区，砂轮不易堵塞。这种机床生产率高，用于成批生产中。

4.3.2　无心外圆磨床

无心外圆磨削是外圆磨削的一种特殊形式。磨削时，工件不用顶尖来定心和支承，而是直接将工件放在砂轮与导轮之间，用托板支承着，工件被磨削的外圆面作定位面，如图 4.16(a)所示。

1. 工作原理

从图 4.16(a)可以看出，砂轮和导轮的旋转方向相同，但由于磨削砂轮的圆周速度很大（为导轮的 70 ～ 80 倍），通过切向磨削力带动工件旋转，但导轮（它是用摩擦系数较大的树脂或橡胶作黏结剂制成的刚玉砂轮）则依靠摩擦力限制工件旋转，使工件的圆周线速度基本上等于导轮的线速度，从而在磨削轮和工件间形成很大速度差，产生磨削作用。改变导轮的转速，便可以调节工件的圆周进给速度。

为了加快成圆过程和提高工件圆度，工件的中心必须高于磨削轮和导轮的中心连线（见图 4.16(a)），这样便能使工件与磨削砂轮和导轮间的接触点不可能对称，于

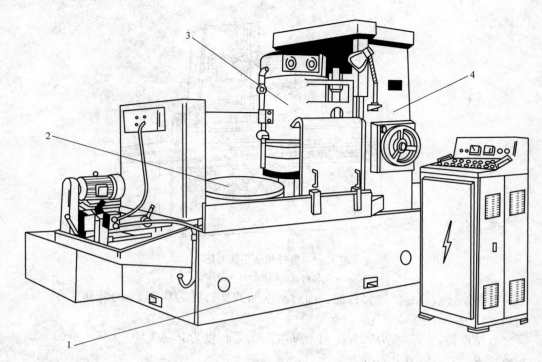

图 4.15 立轴圆台平面磨床
1—床身;2—工作台;3—砂轮架;4—立柱

是工件上的某些凸起表面(即棱圆部分)在多次转动中能逐渐磨圆。所以,工件中心高于砂轮和导轮的连心线是工件磨圆的关键,但高出的距离不能太大,否则导轮对工件的向上垂直分力有可能引起工件跳动,影响加工表面质量。一般 $h = (0.15 \sim 0.25)d$,d 为工件直径。

2. 磨削方式

无心外圆磨床有两种磨削方式:贯穿磨削法(纵磨法)和切入磨削法(横磨法)。贯穿磨削时,将工件从机床前面放到托板上,推入磨削区域后,工件旋转,同时又轴向向前移动,从机床另一端出去就磨削完毕。而另一个工件可相继进入磨削区,这样就可以一件接一件地连续加工。工件的轴向进给是由于导轮的中心线在竖直平面内向前倾斜了 α 角所引起的(见图 4.16(b))。为了保证导轮与工件间的接触线成直线形状,需将导轮的形状修正成回转双曲面形。

切入磨削时,先将工件放在托板和导轮之间,然后使磨削砂轮横向切入进给,来磨削工件表面。这时导轮的中心线仅倾斜很小的角度(约 30′),对工件有微小的轴向推力,使它靠住挡块(见图 4.16(c)),得到可靠的轴向定位。

3. 特点与应用

在无心磨床上加工工件时,工件不需打中心孔,且装夹工件省时省力,可连续磨削,所以生产效率较高。由于工件定位基准是被磨削的外圆表面,而不是中心孔,所

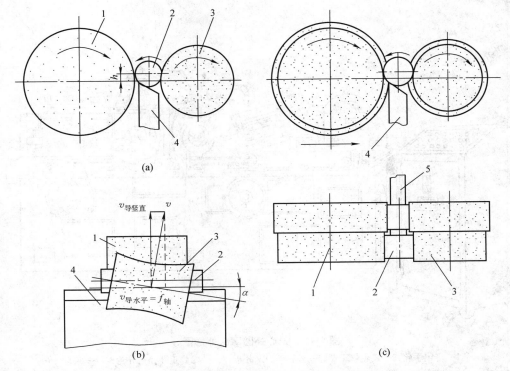

图 4.16　无心外圆磨床磨削加工示意图

（a）工件中心高于磨削轮和导轮的中心连线；（b）工件的轴向进给是由于导轮的中心线在竖直平面内倾斜了 α 角；
（c）导轮的中心线倾斜很小角度

1—磨削砂轮；2—工件；3—导轮；4—托板；5—挡块

以就消除了工件中心孔误差、外圆磨床工作台运动方向与前后顶尖连线的不平行以及顶尖的径向跳动等项误差的影响，磨削出来的工件尺寸精度和几何精度比较高，表面粗糙度比较好。如果配备适当的自动装卸料机构，还易于实现全自动。

　　无心磨床在成批、大量生产中应用较普遍。并且随着无心磨床结构进一步改进，加工精度和自动化程度的逐步提高，其应用范围有日益扩大的趋势。

　　但是，由于无心磨床调整耗费时间，所以批量较小时不宜采用。当工件表面周向不连续（例如有长键槽）或与其他表面的同轴度要求较高时，不宜采用无心磨床加工。图 4.17 是无心外圆磨床的外形图。

4.3.3　内圆磨床

　　内圆磨床主要用于磨削各种内孔（包括圆柱形通孔、盲孔、阶梯孔以及圆锥孔等）。某些内圆磨床还附有磨削端面的磨头。内圆磨床的主要类型有普通内圆磨床、无心内圆磨床和行星式内圆磨床。

　　1. 普通内圆磨床

　　普通内圆磨床是生产中应用最广的一种内圆磨床。图 4.18 为普通内圆磨床的

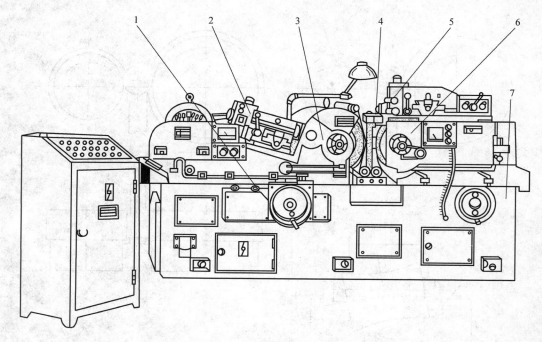

图4.17 无心外圆磨床外形图

1—进给手轮;2—砂轮修正器;3—砂轮架;4—托板;5—导轮修正器;6—导轮架;7—床身

磨削方法。图(a)、(b)为采用纵磨法或切入法磨削内孔。图(c)、(d)为采用专门的端磨装置,可在工件一次装夹中磨削内孔和端面。这样不仅易于保证孔和端面的垂直度,而且生产率较高。

图4.19为普通内圆磨床的外形图。头架3装在工作台2上并由它带着沿床身1的导轨作纵向往复运动。头架主轴由电动机经带传动作圆周进给运动。砂轮架4上装有磨削内孔的砂轮主轴,由电动机经带传动。砂轮架沿滑鞍5的导轨作周期性的横向进给(液动或手动)。

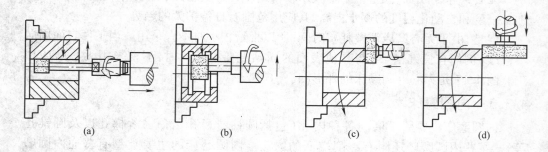

(a)   (b)   (c)   (d)

图4.18 普通内圆磨床的磨削方法

(a)、(b)磨内孔;(c)、(d)磨端面

头架可绕竖直轴调整一定的角度,以磨削锥孔。

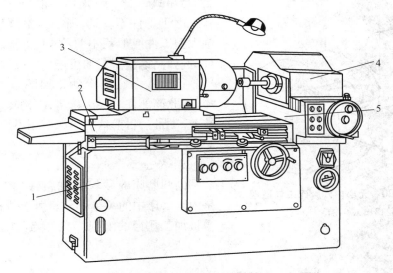

图 4.19 普通内圆磨床的外形
1—床身;2—工作台;3—头架;4—砂轮架;5—滑鞍

普通精度内圆磨床的加工精度为:对于最大磨削孔径为 50～200 mm 的机床,如试件的孔径为机床最大磨削孔径一半,磨削孔深为机床最大磨削深度的一半时,精磨后能达到圆度 ≤0.006 mm、圆柱度 ≤0.005 mm 及表面粗糙度 $R_a = 0.32～0.63$ μm。

普通内圆磨床的自动化程度不高,磨削尺寸通常靠人工测量控制,仅适用于单件和小批生产中。

为了满足成批和大量生产的需要,还有自动化程度较高的半自动和全自动内圆磨床。这种磨床从装上工件到加工完毕,整个磨削过程为全自动循环,工件尺寸采用自动测量仪自动控制。所以,全自动内圆磨床生产率较高,并可放入自动线中使用。

2. 无心内圆磨床

在无心内圆磨床上加工的工件,通常是那些不宜用卡盘夹紧的薄壁,而其内外同心度要求又较高的工件,如轴承环类型的零件。其工作原理如图 4.20 所示。工件 4 支承在滚轮 1 和导轮 3 上,压紧轮 2 使工件紧靠导轮,并由导轮带动旋转,实现圆周进给运动(f_1)。磨削轮除完成旋转主运动(v)外,还作纵向进给运动(f_2)和周期的横向进给运动(f_3)。加工循环结束时,压紧轮沿箭头 A 方向摆开,以便装卸工件。磨削锥孔时,可将导轮、滚轮连同工件一起偏转一定角度。

由于所磨零件的外圆表面已经精加工了,所以,这种磨床具有较高的精度,且自动化程度也较高。它适用于大批量生产。

3. 行星式内圆磨床

在行星式内圆磨床上磨削内孔时,工件固定不转动,而砂轮除绕自身轴线高速旋转完成主运动(n)外,还绕着工件孔中心作公转,以实现圆周进给运动($f_公$),因此得

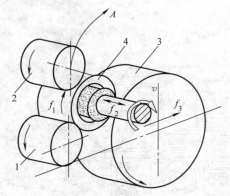

图 4.20   无心内圆磨床工作原理
1—滚轮;2—压紧轮;3—导轮;4—工件

名"行星式"。机床的运动如图4.21所示。

由于工件不转动,所以这类磨床适于磨削大型工件或形状不对称、不适于旋转的工件,例如高速大型柴油机连杆的孔等。

行星式内圆磨床砂轮架的运动种数较多,因此该部件的层次较多,结构复杂且刚性较差。所以,目前这类机床应用不广泛。

4. 内圆磨具

内圆磨床的砂轮主轴组件(内圆磨具)是内圆磨床中的关键部分。由于砂轮的外径受被加工孔径的限制,为了达到砂轮的有利

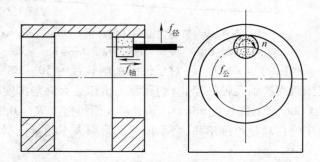

图 4.21   行星式内圆磨床工作原理

磨削线速度,砂轮主轴的转速需很高。如何保证砂轮主轴在高转速情况下有稳定的旋转精度、足够的刚度和寿命,是目前内圆磨床发展中仍需进一步解决的问题。

目前,常用的内圆磨具其主轴转速为10 000～20 000 r/min,由普通电动机经皮带传动。这种内圆磨具结构简单、维护方便、成本低,所以应用广泛。其结构见图4.6所示。但是在磨小孔时(例如直径小于10 mm),要求砂轮主轴转速应高达80 000～120 000 r/min 或更高,上述带传动就不适用了。目前常用内连式中频(或高频)电动机直接驱动砂轮主轴。这种结构,由于没有中间传动件,所以可达到的转速较高(目前我国已试制成功主轴转速高达240 000 r/min 的内连式电动机驱动的内圆磨具),同时它还具有输出功率大、短时间过载能力强、速度特性硬、振动小和主轴轴承寿命长等优点,所以近年来应用日益广泛,特别是在磨削轴承小孔中,应用更多。图4.22为内连中频电动机驱动的内圆磨具的一种结构。

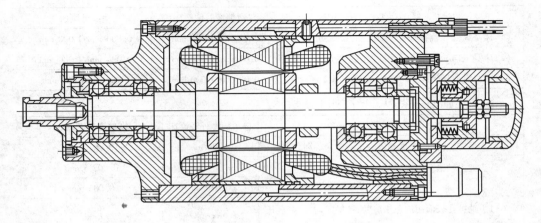

图 4.22　内连中频电动机驱动的内圆磨具

4.4　高精度磨床

随着工业和科学技术的飞速发展,特别是电子、仪表、宇航等工业的迅速发展,对磨削加工的精度要求愈来愈高,为此必须制造出各类高精度磨床,特别是外圆磨床、平面磨床、内圆磨床和无心磨床等。

凡是被加工零件的圆度误差不超过 0.5 μm、表面粗糙度 $R_a = 0.01 \sim 0.02$ μm 者,属于高精度外圆磨床;被加工零件的平面度和平行度的误差不超过 5 μm/m,表面粗糙度 $R_a < 0.04$ μm 者,属于高精度平面磨床;被加工零件的圆度误差不超过 0.8 μm,表面粗糙度 $R_a < 0.16$ μm,属于高精度内圆磨床;被加工零件的圆度误差不超过 0.5 μm,表面粗糙度 $R_a < 0.16$ μm,属于高精度无心外圆磨床。

为了达到高的磨削精度,在磨床主要零件的材料选择、制造精度、整机装配精度、机床结构、精密测量仪配备以及机床使用条件(如在恒温车间中使用)等方面都提出了更高的要求。本节仅以高精度外圆磨床为例,说明高精度磨床的这些特点,简要叙述如下。

1. 提高磨床主要件的制造精度

高精度外圆磨床的主要件,如床身、导轨、头架主轴及轴承、砂轮架主轴及轴承、头架壳体和砂轮架壳体、尾座套筒和壳体、进给机构的主要传动件等,其制造精度都比普通精度外圆磨床要求高。

床身纵向导轨的加工精度如下表所示。

项　目	普通精度外圆磨床	高精度外圆磨床
（1）床身纵向导轨在垂直平面内的直线度允差	0.01 mm/1 000 mm	0.006 mm/1 000 mm
（2）床身纵向导轨在水平平面内的直线度允差	0.01 mm/1 000 mm	0.006 mm/1 000 mm
（3）床身纵向导轨的平行度（导轨全长≤2 m）允差	0.03 mm/1 000 mm	0.02 mm/1 000 mm

头架主轴的主要加工精度如下表所示。

项　目	普通精度外圆磨床	高精度外圆磨床
（1）头架主轴前、后支承轴颈的相对径向跳动允差	0.003 mm	0.001 mm
（2）头架主轴锥孔的径向跳动：①近轴端处允差	0.005 mm	0.002 5 mm
②距轴端150 mm 处允差	0.01 mm	0.005 mm
（3）主轴锥孔表面用涂色法检验，接触需均匀，在全长上不少于	75%	85%

2. 提高整机的装配精度

高精度外圆磨床整机的装配精度比普通外圆磨床的精度要求高。现选如下表所示的几项作一比较。

项　目	普通精度外圆磨床	高精度外圆磨床
（1）头架主轴的轴向窜动允差	0.005 mm	0.002 mm
（2）头架主轴中心线的径向跳动：①近轴端处允差	0.007 mm	0.003 mm
②距轴端150 mm 处允差	0.01 mm	0.006 mm
（3）头架主轴和尾架套筒中心线对工作台移动的平行度允差（在水平方向）	0.02 mm	0.015 mm
（4）砂轮主轴定心锥面的径向跳动允差	0.005 mm	0.002 mm
（5）工作台移动在垂直面内的直线度允差（最大磨削长度≤2 m）	0.06 mm/1 000 mm	0.04 mm/1 000 mm

3. 机床结构方面的特点

对高精度外圆磨床的结构，特别是影响加工精度的关键部分，如砂轮架主轴组件、头架主轴组件、床身、导轨、横向进给机构等，提出了更高的要求。其主要结构特点如下。

（1）进一步提高砂轮架主轴组件和头架主轴组件的旋转精度、刚度和抗振性。通常，砂轮架主轴轴承采用整体式多油楔动压滑动轴承或静压轴承；对砂轮架上高速旋转件（如电动机）都经仔细地动平衡；主轴采用无接头的平皮带传动，使运动更加平稳等。同样，头架的主轴轴承也常采用高精度滑动轴承或静压轴承；采用无接头平带传动。

（2）提高微量进给精度。高精度外圆磨床都具有最小刻度值不大于 1 μm 的微量进给机构。为了保证达到小的微量进给值，关键问题是提高移动精度，防止跳跃式进给。为此,常采用下列措施:提高横进给传动链的刚性,如尽量缩短传动链的长度,甚至采用直接传动(并且消除间隙)的丝杠—螺母机构;进一步改善滑动导轨面的润滑状况,以减少动静摩擦系数之间差值;采用抗振性较好的闭式滚动导轨等。国外某些外圆磨床,为了获得更准确的微量进给值,采用了各种特殊的微量进给机构,例如利用部件的弹性变形实现微量进给,如图 4.23,当液压缸 3 内通入压力油后,推动活塞杆 2,使砂轮架 1 的壳体发生弹性变形,以实现微量进给。这种机构可得到 0.25 μm 的微量进给。

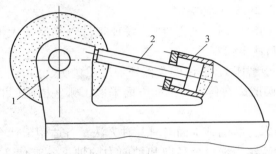

图 4.23 弹性变形微量进给机构原理图
1—砂轮架;2—活塞杆;3—液压缸

(3)进一步提高机床的刚度。在高精度外圆磨床中,对机床刚度要求更高了。除了提高主要部件(如砂轮架和头架的主轴部件)的刚度外,对床身等其他零件,也采用了许多提高刚度的新结构,如某些磨床床身采用双壁结构等。

(4)减少发热及热变形的影响。通常,高精度外圆磨床的加工精度达 0.5 μm 左右,如果机床的温度变化几度,就会引起加工误差,因此常采取各种措施来减少发热及热变形的影响。例如,采用独立的油箱和冷却箱,并将它们安放在远离机床的地方;机床中配备预热器和冷凝器,使液体保持恒温;将设备安放在恒温车间内工作;被磨削的工件,必须在恒温车间内放置 24 h 之后才允许进行加工。

4. 配备高精度的自动测量仪

在高精度外圆磨床上,经常需成批磨削精度很高的精密零件。这时,就需要根据某一相配零件的孔径,按照精确的间隙要求,磨出合适的相配轴轴颈。这就需配备"高精度的基孔配轴自动测量仪"来自动测量轴颈尺寸和自动控制砂轮架的横向进给。目前,这种自动测量仪的最高精度可以达到 ±0.125 μm。

5. 配备高净化能力的冷却液净化装置

磨削较细的表面粗糙度时,冷却液必须十分清洁。因此,在高精度万能外圆磨床中必须配备净化能力极高的冷却液净化装置,将磨削过程中脱落的砂轮碎粒和微粒切屑从切削液中清理出去。常用的有沉淀及离心式分离净化装置、磁性分离器和纸布过滤器联合的净化装置等,使冷却液得到高度净化。

习题与思考题

1. 以 M1432A 型磨床为例,如磨床工件头架和尾座的锥孔中心线在垂直平面内不等高,磨削的工件将产生什么误差,如何解决? 如两者在水平面内不同轴,磨削的工件又将产生什么误差,如何解决?

2. 采用定程磨削法磨削一批零件后,发现工件直径尺寸大了 0.03 mm,应如何进行补偿? 并说明调整步骤?

3. 以 M1432A 型磨床为例,说明为保证加工质量(尺寸精度、几何形状精度和表面粗糙度),万能外圆磨床在传动与结构方面采取了哪些措施(可与卧式车床进行比较)?

4. 万能外圆磨床上磨削圆锥面有哪几种方法? 各适用于什么场合?

5. 图 4.5 所示砂轮主轴承受径向和轴向力的轴承各有什么特点? 使用这种轴承的基本条件是什么? 轴承间隙如何调整? 并说明其理由。

6. 在万能外圆磨床上磨削内外圆时,工件有哪几种装夹方法? 各适用于何种场合? 采用不同装夹方法时,头架的调整状况有何不同? 工件怎样获得圆周进给(旋转)运动?

7. 为什么中型万能外圆磨床的尾架顶尖通常采用弹簧顶紧? 而卧式车床则为什么采用丝杠螺母顶紧?

8. 试分析无心外圆磨床和普通外圆磨床在布局、磨削方法、生产率及适用范围方面各有什么区别?

9. 内圆磨削的方法有哪几种? 各适用于什么场合?

10. 试分析卧轴矩台平面磨床和立轴圆台平面磨床在磨削方法、加工质量、生产率等方面有何不同? 它们的适用范围有何不同?

5

齿轮加工机床

5.1　概述

　　齿轮是最常用的传动件,常用的有:直齿、斜齿和人字齿的圆柱齿轮,直齿和弧齿圆锥齿轮,蜗轮以及应用很少的非圆形齿轮等等。加工这些齿轮轮齿表面的机床称为齿轮加工机床。由于齿轮具有传动比准确、传力大、效率高、结构紧凑、可靠耐用等优点,因此齿轮被广泛应用于各种机械及仪表当中。随着现代科学技术和工业水平的不断提高,对齿轮的制造质量要求也越来越高,齿轮的需要量也日益增加。这就要求机床制造业生产出高精度、高效率和高自动化程度的齿轮加工设备,以满足生产发展的需要。

5.1.1　齿轮加工的方法

　　制造齿轮的方法很多,虽然可以铸造、热轧或冲压,但目前这些方法的加工精度还不够高。精密齿轮加工仍然主要依靠切削法。按照形成齿形的原理不同,可以分为成形法和展成法两大类。

　　1.　成形法

　　成形法是用与被切齿轮齿槽形状完全相符的成形铣刀切出齿轮的方法。

　　成形法加工齿轮时一般在普通铣床上进行加工,图5.1(a)是用标准盘形齿轮铣刀加工直齿齿轮的情况。轮齿的表面是渐开面,形成母线(渐开线)的方法是成形法,不需要表面成形运动;形成导线(直线)的方法是相切法,需要两个成形运动,一个是盘形齿轮铣刀绕自己的轴线旋转 B_1,一个是铣刀旋转中心沿齿坯轴向移动 A_2。

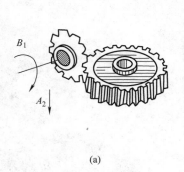

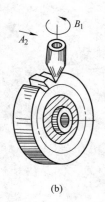

(a) (b)

图 5.1 成形法加工齿轮

(a)盘形齿轮铣刀铣齿轮;(b)指状齿轮铣刀铣齿轮

当铣完一个齿槽后,齿坯退回原处,用分度头使齿坯转过 $360°/z$ 的角度(z 是被加工齿轮的齿数),这个过程称为分度。然后,再铣第二个齿槽,这样一个齿槽一个齿槽地铣削,直到铣完所有齿槽为止。分度运动是辅助运动,不参与渐开线表面的成形。

在加工模数较大的齿轮时,为了节省刀具材料,常用指状齿轮铣刀(模数立铣刀),如图 5.1(b)所示。用指状铣刀加工直齿齿轮所需的运动与用盘形铣刀时相同。

用成形法加工齿轮也可以用成形刀具在刨床上刨齿或在插床上插齿。

由于齿轮的齿廓形状决定于基圆的大小,如图 5.2 中的线 1、2 和 3。基圆越小,渐开线弯曲越厉害;基圆越大,渐开线越伸直,基圆半径为无穷大时,渐开线就成了直线 1。而基圆直径 $d_{\text{基}} = mz\cos\alpha$($m$ 为齿轮的模数,z 是齿轮齿数,α 是压力角),所以要想精确制造一套具有一定模数和压力角的齿轮,就必须每一种齿数配有一把铣刀,但这样并不经济。为了减少刀具数量,一般采用 8 把一套或 15 把一套的齿轮铣刀,其每一把铣刀可切削几个齿数的齿轮。8 把一套的齿轮铣刀可以参见表 5.1。

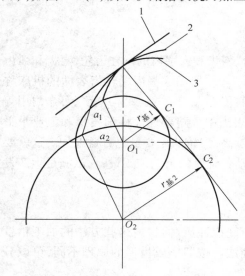

图 5.2 渐开线形状与基圆关系

为了保证加工出来的齿轮在啮合时不会卡住,每一号铣刀的齿形都是按所加工的一组齿轮中齿数最少的齿轮的齿形制成的,因此,用这把铣刀切削同组其他齿数的齿轮时其齿形是有一些误差的。其缺点是精度低。这种方法采用单分齿法,即加工完一个齿退回,工件分度,再加工下一齿。因此,生产率也不高。但是这种加工方法简单,不需要专用的机床,所以适用于单件小批量生产和加工精度要求不高的修配行业中。

表5.1　齿轮铣刀的刀号

铣刀刀号	1	2	3	4	5	6	7	8
能加工的齿数范围	12～13	14～16	17～20	21～25	26～34	35～54	55～134	≥135

2. 展成法

展成法加工齿轮是利用齿轮啮合的原理,其切齿过程模拟某种齿轮副(齿条、圆柱齿轮、蜗轮、锥齿轮等)的啮合过程。这时,把啮合中的一个齿轮做成刀具来加工另外一个齿轮毛坯。被加工齿的齿形表面是在刀具和工件包络(展成)过程中由刀具切削刃的位置连续变化而形成的,在后面将通过滚齿加工作较详细的介绍。用展成法加工齿轮的优点是用同一把刀具可以加工相同模数而任意齿数的齿轮。生产率和加工精度都比较高。在齿轮加工中,展成法应用最广泛。

5.1.2　齿轮加工机床的类型及其用途

按照被加工齿轮种类不同,齿轮加工机床可以分为圆柱齿轮加工机床和圆锥齿轮加工机床两大类。

1. 圆柱齿轮加工机床

圆柱齿轮加工机床主要包括滚齿机、插齿机、磨齿机、剃齿机和珩齿机等。

(1)滚齿机,主要用于加工直齿、斜齿圆柱齿轮和蜗轮。

(2)插齿机,主要用于加工单联和多联的内、外直齿圆柱齿轮。

(3)磨齿机,主要用于淬火后的直齿、斜齿圆柱齿轮的齿廓精加工。

(4)剃齿机,主要用于淬火之前的直齿、斜齿圆柱齿轮的齿廓精加工。

(5)珩齿机,主要用于热处理后的直齿、斜齿圆柱齿轮的齿廓精加工。珩齿对于齿形精度改善不大,主要是降低齿面的表面粗糙度。

2. 锥齿轮加工机床

锥齿轮加工机床主要分为直齿锥齿轮加工机床和曲线齿锥齿轮加工机床两类。

(1)直齿锥齿轮加工机床,主要包括刨齿机、铣齿机、拉齿机等。

(2)曲线齿锥齿轮加工机床,主要包括加工各种不同曲线齿锥齿轮的铣齿机和拉齿机等。

用来精加工齿轮齿面的机床主要有珩齿机、剃齿机、磨齿机等。此外,齿轮加工机床还包括加工齿轮所需的倒角机、淬火机和滚动检查机等。

5.2　滚齿机

滚齿机主要用于滚切直齿和斜齿圆柱齿轮和蜗轮,还可以加工花键轴的键。

5.2.1　滚齿原理

滚齿加工是根据展成法原理来加工齿轮轮齿的。用齿轮滚刀加工齿轮的过程,相当于一对交错轴斜齿轮副啮合滚动的过程(图5.3(a))。将其中的一个齿数减少到一个或几个,轮齿的螺旋倾角很大,就成了蜗杆(图5.3(b))。再将蜗杆开槽并铲背,就成了齿轮滚刀(图5.3(c))。因此,滚刀实质就是一个斜齿圆柱齿轮,当机床使滚刀和工件严格地按一对斜齿圆柱齿轮的速比关系作旋转运动时,滚刀就可在工件上连续不断地切出齿来。

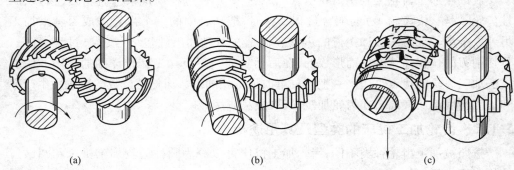

(a)   (b)   (c)

图5.3 滚齿原理

(a)交错轴斜齿轮传动;(b)蜗杆传动;(c)滚齿加工

5.2.2 滚切直齿圆柱齿轮

1. 机床的运动和传动原理图

用滚刀加工齿轮是根据交错轴斜齿轮副啮合原理进行的,所以,滚齿时滚刀与齿坯两轴线间的相对位置应相当于两个交错轴斜齿轮副相啮合时轴线的相对位置。在滚切直齿圆柱齿轮时,可以把被加工齿轮看作是螺旋角为零的特殊情况。

用滚刀加工直齿圆柱齿轮必须具有两个运动:一个是为形成渐开线(母线)所需的展成运动(B_{11}和B_{12});一个是为形成导线所需的滚刀沿工件轴线的移动(A_2),如图5.4所示。

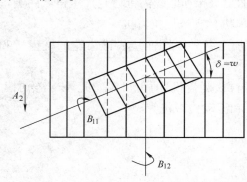

图5.4 滚切直齿圆柱齿所需的运动

(1)展成运动传动链。展成运动是滚刀与工件之间的啮合运动,这是个复合的表面成形运动,可以被分解为两个部分:滚刀的旋转运动B_{11}和工件的旋转运动B_{12}。B_{11}和B_{12}相互运动的结果,形成了轮齿表面的母线——渐开线。由前叙内容得知,B_{11}和B_{12}两个运动之间需要有一个内联系传动链。这个传动链应能保持B_{11}和B_{12}之间严格的传动比关系。设滚刀头数为K,工件齿数为$Z_工$,则滚刀每转一转,工件相应地转过$K/Z_工$转。在图5.5中,联系B_{11}和B_{12}之间的传动链是:滚刀—4—5—u_x—6—7—工件。这条内联系传动链称为展成运动传动链。

（2）主运动传动链。每一个表面成形运动,不论是简单运动,还是复合运动,都有一个外联系传动链与动力源相联系。在图5.5中,展成运动的外联系传动链为:电动机—1—2—u_v—3—4—滚刀。这条传动链产生切削运动,根据金属切削原理的定义得知,这个运动是主运动。滚刀的转速 $n_{刀}$（r/min）可根据切削速度 v（m/min）及滚刀外径 D（mm）来选择,公式为:

$$n_{刀} = \frac{1\,000v}{\pi D}$$

（3）轴向进给传动链。为了切出整个齿宽,即形成轮齿表面的导线,滚刀在自身旋转的同时,必须沿齿坯轴线方向作连续的进给运动 A_2。这种形成导线的方法是相切法。对于常用的立式滚齿机,工件轴线是垂直方向的,滚刀需作轴向进给运动。轴向进给量 f 以工件每转滚刀垂直移动的毫米数来表示（单位是 mm/r）。这个运动是维持切削得以连续的运动。根据切削原理的定义得知,这是进给运动。刀架沿工件轴线平行移动 A_2 是一个简单的成形运动,因此,它可以使用独立的动力源来驱动。但是,工件转速和刀架移动快慢之间的相对关系,会影响到齿面加工的粗糙度,因此,可以把加工工件（也就是装工件的工作台）作为间接动力源,传动刀架使它作轴向运动。在图5.5中,这条传动链为:工件—7—8—u_f—9—10—丝杠。简单运动没有内联系传动链,只有外联系传动链。这个外联系传动链是进给传动链。刀架移动的速度只影响加工表面的粗糙度,不影响导线的直线形状。

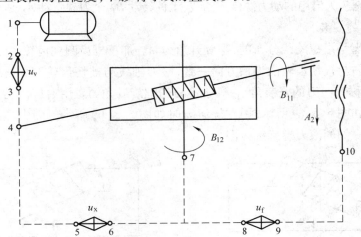

图5.5 滚切直齿圆柱齿轮的传动原理

综上所述,滚切直齿齿轮时,用展成法和相切法加工轮齿的齿面。用展成法形成渐开线（母线）,需要一个复合的成形运动,这个运动需要一条内联系传动链（展成运动传动链）和一条外联系传动链（主运动链）。用相切法形成直线（导线）,需要一个简单的成形运动(因滚刀旋转与展成运动重合),这个运动只需一条外联系传动链(进给传动链)。

以上各种运动及其各传动链之间的联系在传动原理图(图5.5)中已简明地表示出来,共有3条传动链。主运动链(点1至点4)把运动和动力从电动机传至滚刀,实现主运动。点2至点3为主运动的换置机构 u_v,传动比值 u_v 用来调整渐开线成形运动速度的快慢。显然,这个调整换置属于渐开线成形运动速度参数的调整。它取决于滚刀材料及其直径、工件材料、硬度、模数、精度和表面粗糙度。

传动原理图中的各条传动链可以用结构式表示如下。

(1)产生渐开线的展成运动:

电动机→1→2→u_v→3→4→滚刀(B_{11})

$$\downarrow$$

$$5→u_x→6→7→工件(B_{12})$$

电动机经4至滚刀旋转 B_{11} 为主运动传动链,滚刀旋转 B_{11} 至工件转动 B_{12} 是展成运动传动链。

(2)产生直线的轴向进给运动:

电动机—1→2→u_v→3→4→5→u_x→6→7→工件(B_{12})

$$\downarrow$$

$$8→u_f→9→10→刀架(A_2)$$

电动机至7为借用的动力源传入路线,工件转动 B_{12} 至刀架移动 A_2 是进给传动链。

2. 滚刀的安装

滚刀刀齿是沿螺旋线分布的,螺旋升角为 ω。加工直齿圆柱齿轮时,为了使滚刀刀齿排列方向与被切齿轮的齿槽方向一致,滚刀轴线与被切齿轮端面之间被安装成一个角度 δ,称为滚刀的安装角,它等于滚刀的螺旋升角 ω。用右旋滚刀加工直齿齿轮的安装角如图5.6(a)所示,用左旋滚刀时如图5.6(b)所示。图中虚线表示滚刀与齿坯接触一侧的滚刀螺旋线方向。

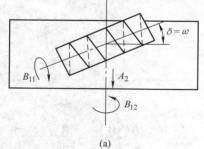
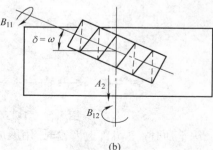

(a)　　　　　　　　　　(b)

图5.6　滚切直齿圆柱齿轮时滚刀安装角

(a)用右旋滚刀;(b)用左旋滚刀

5.2.3 滚切斜齿圆柱齿轮

1. 机床的运动和传动原理图

斜齿圆柱齿轮与直齿圆柱齿轮一样,端面上的齿廓都是渐开线。但斜齿圆柱齿轮的齿长方向不是直线,而是一条螺旋线。它类似于圆柱螺纹的螺旋线,只不过加工螺纹时的导程相对斜齿圆柱齿轮螺旋线导程小,看起来比较明显。而斜齿轮的螺旋线导程通常都超过1 m,齿宽一般都不大(一般小于50 mm)。我们看到的只是螺旋线导程中的一小段,看起来齿轮的螺旋线不太明显。因此,加工斜齿圆柱齿轮仍需要两个运动。一个是产生渐开线(母线)的展成运动。这个运动与加工直齿齿轮时相同,也分解为两部分,即滚刀旋转 B_{11} 和工件(齿坯)旋转 B_{12}。另一个是产生螺旋线(导线)的成形运动,但这个运动已不是像滚切直齿时的简单运动了,而是复合运动。它也分解为两部分,即刀架(滚刀)的直线移动 A_{21} 和工件附加转动 B_{22}。

这个运动与车削螺纹时产生螺旋线的运动有相同之处,即为了形成螺旋线都需要刀具沿工件轴向移动一个导程时,工件必须转一转。但这两种加工形成母线的方法是完全不同的。车削螺纹时用成形法,不需要成形运动;而滚齿时用展成法,滚刀与工件作连续的展成运动,即滚刀转一周时,工件必须转过一个齿(使用单头滚刀时),这就是说,形成渐开线时工件必须进行旋转运动 B_{12}。为了形成螺旋线,工件还必须在 B_{12} 的基础上再补充一个转动 B_{22},它是附加在 B_{12} 上的,称为工件附加转动。滚切斜齿圆柱齿轮所需的运动如图5.7所示。

滚切斜齿圆柱齿轮时形成渐开线和螺旋线时的运动都是复合运动,都分解为两部分,故每个运动都需一条内联系传动链和一条外联系传动链,如图5.8所示。展成运动的内联系传动链为:滚刀—4—5—u_x—6—7—工件,这条传动链称为展成链。展成运动的外联系传动链为:电动机—1—2—u_v—3—4—滚刀。这条传动链称为主

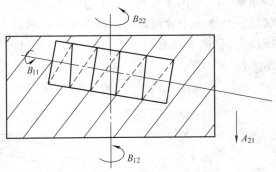

图5.7 滚切斜齿圆柱齿轮所需的运动

运动链。滚切斜齿圆柱齿轮时的展成链和主运动链与滚切直齿圆柱齿轮时相同。产生螺旋线运动的外联系传动链为:工件—7—8—u_f—9—10—丝杠,这条传动链称为进给链,它也与加工直齿圆柱齿轮时相同。产生螺旋线需要一条内联系传动链,连接刀架移动 A_{21} 和工件附加转动 B_{22},以保证当刀架直线移动距离为螺旋线的一个导程时,工件的附加转动正好转过一转,这条内联系传动链称为差动传动链。图5.8中,差动传动链是:丝杠—10—11—u_y—12—7—工件。传动链中的换置机构(点11—

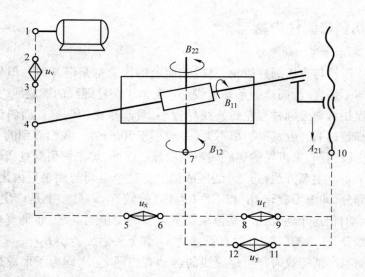

图 5.8 滚切斜齿圆柱齿轮的传动链

12)的传动比 u_y 应根据被加工齿轮的螺旋线导程调整,这是属于螺旋线成形运动的轨迹参数调整。

由图 5.8 可以看出,展成运动传动链要求工件转动 B_{12},差动传动链又要求工件附加转动 B_{22},这两个运动同时传给工件,在图 5.8 中的点 7 必然发生干涉,因此,在传动链中必须采用合成机构。图 5.9 为滚切斜齿圆柱齿轮的传动原理图。图中 $\sum$ 即合成机构,它把来自滚刀的运动(点 5)与来自刀架的运动(点 15)通过合成机构同时传给工件。

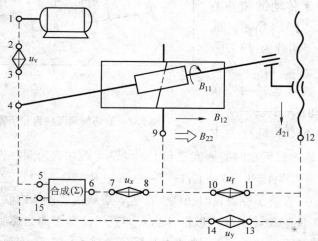

图 5.9 滚切斜齿圆柱齿轮的传动原理图

传动原理图中所示的运动及其传动链也可用结构式表示出来。

（1）产生渐开线的展成运动：

电动机→1→2→u_v→3→4→滚刀（B_{11}）
       ↓
    5→∑→6→7→u_x→8→9→工件（B_{12}）

电动机经 4 至滚刀旋转 B_{11} 为展成运动的外联系传动链，用于连接动力源，使滚刀产生主运动，称为主运动传动链。滚刀旋转 B_{11} 经 4、5 至工件转动 B_{12} 是展成运动的内联系传动链，由它产生轮齿的渐开线，称为展成运动传动链。

（2）产生螺旋线的差动运动：

电机→1→2→u_v→3→4→5→∑→6→7→u_x→8→ 9→B_{22}（工件）
        ↑   ↓
     15   A_{21}（刀架） 10
     ↑   ↑   ↓
    14←u_y←13←12←11←u_f

电动机至 5 为借用动力源的传入路线。当借用动力源使工件（工作台）转动后，经 9、10 至刀架移动 A_{21} 是产生螺旋运动的外联系传动链，这条传动链称为轴向进给传动链。

由刀架移动 A_{21} 经过 12、13、14、15，通过合成机构 ∑ 及点 6、7、8、9 至工件附加转动 B_{22} 是形成螺旋线的内联系传动链。由于这个传动联系是通过合成机构的差动作用，使工件得到附加的转动，所以这个传动联系一般称为差动传动链。由此可见，除差动传动链外，滚切斜齿圆柱齿轮的传动联系和实现传动联系的各条传动链，都与滚切直齿齿轮时相同。

滚齿机既可用来加工直齿圆柱齿轮，又可用来加工斜齿圆柱齿轮，因此，滚齿机是根据滚切斜齿圆柱齿轮的传动原理图设计的。当滚切直齿圆柱齿轮时，就将差动传动链断开，并把合成机构通过结构调整成为一个如同"联轴器"的整体。

2. 滚刀的安装

像滚切直齿圆柱齿轮那样，为了使滚刀的螺旋线方向和被加工齿轮的轮齿方向一致，加工前，要调整滚刀的安装角。它不仅与滚刀的螺旋线方向及螺旋升角 ω 有关，而且还与被加工齿轮的螺旋线方向及螺旋角 β 有关。当滚刀与齿轮的螺旋线方向相同时，滚刀的安装角 $\delta = \beta - \omega$，图 5.10（a）表示用右旋滚刀加工右旋齿轮的情况。当滚刀与齿轮的螺旋线方向相反时，滚刀的安装角 $\delta = \beta + \omega$，图 5.10（b）表示用右旋滚刀加工左旋齿轮的情况。

3. 工件附加转动的方向

滚切斜齿圆柱齿轮时，为了形成螺旋线，工件附加转动 B_{22} 的方向也同时与滚刀

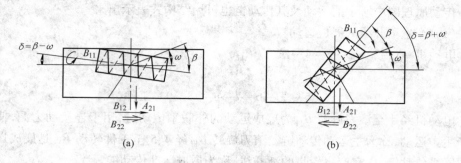

图 5.10　滚切斜齿圆柱齿轮时滚刀的安装角

（a）右旋滚刀加工右旋斜齿轮；（b）右旋滚刀加工左旋斜齿轮

的螺旋线方向和被加工齿轮的螺旋线方向有关。当用右旋滚刀加工右旋齿轮时（图5.10（a）），形成齿轮螺旋线的过程如图5.11（a）所示。图中 ac' 是斜齿圆柱齿轮轮齿齿线，滚刀在位置 Ⅰ 时，切削点正好是 a 点。

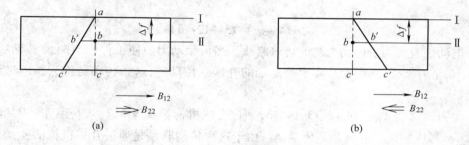

图 5.11　滚切斜齿时工件附加转动的方向

（a）右旋斜齿轮；（b）左旋斜齿轮

当滚刀下降 Δf 距离到达位置 Ⅱ 时，要切削的直齿圆柱齿轮轮齿的 b 点正对着滚刀的切削点。但对滚切右旋斜齿轮来说，需要切削的是 b' 点，而不是 b 点。因此在滚刀直线下降 Δf 的过程中，工件的转速应比滚切直齿轮时要快一些，也就是把要切削的 b' 点转到现在图中滚刀对着的 b 点位置上。当滚刀移动一个螺旋线导程时，工件应在展成运动 B_{12} 的基础上多转一周，即附加 +1 周（B_{22}）。同理，用右旋滚刀加工左旋斜齿圆柱齿轮时（图5.10（b）），形成轮齿齿线的过程如图5.11（b）所示。由于旋向相反，滚刀竖直移动一个螺旋线导程时，工件应少转一周，即附加 −1 周。

通过类似的分析可知，滚刀竖直移动工件螺旋线导程的过程中，当滚刀与齿轮螺旋线方向相同时，工件应多转一周；当滚刀与齿轮螺旋线方向相反时，工件应少转一周。工件作展成运动 B_{12} 和附加转动 B_{22} 的方向如图中箭头所示。

5.2.4　Y3150E 型滚齿机

Y3150E 型滚齿机主要用于滚切直齿和斜齿圆柱齿轮。此外，可采用手动径向进给法滚切蜗轮，也可加工花键轴和链轮。

图 5.12 是机床的外形图。机床由床身 1、立柱 2、刀架溜板 3、刀架 5、后立柱 8 和工作台 9 等组成。刀架溜板 3 带动滚刀刀架可沿立柱导轨作垂直进给运动和快速移动;安装滚刀的滚刀杆 4 装在刀架 5 的主轴上;刀架连同滚刀一起可沿刀具溜板的圆形导轨在 240°范围内调整安装角度。工件安装在工作台 9 的工件心轴 7 上或直接安装在工作台上,随同工作台一起作旋转运动。工作台和后立柱装在同一溜板上,并沿床身的水平导轨作水平调整移动,以调整工件的径向位置或作手动径向进给运动。后立柱上的支架 6 可通过轴套或顶尖支承工件心轴的上端,以提高工件心轴的刚度,使滚切工作平稳。

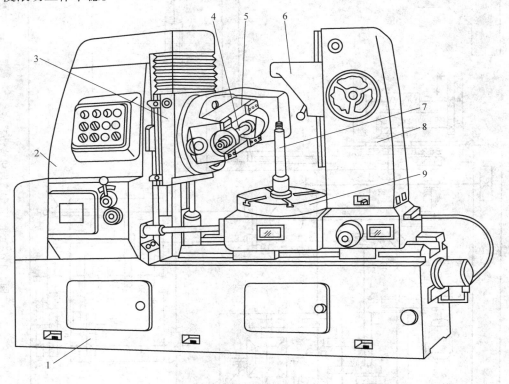

图 5.12 Y3150E 滚齿机外形图

1—床身;2—立柱;3—刀架溜板;4—刀杆;5—滚刀架;
6—支架;7—工件心轴;8—后立柱;9—工作台

1. 滚齿机的传动系统

滚齿机是一种运动比较复杂的机床,其传动系统分支多而杂。因此,要读懂其传动系统就必须掌握一定的方法。正确的方法为:根据机床运动分析,结合机床的传动原理图,在传动系统图上对应地找到每一个独立运动的传动路线以及有关参数的换置机构。Y3150E 型滚齿机的传动系统图如图 5.13 所示。

其传动路线表示式为:

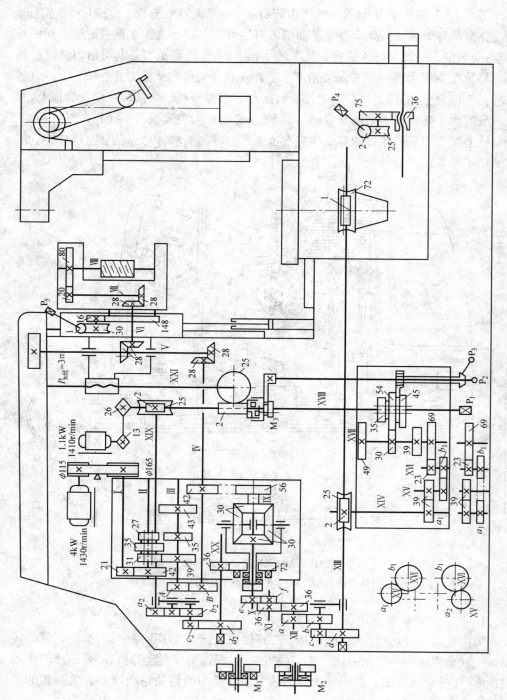

图 5.13 Y3150E 型滚齿机传动系统

电动机 — $\dfrac{\phi115}{\phi166}$ — I — $\dfrac{21}{42}$ — II — $\left[\begin{array}{c}\dfrac{31}{39}\\[4pt]\dfrac{35}{35}\\[4pt]\dfrac{27}{43}\end{array}\right]$ — III — $\dfrac{A}{B}$ — IV — $\dfrac{28}{28}$ — V — $\dfrac{28}{28}$ — VI — $\dfrac{28}{28}$ — VII — $\dfrac{20}{80}$ — VIII

$\dfrac{42}{56}$ — Σ — IX — $\dfrac{e}{f}$ — $\left[\begin{array}{l}\text{X} - \dfrac{36}{36} - \text{XI} - \dfrac{a}{b} - \text{XII} - \dfrac{c}{d} - \text{XIII}\\[6pt] - \text{XI} - \dfrac{a}{b} - \text{XII} - \dfrac{c}{d} - \text{XIII} -\end{array}\right]$

$\dfrac{1}{72}$ — 工件

$\dfrac{2}{25}$ — XIV — $\left[\begin{array}{l}\dfrac{39}{39} - \text{XV} - \dfrac{a_1}{b_1}\\[6pt] - \dfrac{a_1}{b_1} -\end{array}\right]$ — XVI — $\dfrac{23}{69}$ — XVII — $\left[\begin{array}{c}\dfrac{39}{45}\\[4pt]\dfrac{30}{54}\\[4pt]\dfrac{49}{35}\end{array}\right]$ — XVIII — $\dfrac{2}{25}$ — 刀架 XXII

$\dfrac{36}{72}$ — $\dfrac{c_2}{d_2}$ — XXI — $\left[\begin{array}{l}\dfrac{z}{b_2} - \text{XX} - \dfrac{a_2}{z}\\[6pt] - \dfrac{a_2}{b_2} -\end{array}\right]$ — XIX — $\dfrac{2}{25}$

快速电动机 — $\dfrac{13}{26}$

2. 滚切直齿圆柱齿轮的传动链及换置计算

1）展成运动传动链

从图 5.9 的传动原理图中可以看出，这条传动链是从滚刀旋转 B_{11} 连接到工件旋转 B_{12}，中间经过一系列传动比不变的传动件（点 4—5、点 6—7、点 8—9），还要经过合成机构 Σ 和传动比（u_x）可变换的换置机构，因此展成运动传动链的传动路线表示式如下：

滚刀旋转 B_{11}（Ⅷ）$\dfrac{80}{20}$ Ⅶ $\dfrac{28}{28}$ Ⅵ $\dfrac{28}{28}$ Ⅴ $\dfrac{28}{28}$ Ⅳ $\dfrac{42}{56}$ 合成机构 Σ —

IX $\dfrac{e}{f}$ XI $\dfrac{a}{b}$ XII $\dfrac{c}{d}$ X Ⅲ $\dfrac{1}{72}$ 工件主轴旋转 B_{12}

第一步,首末两端件为:滚刀—工件。

第二步,计算位移量:

$$\frac{1}{K}(\mathrm{r})(滚刀)—\frac{1}{z_工}(\mathrm{r})(工件)$$

其中,K 为滚刀头数;$z_工$ 为被加工工件齿数。

第三步,列平衡方程式:

$$\frac{1}{K}(\mathrm{r})(滚刀)\times\frac{80}{20}\times\frac{28}{28}\times\frac{28}{28}\times\frac{28}{28}\times\frac{42}{56}u_{合成1}\times\frac{e}{f}\times\frac{a}{b}\times\frac{c}{d}\times\frac{1}{72}=\frac{1}{z_工}(\mathrm{r})(工件)$$

式中,$u_{合成1}$ 表示"通过合成机构的传动比"。

Y3150E 型滚齿机在滚切直齿圆柱齿轮时,要在Ⅸ轴端使用短齿牙嵌式离合器 M_1。通过 M_1 上的键与轴Ⅸ连接,又通过端面齿与合成机构壳体上的端面齿相接合(参见图5.13),这时合成机构就如同一个联轴器一样。因此,式中的 $u_{合成1}=1$。

第四步,计算换置公式:

整理上述展成运动平衡方程式可以得出换置机构传动比 u_x 的计算公式为:

$$u_x=\frac{ac}{bd}=\frac{f}{e}\frac{24K}{z_工}$$

式中,e、f 挂轮根据被加工齿轮齿数选取:

当 $5\leqslant\dfrac{z_工}{K}\leqslant 20$ 时,取 $e=48$,$f=24$;

当 $21\leqslant\dfrac{z_工}{K}\leqslant 142$ 时,取 $e=36$,$f=36$;

当 $143\leqslant\dfrac{z_工}{K}$时,取 $e=24$,$f=48$。

从换置公式可以看出,当传动比 u_x 计算式的分子和分母相差倍数过大时,对选取挂轮齿数及安装挂轮都不太方便,这时会出现一个小齿轮带动一个很大的齿轮(若 $z_工$ 很大时,u_x 就很小),或是一个很大的齿轮带动一个小齿轮(若 $z_工$ 很小,u_x 就很大)的情况,以致使挂轮架的结构很庞大。因此,e/f 挂轮是用来调整挂轮传动比 u_x 数值的,保证挂轮传动比 u_x 的分子分母相差倍数不致过大,使挂轮架的结构紧凑,故 e/f 被称为"结构性挂轮"。

2)主运动传动链

主运动传动链是联系动力源(电动机)和执行件(滚刀主轴)之间的传动链,属于外联系传动链。

第一步,首末两端件为:电动机—滚刀。

第二步,计算位移:

$$n(\mathrm{r/min})(电动机)—n_刀(\mathrm{r/min})(刀)$$

第三步,列平衡方程式:

$$1\ 430 \times \frac{115}{165} \times \frac{21}{42} \times u_{变} \times \frac{A}{B} \times \frac{28}{28} \times \frac{28}{28} \times \frac{28}{28} \times \frac{20}{80} = n_刀(\text{r/min})$$

第四步,计算换置公式:

$$u_v = u_{变}\frac{A}{B} = \frac{n_刀}{124.583}$$

式中:$u_{变}$——主运动传动链中三联滑移齿轮变速组的三种传动比;

$\dfrac{A}{B}$——主运动变速挂轮齿数比,共有 $\dfrac{22}{44}$、$\dfrac{33}{33}$、$\dfrac{44}{22}$ 3 种。

当给定($n_刀$)时,就可算出 $u_{变}\dfrac{A}{B}$ 的传动比,并由此决定变速箱中变速齿轮的啮合位置和挂轮的齿数。滚刀共有如表 5.2 所列的 9 级转速。

表 5.2 滚刀主轴转速

A/B	22/44			33/33			44/22		
$u_{变}$	27/43	31/39	35/35	27/43	31/39	35/35	27/43	31/39	35/35
$n_刀/(\text{r}\cdot\text{min}^{-1})$	40	50	63	80	100	125	160	200	250

若工件齿数较少,则需适当降低滚刀转速,以降低工作台转速,防止分度蜗轮因转速太高而过早磨损。

3)轴向进给传动链

刀架沿工件轴向进给运动的传动链是外联系传动链。

第一步,首末两端件为:工作台—刀架。

第二步,计算位移量:1(r)(工作台)—f(mm)(刀架轴向移动)。

第三步,列平衡方程式:

$$1(\text{r})(\text{工作台}) \times \frac{72}{1} \times \frac{2}{25} \times \frac{39}{39} \times \frac{a_1}{b_1} \times \frac{23}{69} \times u_{进} \times \frac{2}{25} \times 3\pi = f(\text{mm})(\text{刀架轴向移动})$$

第四步,计算换置公式:

$$u_f = \frac{a_1}{b_1}u_{进} = \frac{f}{0.4608\pi}$$

式中:$u_{进}$——进给传动链中三联滑移齿轮变速组的 3 种传动比。

进给量 f 的数值是根据齿坯材料、齿面表面粗糙度要求、加工精度及铣削方式(顺铣或逆铣)等情况选择。

当轴向进给量 f 确定后,可根据机床上的标牌或说明书进行换置,见表 5.3。

表 5.3　轴向进给量及挂轮齿数

a_1/b_1	26/52			32/46			46/32			52/26		
$u_进$	$\frac{30}{54}$	$\frac{39}{45}$	$\frac{49}{35}$	$\frac{30}{54}$	$\frac{39}{45}$	$\frac{49}{35}$	$\frac{30}{54}$	$\frac{39}{45}$	$\frac{49}{35}$	$\frac{30}{54}$	$\frac{39}{45}$	$\frac{49}{35}$
$f(\text{mm/r})$	0.4	0.63	1	0.56	0.87	1.41	1.16	1.8	2.9	1.6	2.5	4

3. 滚切斜齿圆柱齿轮的传动链及换置计算

由前面的分析可知,直齿轮与斜齿轮的差别仅在于导线的形状不同,在滚切斜齿轮时,需使用差动传动链,以形成螺旋线齿线。除此之外,其他传动链与滚切直齿轮时相同。

1）展成运动传动链

滚切斜齿轮时,展成运动传动链的传动路线、首末两端件计算位移与滚切直齿轮时完全相同,只是最后得出的换置公式的符号相反。但这个差异并不是由于运动本质的差异带来的,而是由于滚切斜齿轮时需要运动合成,轴Ⅸ左端(见图 5.13)使用的是长齿牙嵌式离合器 M_2。M_2 的端面齿长度能够同时与合成机构壳体 H 的端面齿及空套在壳体上的齿轮 z_{72} 的端面齿相啮合,使它们连接在一起,并且,M_2 本身是空套在轴Ⅸ上的。因此,"通过合成机构的传动比"$u'_{合成1} = -1$,代入运动平衡式后得出的换置公式为:

$$u_x = \frac{a}{b}\frac{c}{d} = -\frac{f}{e}\frac{24K}{z_工}$$

由于使用合成机构后,合成机构"输出"轴的旋转方向改变,所以展成运动传动链的分齿挂轮使用惰轮的情况也不相同。

2）主运动传动链和轴向进给传动链

主运动传动链和轴向进给传动链与滚切直齿轮时完全相同。

3）差动传动链

差动传动链是联系刀架直线移动 A_{21} 和工件附加转动 B_{22} 之间的传动链。

第一步,首末两端件为:刀架—工件。

第二步,计算位移量:$L(\text{mm})$(刀架轴向移动)— ±1（r）（工件）。

第三步,列平衡方程式:

$$\frac{L}{3\pi} \times \frac{25}{2} \times \frac{2}{25} \times \frac{a_2 c_2}{b_2 d_2} \times \frac{36}{72} \times u_{合成2} \times \frac{e}{f}u_x \times \frac{1}{72} = \pm 1 \ (r)\ (\text{工件})$$

式中:L——被加工斜齿齿轮螺旋线导程,$L = \dfrac{\pi m_s z_工}{\text{tg}\,\beta} = \dfrac{\pi m_n z_工}{\sin\beta}(\text{mm})$;

$u_{合成2}$——运动合成机构在差动传动链中的传动比,$u_{合成2} = 2$。

第四步,计算换置公式:

$$u_y = \frac{a_2 c_2}{b_2 d_2} = \pm 9\frac{\sin\beta}{m_n K}$$

下面对 Y3150E 型滚齿机差动传动链的结构特点作出分析。

（1）Y3150E 型滚齿机是把从"合成机构—u_x—工件"这一段传动链设计成展成运动传动链和差动传动链的公用段，这种结构方案，可使差动挂轮传动比 u_y 换置公式与被加工齿轮齿数 $z_工$ 无关。当用同一把滚刀加工一对相啮合的斜齿轮时，由于其模数相同，螺旋角绝对值也相等，因而可用同一套差动挂轮。尤为重要的是，由于差动挂轮近似配算所产生的螺旋角误差对两个斜齿轮是相同的，因此仍可获得良好的啮合。

（2）刀架丝杠采用模数螺纹，导程为 3π。由于丝杠的导程值中包含 π，可消去运动平衡式中被加工齿轮轮齿螺旋线导程中的 π，使换置计算简便。

（3）加工不同螺旋方向的斜齿轮，是通过在差动挂轮机构中用不用惰轮，从而改变工件附加运动 B_{22} 的方向来实现的。

Y3150E 型滚齿机上，展成运动、轴向进给运动和差动运动三条传动链是共用一套交换齿轮，模数为 2 mm，孔径为 $\phi30H7$，齿数为 20（两个）、23、24、25、26、30、32、33、34、35、37、40、41、43、45、46、47、48、50、52、53、55、57、58、59、60（两个）、61、62、65、67、70、71、73、75、79、80、83、85、89、90、92、95、97、98、100 共 47 个。

4. 刀架快速移动

刀架快速移动主要用于调整机床，以及加工时刀具快速接近或快速退回。当加工工件需采用几次走刀时，在每次加工后，要将滚刀快速退回至起始位置。在滚切斜齿齿轮时，滚刀应按原螺旋线退出，以避免出现"乱扣"。实现上述工作要求不能简单地采取"高速返车"的方法，即仍以主电动机作为运动源，通过快速传动路线和换向机构把已改变转向的快速运动传至刀架，使刀架快速退回。这样，虽然保证了不会出现"乱扣"，但是会使影响机床加工精度最关键的传动副——蜗杆蜗轮高速转动，从而加剧磨损。Y3150E 型滚齿机是采用快速电机驱动，把改变转向的快速运动直接传入差动传动链而使刀架快速退出（见图 5.14）。由于斜齿轮的导程都很大（一般在 1 米以上），所以在刀架快退时，工件的附加转速却很低，不会增加蜗杆蜗轮副的磨损。

机床使用说明书中规定，刀架快速移动时，操纵手柄应扳在"快速移动"位置上，这个位置就是将轴 XⅧ（见图 5.13）的三联滑移齿轮置于空挡位置。从图 5.14 上看，就是切断了由点 11 至点 10 之间的传动，然后按快速电机按钮。为了确保操作安全，只有当手柄 1 扳在"快速移动"位置上时，快速电机才能启动，这是由机床上的电气互锁装置实现的。

Y3150E 型滚齿机的快速传动路线如下：

$$\text{快速电动机}—\frac{13}{26}—\frac{2}{25}—\text{刀架轴向进给丝杠 XIX}$$

刀架快速移动与主电动机是否转动均毫无关系，因为两者分别属于两个不同的独立运动。以滚切斜齿圆柱齿轮第一刀后的退回为例，如果主电动机仍在转动，这时

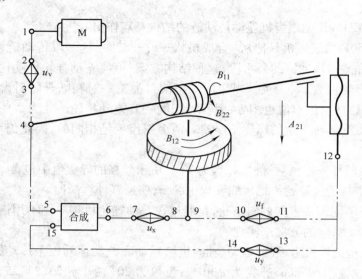

图 5.14 接通快速电机时的传动情况

刀架带着以 B_{11} 旋转速度的滚刀退回,而工件以($B_{12}+B_{22}$)的合成运动转动;如果主电动机停止,那么刀架快退时,刀架上的滚刀不转,但是工作台还会转动,不过这个转动是由差动传动链传来的 B_{22},主电动机停止的运动是展成运动。

5. 加工齿数大于 100 的质数直齿圆柱齿轮

Y3150E 型滚齿机分齿挂轮的换置公式为:

$$\frac{a}{b}\frac{c}{d}=\frac{24K}{z_{\text{工}}} \quad (21\leqslant z_{\text{工}}\leqslant 142)$$

$$\frac{a}{b}\frac{c}{d}=\frac{48K}{z_{\text{工}}} \quad (z_{\text{工}}\geqslant 143)$$

当被加工齿轮的齿数 $z_{\text{工}}$ 为质数时,由于质数不能分解因子,因此 b 和 d 两个分齿挂轮中必须有一个齿轮的齿数选用这个质数或它的整倍数,才能加工出这个质数齿轮。由于滚齿机一般都备有齿数为 100 以下的质数交换齿轮,所以对于齿数为 100 以下的质数被加工齿轮,都可以选到合适的挂轮。但对于齿数为 100 以上的质数齿轮,如齿数为 101、103、107、109、113 等,就选不到所需要的分齿挂轮了。

在滚切斜齿圆柱齿轮时,形成螺旋齿线所要求的工件附加转动 B_{22},是通过合成机构"附加"进去的。由此得知,当滚切齿轮齿数大于 100 的质数直齿圆柱齿轮时,由于没有适当的挂轮,仅由展成运动传动链不能保证滚刀和工件之间正确的相对运动关系,那么,可以改由两条传动链并通过合成机构,采用运动合成的方法,来完成对齿数大于 100 的质数齿轮的加工。

1)工作原理

前述加工直齿圆柱齿轮时,展成运动传动链首末两端件的计算位移为:滚刀转 1 转,工件转过 $\frac{K}{z_{\text{工}}}$ 转,由于 $z_{\text{工}}$ 是大于 100 的质数,在机床配备的挂轮中没有合适的可选,因此,先选择一个与$z_工$接近的数值z_0来调整展成运动传动链,z_0应为能利用机床配有的挂轮,并使分齿挂轮$\frac{a}{b}\frac{c}{d}=\frac{24K}{z_0}$或$\frac{a}{b}\frac{c}{d}=\frac{48K}{z_工}$作精确配换的数值。这样展成运动传动链首末两端件的运动关系改变为:滚刀转 1 转,工件转$\frac{K}{z_0}$转。因此,在展成运动传动链中,滚刀转 1 转,工件的运动误差为$\Delta=(\frac{K}{z_工}-\frac{K}{z_0})$转。为了让工件补偿这一误差,可通过差动运动传动链来补偿,在滚刀转 1 转时,即工件转$\frac{K}{z_工}$转,通过合成机构使工件附加转$(\frac{K}{z_工}-\frac{K}{z_0})$转,从而加工出齿数为$z_工$的直齿圆柱齿轮。

2)传动链的调整计算

主运动传动链和轴向进给运动传动链与前述相同。

在展成运动传动链中,首末两端件的计算位移改变为:滚刀主轴转 1 转,工作台转$\frac{K}{z_0}$转。其运动平衡式为:

$$1(\text{r})(\text{滚刀})\times\frac{80}{20}\times\frac{28}{28}\times\frac{28}{28}\times\frac{28}{28}\times\frac{42}{56}u'_{合成1}\frac{e}{f}\frac{a}{b}\frac{c}{d}\frac{1}{72}=\frac{K}{z_0}\ (\text{r})(\text{工件})$$

式中,$u'_{合成1}$为合成机构的传动比,这里$u'_{合成1}=-1$。

整理后,分齿挂轮换置公式为:

$$u_x=\frac{a}{b}\frac{c}{d}=-\frac{f}{e}\frac{24K}{z_0}$$

$z_工\leqslant142$ 时,取$e=36$,$f=36$,$u_x=\frac{a}{b}\frac{c}{d}=-\frac{24K}{z_0}$

$z_工\geqslant143$ 时,取$e=24$,$f=48$,$u_x=\frac{a}{b}\frac{c}{d}=-\frac{48K}{z_0}$

在差动运动传动链中,首末两端件的计算位移是:工件转$\frac{K}{z_工}$转,工件附加$(\frac{K}{z_工}-\frac{K}{z_0})$转。其运动平衡式为:

$$\frac{K}{z_工}\times\frac{72}{1}\times\frac{2}{25}u_f\times\frac{23}{69}\times\frac{2}{25}u_y\times\frac{36}{72}u_{合成2}\frac{e}{f}u_x\frac{1}{72}=\frac{K}{z_工}-\frac{K}{z_0}$$

式中,$u_{合成2}$是合成机构的传动比,这里$u_{合成2}=2$。

$$u_x=\frac{a}{b}\frac{c}{d}=-\frac{f}{e}\frac{24K}{z_0}\qquad u_x=\frac{a_1}{b_1}u_进=\frac{f}{0.460\ 8\pi}$$

整理后,差动挂轮的换置公式为:

$$u_y=\frac{a_2}{b_2}\frac{c_2}{d_2}=\frac{9\pi(z_0-z_工)}{fK}$$

式中，f 是刀架轴向进给量，代入上式计算时应取由 $f = 0.460\ 8\pi \times \dfrac{a_1}{b_1} \times u_{进}$ 计算出的实际值。

机床传动链调整完毕后，应试车检查各运动方向是否正确。工件附加运动方向的确定与选定的 z_0 的大小有关，当 $z_0 > z_工$ 时，因为 $\dfrac{K}{z_0} < \dfrac{K}{z_工}$，所以附加运动使工件加快旋转，即附加运动的方向与展成运动的方向相同；反之，当 $z_0 < z_工$ 时，附加运动的旋转方向与展成运动相反。确定附加运动的方向，取决于差动挂轮采用惰轮与否。何种运动方向用惰轮，与机床的具体传动路线的传动件数有关，与采用顺铣或逆铣有关，调整时可参考机床使用说明书。

由上式可知，如果刀架轴向进给量 f 改变，将会改变差动传动链的传动比，因此，不能随意改变刀架轴向进给量。如果需要改变刀架的轴向进给量，则应重新计算并调整差动传动链挂轮。

例 5.1 已知加工齿轮的齿数 $z_工 = 103$，滚刀头数 $K = 1$，轴向进给量 $f = 1.41\ \text{mm/r}$。试确定展成运动和差动运动挂轮的齿数。

解：1）计算展成运动挂轮

选定 $z_0 = 103 - \dfrac{1}{17}$，并取挂轮 $e = 36$，$f = 36$，将其代入展成运动传动链换置公式得：

$$u_x = \frac{a}{b}\frac{c}{d} = -\frac{24 \times 1}{103 - \dfrac{1}{17}} = -\frac{24 \times 17}{1\ 751 - 1} = -\frac{24 \times 17}{1\ 750}$$

选取挂轮齿数为：

$$\frac{a}{b}\frac{c}{d} = \frac{24 \times 34}{70 \times 50}\left(= \frac{24 \times 17}{1\ 750} \right)$$

2）计算差动挂轮

题中给定的轴向进给量 $f = 1.41\ \text{mm/r}$ 是标称值，由表 5.3 得 $u_f = \dfrac{a_1}{b_1}u_{进} = \dfrac{32}{46} \times \dfrac{49}{35}$，据此可计算出机床轴向进给量 $f(\text{mm/r})$ 的实际值：

$$f = 0.406\ 8\pi u_f = 0.406\ 8\pi u_f \times \frac{32}{46} \times \frac{49}{35}$$

现将 f、$z_工$、z_0 和 K 的数值代入差动传动链换置公式，得：

$$u_y = \frac{a_2}{b_2}\frac{c_2}{d_2} = \frac{9\pi(z_0 - z_工)}{fK}$$

$$= 9\pi\left(103 - \frac{1}{17} - 103\right)\Big/\left(0.460\ 8\pi \times \frac{32}{64} \times \frac{49}{35}\right)$$

$$= 1.179\ 671\ 087$$

选取挂轮的齿数为：

$$\frac{a_2}{b_2}\frac{c_2}{d_2} = \frac{52}{58} \times \frac{75}{57}(=1.179\,673\,321)$$

误差为 $+2.234 \times 10^{-6}$，其值很小，可以使用。

由于本例 $z_0 < z_工$，附加运动方向应与范成运动方向相反。

6. Y3150E 型滚齿机的主要结构

1）运动合成机构

Y3150E 型滚齿机的运动合成机构有两种结构型式，一种是早期的产品，由圆柱齿轮组成的轮系；另一种为近期产品，由弧齿圆锥齿轮组成的轮系。本书所示为后者，由模数 $m = 3$ mm、齿数 $z = 30$、螺旋角 $\beta = 0°$ 的 4 个弧齿锥齿轮组成。现说明其工作原理及传动比的计算。

当使用差动传动链时，在轴Ⅸ上先装上套筒 G（用键与轴连接），再将离合器 M_2 空套在套筒 G 上。离合器 M_2 的端面齿与空套齿轮的端面齿以及转臂 H 左部套筒上的端面齿同时啮合，将它们连接在一起，因而来自刀架的运动可通过齿轮 z_{72} 传递给转臂 H（图 5.15（a））。

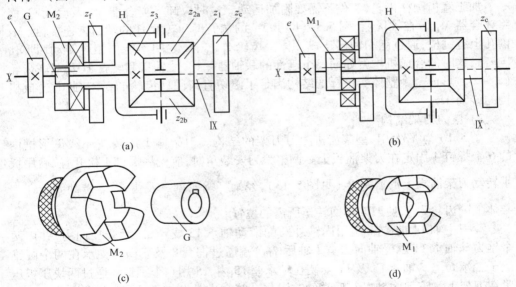

图 5.15 Y3150E 滚齿机运动合成机构工作原理

（a）加工斜齿圆柱齿轮的传动原理图；（b）加工直齿圆柱齿轮的传动原理图；（c）厚齿爪离合器；（d）薄齿爪离合器
H—转臂；G—套筒；M_1、M_2—离合器；e—交换齿轮

假设中心轮 z_1 的转速为 n_1，中心轮 z_3 的转速为 n_3，转臂 H 的转速为 n_H，根据行星轮系的传动原理，列出运动合成机构传动比的计算式：

$$\frac{n_3 - n_H}{n_1 - n_H} = (-1)\frac{z_1}{z_2}\frac{z_2}{z_3}$$

式中的（-1），由锥齿轮传动的旋转方向确定。将锥齿轮齿数 $z_1 = z_2 = z_3 = 30$ 代

入上式,则得:

$$\frac{n_3 - n_H}{n_1 - n_H} = -1$$

由上式可得合成机构中从动件的转速 n_3 与两个主动件的转速 n_1 和 n_H 的关系式:

$$n_3 = 2n_H - n_1$$

在展成运动传动链中,来自滚刀的运动由齿轮 z_{56} 输入,经合成机构从齿轮 e 输出。设 $n_H = 0$,得:

$$u'_{合成1} = \frac{n_1}{n_3} = -1$$

在差动运动传动链中,来自刀架的运动由齿轮 z_{72} 传给转臂 H,经合成机构从齿轮 e 输出。设 $n_1 = 0$,得:

$$u_{合成2} = \frac{n_3}{n_H} = 2$$

综上所述,当范成运动和差动运动同时由合成机构的两个输入端输入,则通过合成机构分别按传动比 $u'_{合成1} = -1$ 和 $u_{合成2} = 2$ 经输出端齿轮 e 输出。

加工直齿圆柱齿轮,工件不需要附加运动。这时应卸下离合器 M_2 及套筒 G,而将离合器 M_1 装在轴IX上(图5.15(b)),M_1 的端面齿和转臂 H 的端面齿连接,且 M_1 内孔上有键槽,通过键和轴IX连成一体。齿轮 z_1、z_2、z_3 之间不能作相对转动(即 $n_H = n_3$),这时的合成机构就如同一个刚性的联轴器一样,使轴IX和转臂 H 及双联齿轮 ($z_1 - z_{56}$) 形成一个整体。这样的结构满足了滚切直齿圆柱齿轮的要求,此时合成机构的传动比 $u_{合1} = 1$。

2)滚刀刀架结构

图5.16为Y3150E型滚齿机滚刀刀架的结构。刀架体1用装在环状T形槽内的6个螺钉4固定在刀架溜板上。调整滚刀安装角时,应先将螺钉4松开,然后用扳手转动刀架溜板上的方头 P_5(见图5.13),经蜗杆蜗轮副 $\frac{1}{30}$ 及齿轮 z_{16} 带动固定在刀架体上的齿轮 z_{148},使刀架体回转至所需的位置。

滚刀主轴14前(左)端用内锥外圆的滑动轴承13支承,以承受径向力,并用两个推力球轴承11承受轴向力。主轴后(右)端通过铜套8及套筒9支承在两个圆锥滚子轴承6上。轴承13及11安装在轴承座15内,15用6个螺钉2通过两块压板压紧在刀架上。滚刀主轴以其后端的花键与套筒9内的花键孔连接,由齿轮5带动旋转。这种主轴在传动过程中只受扭矩作用而不受弯矩作用的结构称之为主轴卸荷。

滚刀刀杆17用锥柄安装在主轴前端的锥孔内,并用拉杆7将其拉紧。刀杆左端装在支架16上的内锥套支承孔内,支架16可在刀架体上沿主轴轴线方向调整位置,并用压板固定在所需的位置上。

安装滚刀时,为使滚刀的刀齿(或齿槽)对称于工件的轴线,以保证加工出的齿廓两侧齿面对称;另外,为了使滚刀沿全长均匀地磨损,以提高滚刀使用寿命,需调整滚刀轴向位置,即串刀。调整时,先放松压板螺钉2,然后用手柄转动方头轴3,通过方头轴3上的齿轮,经轴承座15上的齿条,带动轴承座连同滚刀主轴一起轴向移动。

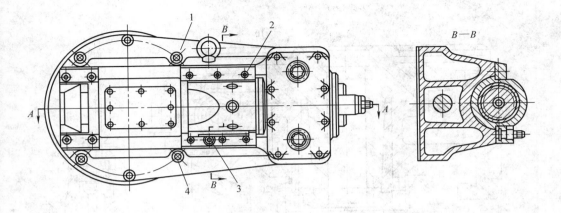

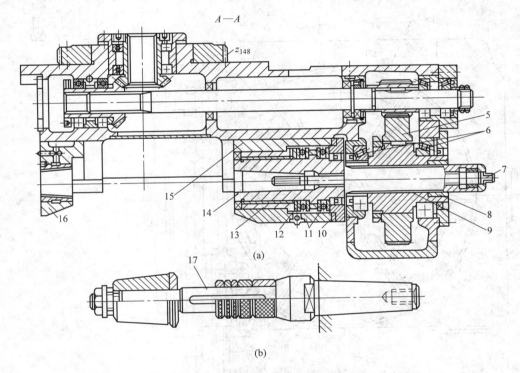

图 5.16 Y3150E 型滚齿机滚刀刀架的结构

（a）刀架结构；（b）刀杆结构

1—刀架体；2、4—螺钉；3—方头轴；5—齿轮；6—圆锥滚子轴承；7—拉杆；8—铜套；
9—花键套筒；10、12—垫片；11—推力球轴承；13—滑动轴承；14—主轴；15—轴承座；16—支架；17—刀杆

调整妥当后，应拧紧压板螺钉。Y3150E 型滚齿机滚刀最大串刀量为 55 mm。

当滚刀主轴前端的滑动轴承 13 磨损，引起主轴径向跳动超过允许值时，可拆下垫片 10 及 12，磨去相同的厚度，调配至符合要求时为止。若仅调整主轴的轴向窜动，则可将垫片 10 适当磨薄。

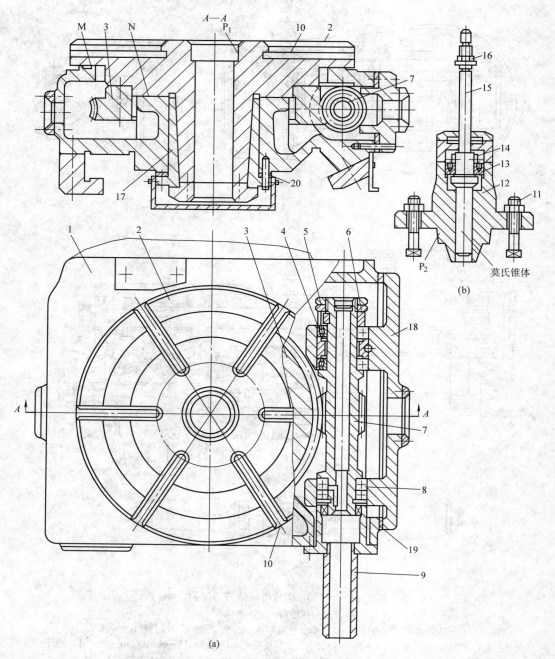

图 5.17　Y3150E 型滚齿机的工作台结构

（a）工作台；（b）工件夹紧装置

1—溜板；2—工作台；3—分度蜗轮；4—圆锥滚子轴承；5—双螺母；6—隔套；7—蜗杆；8—角接触球轴承；9—套筒；10—T 形槽；11—T 形螺钉；12—底座；13、16—压紧螺母；14—锁紧套；15—工件心轴；17—锥体滑动轴承；18—支架；19、20—垫片；M、N—环形平面导轨；P_1—工作台中心孔上的面；P_2—底座上的圆柱表面

3）工作台结构

图 5.17 为工作台结构图。工作台采用双圆环导轨支承和长锥形滑动轴承定心的结构型式，它的轴向载荷由工作台底座 1 上的圆环导轨 M 和 N 承受，径向载荷由长锥形滑动轴承 17 承受。机床长期使用后，滑动轴承 17 磨损，间隙增大，影响加工精度，对此必须调整。调整的方法为：先拆下垫片 20（该垫片为两个半圆），然后根据轴承间隙的大小，将垫片 20 磨到一定的厚度再装上。这样可使轴承 17 略向上移，利用其内孔与工作台下部的圆锥面配合，使间隙得到调整。

由蜗杆 7 带动分度蜗轮 3，从而带动工作台 2 旋转。蜗轮和工作台之间由圆锥销定位，用螺钉紧固。蜗杆 7 由两个 P5 级精度的圆锥滚子轴承 32210/P5 和两个 P5 级精度的单列深沟球轴承 6210/P5 支承在支架 18 上，支架用螺钉装在工作台底座的侧面，配磨垫片 19 保证蜗杆与蜗轮间合适的啮合间隙。蜗轮副采用压力喷油润滑。工件心轴底座 12 的内孔为莫氏锥度，与工件心轴的锥柄配合。

Y3150E 型滚齿机的工作台装有快速移动液压缸。当成批加工同一规格的齿轮时，为了缩短机床调整时间，可使用液压缸快速移动工作台。加工第一个齿轮时，精确调整滚刀和工件的中心距离，加工好第一个齿轮后，转动"工作台快速移动"旋钮至"退后"位置，则工作台在快速液压缸的活塞带动下快速退出。当装好第二个齿坯后，将"工作台快速移动"旋钮转到"向前"位置，工作台又快速返回原来位置，这时就可进行第二个齿轮的加工。在调整工作台时，应先使工作台快速移动后，再用手动调整滚刀和工作台之间的中心距，否则可能发生操作事故。

5.3　插齿机

常见的圆柱齿轮加工机床除滚齿机外，还有插齿机。插齿机主要用于加工直齿圆柱齿轮，尤其适合于加工在滚齿机上不能滚切的内齿轮和多联齿轮。

5.3.1　插齿机的工作原理

插齿刀实质上是一个端面磨有前角、齿顶及齿侧均磨有后角的齿轮（见图 5.18（a））。插齿时，插齿刀沿工件轴向做直线往复运动以完成切削主运动，在刀具与工件轮坯做无间隙啮合运动过程中，在轮坯上渐渐切出轮廓。加工过程中，刀具每往复一次，仅切出工件齿槽的一小部分，齿廓曲线是在插齿刀刀刃多次相继切削中，由刀刃各瞬时位置的包络线所形成的（见图 5.18（b））。

5.3.2　插齿机的运动

在加工直齿圆柱齿轮时，插齿机应具有以下运动。

1. 主运动

插齿机的主运动是插齿刀沿其轴线（也是工件的轴线）所做的直线往复运动。

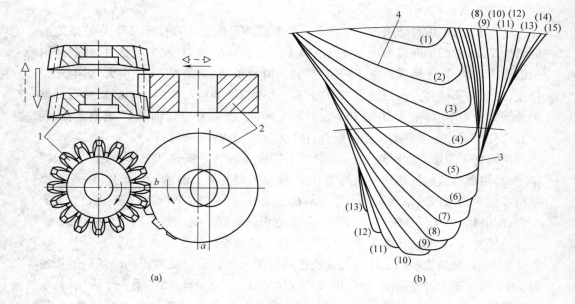

图 5.18　插齿加工原理

(a)插齿原理;(b)齿廓曲线

1—插齿刀;2—工件;3—工件齿形;4—插齿刀齿形

a—径向送进运动开始位置;b—径向送进运动终了位置

在一般立式插齿机上,刀具垂直向下运动时称之为工作行程,向上运动时称之为空行程。

若切削速度 v(m/min)及行程长度 L(mm)已确定,可按照下列公式计算出插齿刀每分钟往复行程数 $n_刀$,即

$$n_刀 = \frac{1\ 000v}{2L}$$

2. 展成运动

加工过程中,插齿刀与工件轮坯应保持一对圆柱齿轮的啮合运动关系,即在插齿刀转过一个齿时,工件也转过一个齿;或者说,插齿刀转过 $1/z_刀$ 转($z_刀$ 为插齿刀齿数)时,工件转过 $1/z_工$ 转($z_工$ 为工件齿数),这两个运动组成一个复合展成运动。

3. 圆周进给运动

插齿刀转动的快慢决定了工件轮坯转动的快慢,同时也决定了插齿刀每一次切削的切削复合,所以称插齿刀的转动为圆周进给运动。圆周进给运动的大小,用插齿每次往复行程中刀具在分度圆圆周上所转过的弧长表示,圆周进给量的单位为mm/往复行程。降低圆周进给量会增加形成齿廓的刀刃切削次数,从而提高齿廓曲线精度。

4. 让刀运动

插齿刀向上进行空行程运动时,为了避免擦伤工件齿面和减少刀具磨损,刀具和工件之间应让开一定的距离,这个距离一般为 0.5 mm 左右。在向下进行工作行程之前应迅速复位,以便进行下一次切削。这种让开和恢复原位的运动称之为让刀运动。

插齿机的让刀运动一般有两种方式:一种由安装工件的工作台移动来实现;另外一种由刀具主轴摆动来实现。由于工件和工作台的惯性比刀具主轴大,让刀移动产生的振动也大,不利于提高切削速度,所以大尺寸及新型号的中小尺寸插齿机普遍采用刀具主轴摆动来实现让刀运动。

5. 径向切入运动

开始插齿时,如果插齿刀立即径向切入工件至全齿深,将会因切削负荷过大而损坏刀具和工件。为了避免这种情况的发生工件应逐渐向插齿刀(或者插齿刀向工件)做径向切入运动。开始工作时,工件外圆上的 a 点与插齿刀外圆相切,在插齿刀和工件做展成运动的同时,工件相对于插齿刀做径向切入运动。当刀具切入工件至全齿深后(即到达 b 点),径向切入运动停止,然后工件再旋转一整转,便能加工出全部完整的齿廓。

根据工件材料、模数、精度等条件的不同,也可以采用两次和三次径向切入法,即刀具切入到工件全齿深分两到三次完成。每次径向运动结束后都需要将工件转过一整圈。径向进给量的大小用插齿刀每次往复行程中工件或刀具径向切入的距离表示,其单位为 mm/往复行程。

5.3.3　插齿机的传动原理

插齿机的传动原理图如图 5.19 所示。

(1) 图中的主运动传动链为:

电动机 M—1—2—u_v—3—4—5—曲柄偏心盘 A—插齿刀主轴

其中,u_v 为调整插齿刀每分钟往复行程数的换置机构。

(2) 图中的圆周进给运动传动链为:

曲柄偏心盘 A—5—4—6—u_s—7—8—9—蜗轮蜗杆副 B—插齿刀主轴

其中,u_s 为调整插齿刀圆周进给量大小的换置机构。

(3)图中的展成运动传动链为:

插齿刀主轴—蜗轮蜗杆副 B—9—8—10—u_c—11—12—蜗轮蜗杆副 C—工作台(工件转动)

其中,u_c 为调整插齿刀与工件轮坯之间传动比的换置机构,以适应插齿刀和工件齿数的变化。

让刀运动和径向切入运动不直接参与工件表面的成形过程,因此没有在图中

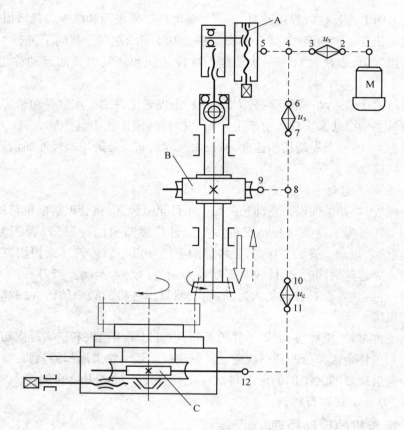

图 5.19　插齿机的传动原理图

M—电动机；A—曲柄偏心盘；

B、C—蜗轮蜗杆副；u_v、u_s、u_c—换置机构

表示。

5.3.4　Y5132 型插齿机

Y5132 型插齿机外形如图 5.20 所示。它由床身 1、立柱 2、刀架 3、插齿刀主轴
4、工作台 5 和工作台溜板 7 等部件组成。

Y5132 型插齿机加工外齿轮最大分度圆直径为 320 mm、最大加工齿轮宽度为
80 mm，加工内齿轮最大直径为 500 mm、最大宽度为 50 mm。

1. 机床的传动系统

Y5132 型插齿机传动图如图 5.21 所示。

其传动路线表达式为：

$$
双速电动机 —\frac{\phi100}{\phi278}— I —
\begin{bmatrix}
\begin{bmatrix}
\dfrac{38}{52} \\[2mm]
\dfrac{45}{45}
\end{bmatrix} —\dfrac{39}{51}—\dfrac{33}{57} \\[4mm]
—M_1—\dfrac{33}{57}— \\[4mm]
\begin{bmatrix}
\dfrac{38}{52} \\[2mm]
\dfrac{45}{45}
\end{bmatrix}—M_2 \\[4mm]
M_1—\dfrac{51}{39}—M_2
\end{bmatrix}
—II—\frac{57}{57}—III—\frac{15}{15}—IV—\frac{3}{23}—V—\frac{e}{f}—VI
$$

II —— 曲杆偏心盘—刀具主轴

$$
\begin{bmatrix}
M_3—\dfrac{58}{52} \\[2mm]
M_4—\dfrac{52}{58}
\end{bmatrix}—VII—
\begin{bmatrix}
\dfrac{52}{38}—\dfrac{38}{52}—M_5 \\[2mm]
—\dfrac{58}{58}—M_6
\end{bmatrix}—VIII—\frac{23}{30}—XV—\frac{1}{80}—刀具主轴旋转
$$

$$
—\frac{a}{b}\times\frac{c}{d}—IX—\frac{27}{27}—锥齿轮变速机构—X—\frac{23}{23}—IX—\frac{1}{120}—工作台旋转
$$

$$
快速电动机—\frac{23}{69}
$$

根据传动系统图及传动路线表达式进行分析即可得到插齿机的主运动传动链、展成运动传动链和圆周进给运动传动链的调整计算公式,在此不再一一进行计算。分析方法和滚齿机传动链分析方法相似。

2. 机床的结构

1）刀具主轴和让刀机构

Y5132 型插齿机刀具主轴和让刀机构如图 5.22 所示。根据机床运动分析,插齿刀的主运动为直线往复运动,而圆周进给运动为旋转运动。因此,机床的刀具主轴结构必须满足既能旋转又能上下往复运动的要求。

属于主运动传动链的轴 II,其端部是曲柄机构 I。当轴 II 进行旋转时,连杆 2 通过头部为球体的拉杆 13 与连杆 3 相连,使插齿刀杆 9 在导向套 8 内上下往复运动。往复行程的大小可通过改变曲柄连杆机构的偏心距来调整,行程的起始位置可

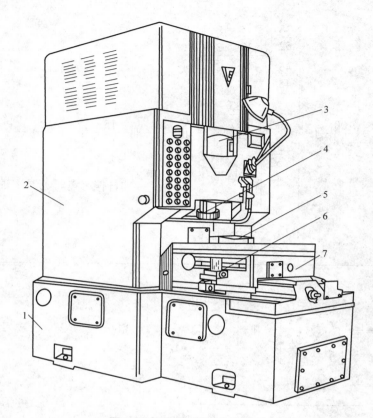

图 5.20　Y5132 型插齿机外形
1—床身;2—立柱;3—刀架;4—插齿刀主轴;5—工作台;
6—挡块支架;7—工作台溜板

以通过转动球头拉杆 13 改变其在连杆 2 中的轴向长度来调整。

插齿刀杆 9 的旋转运动由蜗杆 11 传入,带动蜗轮 6 转动而得到。在蜗轮体 5 的内孔上,用螺钉对称地固定安装两个长滑键 12。插齿刀杆 9 装在与球头拉杆 13 相连的接杆 3 上,并在插齿刀杆 9 上端装有带键槽的套筒 4。当插齿刀杆 9 上下往复运动时还可以由蜗轮 6 经滑键 12 与套筒 4 带动插齿刀杆 9 同时做旋转运动。

Y5132 型插齿机的让刀运动是由刀具摆动来实现的。让刀机构主要由让刀凸轮 A、滚子 B、让刀楔子 10 等组成。当插齿刀向上移动时,与轴 XIV 同时转动的让刀凸轮 A 以它的工作曲线推动让刀滚子 B,使让刀楔子 10 移动,从而使刀架体 7 连同插齿刀杆 9 绕刀架体的回转曲线 X—X 摆动,实现让刀运动。让刀凸轮 A 有两个,$A_{外}$用于插削外齿轮,$A_{内}$用于插削内齿轮。由于插削内外齿轮时的让刀方向相反,所以两个凸轮的工作曲线相差 180°。

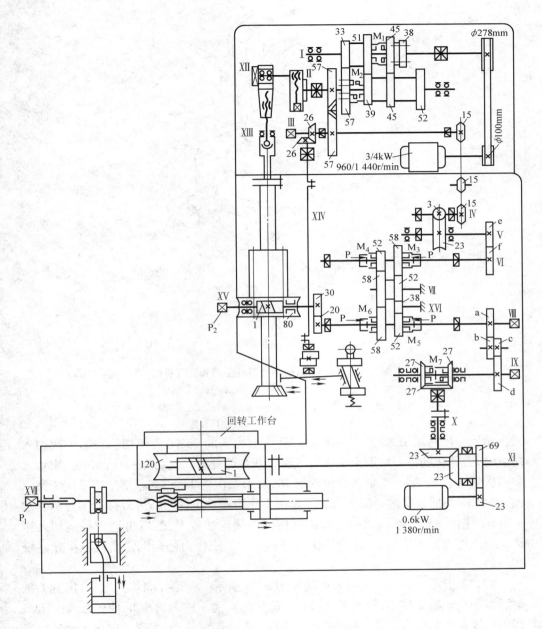

图 5.21 Y5132 型插齿机传动系统

P_2、P_1—手柄

2)径向切入机构

插齿时插齿刀要相对于工件做径向切入运动,直至全齿深时刀具与工件再继续对滚至工件转一圈,全部轮齿即切削完毕,这种方法称为一次切入。此外还有两次和

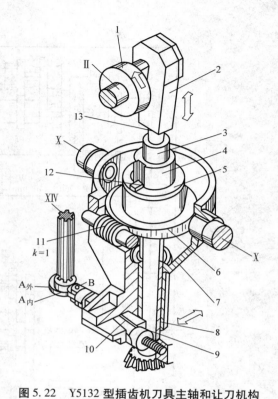

图 5.22 Y5132 型插齿机刀具主轴和让刀机构

1—曲柄机构;2—连杆;3—接杆;4—套筒;5—蜗轮体;6—蜗轮;7—刀架体;
8—导向套;9—插齿刀杆;10—让刀楔子;11—蜗杆;12—滑键;13—拉杆
A—让刀凸轮;B—滚子;k—蜗杆线数

三次切入。用两次切入时,第一次切入量为全齿深的 90%,为粗切。在第一次切入结束时,工件和插齿刀对滚至工件转一圈。其余部分第二次切完,为精切。三次切入和两次切入相似,第一次切入全齿深的 70%,第二次为 27%,其余部分第三次切完。

Y5132 型插齿机的径向切入运动是由工作台带动工件向插齿刀移动实现的。加工时,工作台首先快速移动一大段距离使工件接近插齿刀,然后再进行径向切入运动。当工件加工完毕后,工作台又快速退回原位。工作台的运动是由液压操作系统实现的。

Y5132 型插齿机的径向切入运动如图 5.23 所示。开始径向切入时,液压缸 1 推动活塞和凸轮板 2 移动,使滚子 3 沿着凸轮板的直槽 a 进入斜槽 b,使丝杠 4、螺母 5 和活塞杆 8 一起向右移动,从而推动缸体和工作台向前移动,实现径向切入运动。当滚子 3 进入直槽 c 时,切至全齿深位置,径向切入停止。当插齿刀和工件对滚至工件转一圈后,工作台退出。径向切入液压缸 1 的液压操作系统可提供快慢两种速度。两种速度的转换由调整挡块控制。快速用于移进和退出,慢速用于切入时的工作行程。

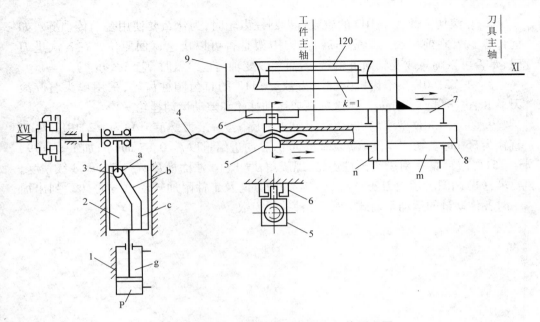

图 5.23 Y5132 型插齿机径向切入机构原理图

1、7—液压缸；2—凸轮板；3—滚子；4—丝杠；5—螺母；6—止转板；8—活塞杆；9—工作台
m—液压缸右腔；n—液压缸左腔；g—液压缸前腔；P—液压缸后腔；
a、c—凸轮板的直槽；b—凸轮板的斜槽；k—蜗杆线数

习题与思考题

1. 试分析比较展成法和成形法加工圆柱齿轮时各自的特点。

2. 滚齿机上加工斜齿圆柱齿轮时，工件的展成运动 B_{11} 和差动运动 B_{22} 的方向如何确定？以 Y3150E 型滚齿机为例，说明在操作使用中如何检查这两种运动的方向是否正确？

3. 试以 Y3150E 型滚齿机为例，说明在滚切直齿圆柱齿轮和斜齿圆柱齿轮时，各需要调整哪几条传动链？其中哪些是内联系传动链？哪些是外联系传动链？写出各条传动链的运动平衡式及换置计算公式。

4. Y3150E 型滚齿机的刀架丝杠为什么采用模数螺纹？

5. 在下列改变某一条件的情况下（其他条件不改变），滚齿机上哪些传动链的换向机构应变向：（1）由滚切右旋斜齿轮改变为滚切左旋斜齿轮；（2）由逆铣滚齿改变为顺铣滚齿；（3）由使用右旋滚刀改变为左旋滚刀。

6. 安装滚刀时，窜刀的目的是什么？

7. 在滚切齿数大于 100 的质数直齿圆柱齿轮时,为什么要使用差动传动链? 如何计算 u_y? 在前一次滚切完毕后,滚刀刀架是否可以快速返回原位? 在各次进刀时,是否可以随意改变轴向进给量,若需要改变轴向进给量时,应怎么办?

8. 在 Y3150E 型滚齿机上加工齿数 $z = 113$ 的直齿圆柱齿轮,采用单头右旋滚刀,轴向进给量 $f = 1$ mm/r,试选配展成运动挂轮和差动运动挂轮。

9. 在 Y3150E 型滚齿机上,采用单头右旋滚刀,滚刀螺旋升角 $\omega = 2°19'$。滚刀直径为 55 mm。切削速度取 $v = 22$ m/min,轴向进给量取 $f = 0.87$ mm/r,加工 $z_1 = 39$、$z_2 = 51$(左旋)的一对斜齿圆柱齿轮,螺旋角 $\beta = 15°$。法面模数 $m_n = 2$ mm,8 级精度。要求:(1)画图表示滚刀安装角 δ、刀架扳动方向及工件附加转动的方向;(2)列出加工时各传动链的运动平衡式,确定各种挂轮齿数。

6

钻床

6.1 钻床

钻床和镗床都是常用的孔加工机床,主要用于加工外形复杂、没有对称回转轴线的工件,如杠杆、盖板、箱体和机架等零件上的各种孔。

钻床一般用于加工直径不大、精度要求较低的孔。其主要加工方法是用钻头在实心材料上钻孔,加工时,工件固定不动,刀具旋转作主运动,同时沿轴向移动作进给运动。因此钻床可完成钻孔、扩孔、铰孔、攻螺纹、锪埋头孔和锪端面等工作。钻床的加工方法及运动如图6.1所示。

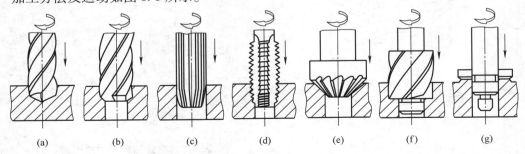

图6.1 钻床的加工方法

(a)钻孔;(b)扩孔;(c)铰孔;(d)攻螺纹;(e)、(f)锪埋头孔;(g)锪端面

钻床的主参数是最大钻孔直径。

钻床的主要类型有立式钻床、台式钻床、摇臂钻床和专门化钻床(如深孔钻床和中心孔钻床)等。

6.1.1　立式钻床

　　方柱立式钻床的外形如图 6.2 所示。主轴箱 3 中装有主运动和进给运动的变速传动机构和主轴部件等。加工时,主运动是由主轴 2 带着刀具作旋转运动实现的,而主轴箱 3 固定不动;进给运动是由主轴 2 随同主轴套筒在主轴箱 3 中作直线移动来实现。主轴箱 3 右侧的手柄用于使主轴 2 升降。工件放在工作台 1 上。工作台 1 和主轴箱 3 都可沿立柱 4 调整其上下位置,以适应加工不同高度的工件。立式钻床还有其他一些型式,例如有的立式钻床把主轴箱分为两箱(变速箱和进给箱),有的立式钻床立柱截面是圆的。

　　立式钻床的传动原理如图 6.3 所示。主运动一般采用单速电动机经齿轮分级变速传动机构传动,也有采用机械无级变速传动的;主轴旋转方向的变换靠电动机的正反转来实现。钻床的进给量用主轴每转 1 r 时,主轴的轴向移动量来表示。另外,攻螺纹时进给运动和主运动之间也需要保持一定的运动关系,因此,进给运动由主轴传出,与主运动共用一个动力源。进给运动传动链中的换置机构 u_f 通常为滑移齿轮机构。

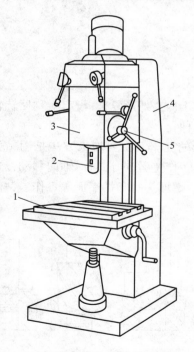

图 6.2　立式钻床

1—工作台;2—主轴;3—主轴箱;
4—立柱;5—进给操纵机构

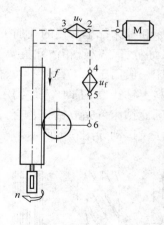

图 6.3　立式钻床传动原理图

M—电动机;f—主轴轴向移动(进给运动);

n—主轴旋转运动(主运动);

u_v—主运动传动链的换置机构;

u_f—进给运动传动链的换置机构

　　由于立式钻床主轴轴线垂直布置,且其位置是固定的,加工时必须通过移动工件才能使刀具轴线与被加工孔的中心线重合,因而操作不便,生产率不高。常用于单件、小批量生产中加工中、小型工件的孔,且被加工孔数不宜过多。

立式钻床还有一些变形品种。常见的有排式或可调式多轴立式钻床,如图 6.4 所示。排式多轴立式钻床相当于几台单轴立式钻床的组合,它有多个主轴,用于顺次地加工同一工件的不同孔径或分别进行各种孔多工序(钻、扩、铰和攻螺纹等)加工。它和单轴立式钻床相比,可节省换刀时间,但加工时仍是逐个孔进行加工。因此,这种机床主要适用于中、小批量生产中加工中、小型工件。可调式多轴立式钻床的机床布置与立式钻床相似,其主要特点是主轴箱上装有若干个主轴,且可根据加工需要调整主轴位置。加工时,由主轴箱带动全部主轴转动,进给运动则由进给箱带动。这种机床是多孔同时加工,生产效率较高,适用于成批生产。

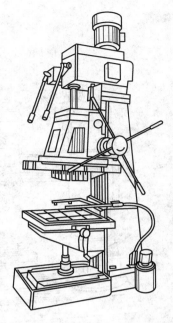

图 6.4　可调式多轴立式钻床

6.1.2　摇臂钻床

6.1.2.1　主要组成部件

由于大而重的工件移动费力,找正困难,在立式钻床上加工很不方便,这时,希望工件不动,钻床主轴能任意调整其位置以适应工件上不同位置的孔的加工。摇臂钻床就能满足这些要求。图 6.5(a)是摇臂钻床的外形图。工件和夹具可以安装在底座 1 或工作台 8 上。立柱为双层结构,内立柱 2 固定在底座 1 上,外立柱 3 由滚动轴承支承,可绕内立柱 2 转动,立柱结构如图 6.5(b)所示。摇臂 5 可沿外立柱 3 升降。主轴箱 6 可沿摇臂 5 的导轨水平移动。这样,就可在加工时使工件不动而方便地调整主轴 7 的位置。为了使主轴 7 在加工时保持准确的位置,摇臂钻床上具有立柱、摇臂 5 及主轴箱 6 的夹紧机构。当主轴 7 的位置调整妥当后,就可快速地将它们夹紧。由于摇臂钻床在加工时需要经常改变切削量,因此摇臂钻床通常具有既方便又节约时间的操纵机构,可快速地改变主轴转速和进给量。摇臂钻床广泛应用于单件和中、小批量生产中加工大、中型零件。

6.1.2.2　机床的传动系统

1. 主运动传动系统

Z3040 型摇臂钻床的传动系统如图 6.6 所示。主运动由主电动机(3 kW, 1 440 r/min)经齿轮副 35/55 传至轴 Ⅱ,并通过轴 Ⅱ 上的双向多片离合器 M_1,使运动由齿轮副 37/42 或 36/36×36/38 传至轴 Ⅲ,从而控制主轴作正转或反转。轴 Ⅲ、Ⅳ、Ⅴ 上有 3 组由液压操纵机构控制的双联滑移齿轮机构,轴 Ⅵ 至主轴 Ⅶ 间有一组内齿式离合器,运动可由轴 Ⅵ 通过齿轮副 20/80 或 61/39 传至主轴 Ⅶ,主轴上部与套筒为花键

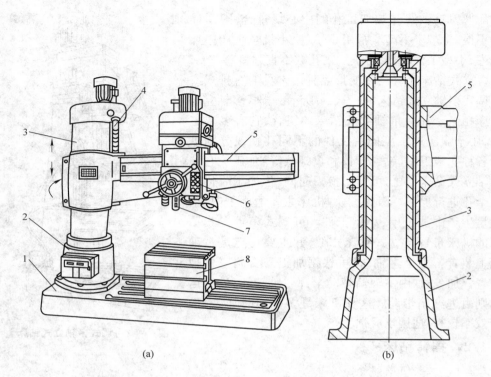

图 6.5　摇臂钻床外形

（a）摇臂钻床外形；（b）立柱

1—底座；2—内立柱；3—外立柱；4—摇臂升降丝杠；5—摇臂；6—主轴箱；7—主轴；8—工作台

配合,从而使主轴获得 16 级转速,转速范围为 25 ~ 2 000 r/min。当轴Ⅱ上多片离合器 M_1 处于中间位置,切断主传动联系时,可通过液压制动器 M_2 使主轴制动。主运动传动路线表达式为:

$$
电动机
\begin{pmatrix} 3 \text{ kW} \\ 1\,440 \text{ r/min} \end{pmatrix}
- \text{I} - \frac{35}{55} - \text{II} -
\begin{bmatrix} \overrightarrow{M_1} \dfrac{37}{42} \\ （换向） \\ \overleftarrow{M_1} \dfrac{36}{36} \times \dfrac{36}{38} \end{bmatrix}
- \text{III} -
\begin{bmatrix} \dfrac{29}{47} \\ \dfrac{38}{38} \end{bmatrix}
$$

$$
- \text{IV} -
\begin{bmatrix} \dfrac{20}{50} \\ \dfrac{39}{31} \end{bmatrix}
- \text{V} -
\begin{bmatrix} \dfrac{22}{44} \\ \dfrac{44}{34} \end{bmatrix}
- \text{VI} -
\begin{bmatrix} \dfrac{20}{80} \\ d \downarrow \dfrac{61}{39} \end{bmatrix}
- \text{VII（主轴）}
$$

2. 进给运动传动链

进给运动传动链从主轴Ⅶ上的齿轮 37 开始,经齿轮副 22/41 传至轴Ⅸ,再经轴Ⅸ—ⅩⅢ 间的 4 组双联滑移齿轮变速组传至轴ⅩⅢ。轴ⅩⅢ 经安全离合器 M_4（常合）和内齿式离合器 M_3,将运动传至轴ⅩⅣ,然后经蜗杆副 2/77、离合器 M_5 使空心轴

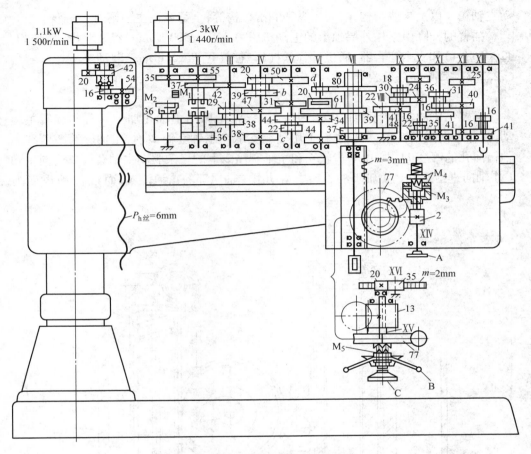

图 6.6 Z3040 型摇臂钻床传动系统

M_1—多片离合器;M_2—液压制动器;M_3—内齿式离合器;M_4—安全离合器;M_5—离合器;

$P_{h丝}$—丝杠导程;A—主轴低速升降操作手轮;B—主轴快速升降操纵手柄;

C—主轴箱水平移动操作手轮;a、b、c、d—主轴换置机构中的滑移齿轮

XV 上的小齿轮 13 传动主轴套筒上的齿条($m = 3$ mm),进而使主轴套筒连同主轴作轴向进给运动。进给运动传动路线表达式为:

$$Ⅶ(主轴)\frac{37}{48}\times\frac{22}{41}-Ⅸ-\left[\begin{array}{c}\frac{18}{36}\\[4pt]\frac{30}{24}\end{array}\right]-Ⅹ-\left[\begin{array}{c}\frac{16}{41}\\[4pt]\frac{22}{35}\end{array}\right]-Ⅺ-\left[\begin{array}{c}\frac{16}{40}\\[4pt]\frac{31}{25}\end{array}\right]-Ⅻ-\left[\begin{array}{c}\frac{16}{41}\\[4pt]\frac{40}{16}\end{array}\right]-ⅩⅢ-$$

$$-M_4-M_3(合)-ⅩⅣ\frac{2}{77}-M_5(合)-ⅩⅤ-z_{13}-齿条(m=3)-主轴轴向进给$$

主轴轴向进给量共 16 级,范围为 0.04 ~ 3.2 mm/r。推动手柄 B 可操纵离合器 M_5 结合或脱开机动进给运动传动链,转动手柄 B 可使主轴快速升降。脱开离合器 M_3,即可用手轮 A 经蜗杆副(2/77)使主轴作低速升降,用于手动微量进给。

转动手轮 C 经齿轮 z_{20} 带动 z_{35},z_{35} 与摇臂上的齿条($m = 2$ mm)啮合,用于水平移动主轴箱。以上这些结构,连同操纵和润滑机构等,全都装在主轴箱内。

摇臂的升降由立柱外层顶上的电动机(1.1 kW,1 500 r/min)经 2 对齿轮副(20/42×16/54)和安全离合器,通过升降丝杠(丝杠导程 $P_{h丝}=6$ mm)驱动。

6.2.2.3 主要部件结构

1. 主轴组件

摇臂钻床的主轴组件如图 6.7 所示。摇臂钻床的主轴在加工时既作旋转主运动,又作轴向进给运动,所以主轴 1 用轴承支承在主轴套筒 2 内,主轴套筒 2 装在主轴箱体孔的镶套 11 中,由小齿轮 4 和主轴套筒 2 上的齿条驱动主轴套筒 2 连同主轴 1 作轴向进给运动。主轴 1 的旋转主运动由主轴尾部的花键传入,而该传动齿轮则

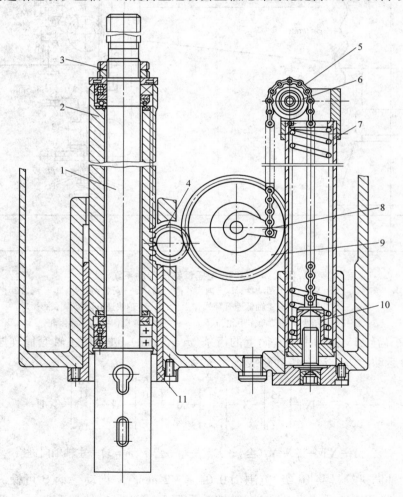

图 6.7　摇臂钻床的主轴组件

1—主轴;2—主轴套筒;3—螺母;4—小齿轮;5—链条;6—链轮;

7—弹簧;8—凸轮;9—齿轮;10—弹簧压块;11—镶套

通过轴承直接支承在主轴箱体上,使主轴 1 卸荷。这样既可减少主轴的弯曲变形,又可使主轴移动轻便。主轴 1 的前端有一个 4 号莫氏锥孔,用于安装和紧固刀具。主轴的前端还有 2 个并列的横向腰形孔,上面一个可与刀柄相配,以传递转矩,并可用专用的卸刀扳手插入孔中旋转卸刀;下面一个用于在特殊的加工方式下固定刀具,如倒刮端面时,需要将楔块穿过腰形孔将刀具锁紧,以防止刀具在向下切削力作用下从主轴锥孔中掉下来。

钻床加工时,主轴要承受较大的进给力,而背向力不大,因此主轴的轴向切削力由推力轴承承受,上面的一个推力轴承用以支承主轴的重量。螺母 3 用以消除推力轴承内滚珠与滚道的间隙;主轴的径向切削力由深沟球轴承支承。钻床主轴的旋转精度要求不是太高,故深沟球轴承的游隙不需要调整。

2. 平衡与夹紧机构

为了防止主轴因自重而脱落,以及操纵主轴时升降轻便,在摇臂钻床内设有圆柱弹簧—凸轮平衡机构(见图 6.7)。弹簧 7 的弹力通过弹簧压块 10、链条 5、凸轮 8、齿轮 9 和小齿轮 4 作用在主轴套筒 2 上,与主轴 1 的重量相平衡。主轴 1 上下移动时,齿轮 4、9 和凸轮 8 转动,并拉动链条 5 改变弹簧 7 的压缩量,使其弹力发生变化,但同时由于凸轮 8 的转动改变了链条 5 至凸轮 8 及齿轮 9 回转中心的距离,即改变了力臂的大小,从而使力矩保持不变。

为了使主轴在加工时不会移位,摇臂钻床上设有主轴箱与摇臂、外立柱与内立柱以及摇臂与外立柱的夹紧机构。图 6.8 为 Z3040 型摇臂钻床的立柱及内、外立柱夹紧机构。

当内、外立柱未夹紧时,外立柱 1 通过上部的深沟球轴承和推力球轴承及下部的圆柱滚子 8 支承在内立柱 9 上,并在平板弹簧 7 的作用下向上抬起 0.2 ~ 0.3 mm,使内、外立柱间的圆锥面 A 脱离接触。此时,外立柱 1 和摇臂可以轻便地转动。当转臂转到需要的位置以后,内、外立柱间采用液压菱形块夹紧机构夹紧。其原理如图 6.8(a)和图 6.8(b)所示。图 6.8(b)为松开状态,液压缸 3 的左腔通液压油。图 6.8(c)为夹紧状态,液压缸 3 的右腔通压力油,活塞杆左移,使两个菱形块 2 和 4 处于竖直状态。上菱形块 4 通过垫板、杠杆支架 6、球形垫圈 5 及螺母作用在内立柱 9 上,下菱形块 2 通过垫板作用在外立柱 1 上。内立柱 9 固定不动。菱形块压外立柱 1 使平板弹簧 7 变形下移,压紧在圆锥面 A 上,依靠摩擦力将外立柱 1 紧固在内立柱 9 上。

6.1.3　台式钻床

台式钻床简称台钻,它实质上是一种加工小孔的立式钻。台式钻床的外形如图 6.9 所示。台钻的钻孔直径一般在 15 mm 以下,最小可达十分之几毫米。台钻主轴的转速很高,最高可达每分钟几万转。台钻结构简单,使用灵活方便,适于加工小型零件上的孔。但其自动化程度较低,通常用手动进给。

6.1.4　深孔钻床

深孔钻床是专门用于加工深孔的专门化钻床,例如加工枪管、炮管和机床主轴零

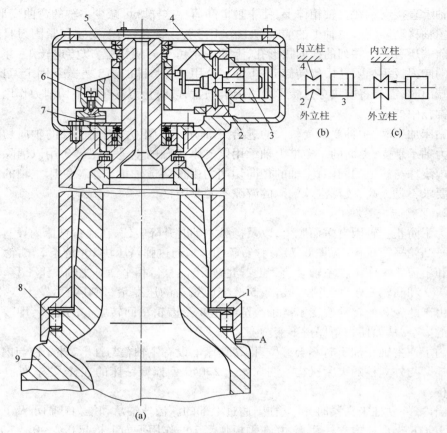

(a)

图 6.8 Z3040 型钻床立柱及其夹紧机构

(a)结构图;(b)松开状态原理图;(c)夹紧状态原理图

1—外立柱;2—下菱形块;3—液压缸;4—上菱形块;

5—球形垫圈;6—杠杆支架;7—平板弹簧;8—圆柱滚子;9—内立柱

A—内、外立柱间的圆锥面

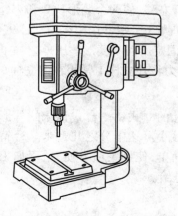

图 6.9 台式钻床

件的深孔。这种机床加工的孔较深,为了减少孔中心线的偏斜,加工时通常是由工件转动来实现主运动,深孔钻头并不转动,而只作直线进给运动。此外,由于被加工孔较深,而且工件往往又较长,为了便于排屑及避免机床过于高大,深孔钻床通常为卧式布局,外形与卧式车床类似。深孔钻床的钻头中心有孔,从中打入高压切削液,强制冷却及周期退刀排屑。深孔钻削加工示意图如图 6.10 所示。

深孔钻床的主参数是最大钻孔深度。

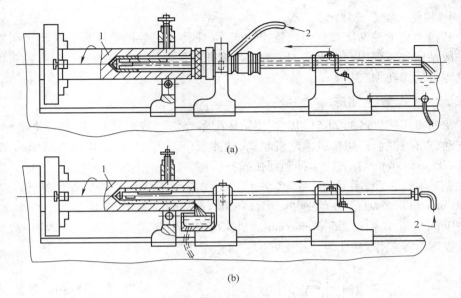

图 6.10 深孔钻削加工示意

(a)内排屑方式;(b)外排屑方式

1—工件;2—切削液

6.2 数控钻床

6.2.1 数控钻床的类型

数控钻床是一钻削为主的孔加工机床。按机床布局形式及其功能特点可划分为以下4类。

1. 数控立式钻床

数控立式钻床是由普通立式钻床发展起来,可以完成钻、扩、铰、锪端面和攻螺纹等工序,适用于孔距精度有一定要求的中、小批零件的加工。数控系统一般是点位控制的经济型数控系统,主轴的变速、换刀与普通立式钻床相似。

2. 钻削中心

钻削中心是在三坐标数控立式钻床的基础上增加了转塔式刀库即自动换刀机构的数控钻床。主轴无极变速。钻削中心除能完成钻、扩、铰、锪和攻螺纹外,还可以完成直线和圆弧插补的轮廓控制铣削。

3. 印制线路板数控钻床

印制线路板数控钻床是加工印刷线路板的专用数控钻床。由于印刷线路板上孔距小、数量多,故机床一般带有二三个或更多个高速钻削头。主轴转速可达20 000 r/min以上。适用于双面及多层板的钻孔加工。

4. 其他大型数控钻床

其他大型数控钻床如龙门式数控钻床、立柱移动式数控钻床等。这类机床用于在一般钻床和钻削中心上无法加工的大型多孔零件的加工。还有数控深孔钻床用于大型零件的深孔加工。

6.2.2 立式数控钻床

常州机床厂生产的 ZK5140C 数控钻床配备经济型数控系统,控制三个坐标,二轴联动,点位控制,采用步进电动机驱动,脉冲当量,X 轴、Y 轴为 0.01 mm/step,Z 轴为 0.005 mm/step。有直线插补和圆弧插补、刀具补偿、间隙补偿等功能,工作方式有编程、空运行、自动、手动、回零等,采用 ISO 代码编程。X、Y 轴的进给速度为 5 ~ 2 000 mm/min,Z 轴的进给速度为 1 ~ 500 mm/min;快速进给速度,X、Y 轴是5 000 mm/min,Z 轴是 2 500 mm/min。机床可完成钻孔、扩孔、铰孔、锪端面、钻沉孔以及攻螺纹等工作,且孔距一致性好。

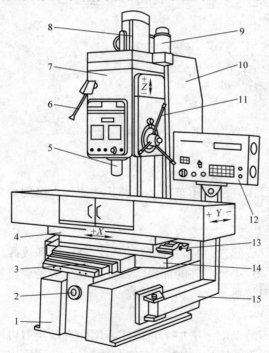

图 6.11 ZK5140C 数控钻床外形图
1—底座;2—横向滚球丝杠;3—罩;4—工作台;
5—主轴;6—转速调整手柄;7—主轴箱;
8—主电动机;9—步进电动机;10—立柱;
11—手柄;12—数控装置;13—纵向滚珠丝杠;
14—滑座;15—支架

1. 机床组成

图 6.11 是 ZK5140C 数控钻床外形图,其主要组成部件有:立柱 10、底座 1、工作台 4、滑座 14、主轴箱 7、主轴 5、数控装置 12 等。

2. 机床运动

机床主运动由主轴箱 7 上的主电动机 8(1 420 r/min)带动主轴箱内的摩擦离合器以及若干对齿轮副将运动传到主轴 5 上,使主轴获得31.5 ~ 1 400 r/min 的 12 级转速,转速由手柄 6 调整。工作台 4 的纵向(X 轴)和横向(Y 轴)进给运动各由步进电动机通过一对同步齿形带轮和滚珠丝杠螺母副实现,13 是纵向滚珠丝杠,2 为横向滚珠丝杠,两轴可联动。纵向进给步进电动机装在滑座 14 的左侧,横向进给步进电动机装在底座的后部(图中未画出),主轴箱的垂直进给由步进电动机 9 经装在主轴箱内的两对齿轮副和一对蜗轮副带动主轴套筒上的齿条获得。机床的传动系统如图 6.12 所示。

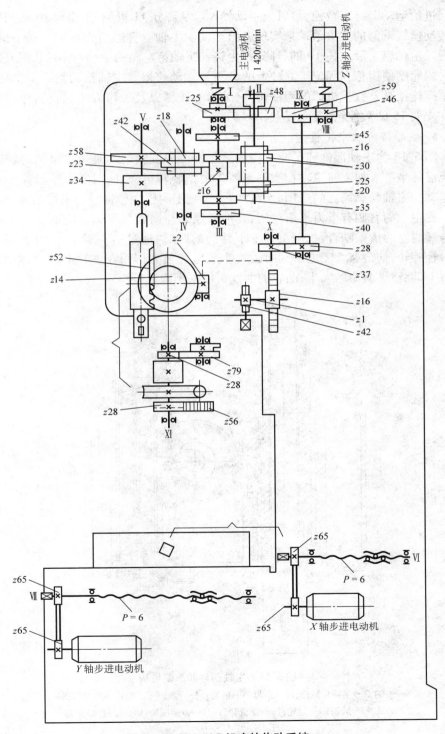

图 6.12 ZK5140C 机床的传动系统

进给运动既可以数控,也可以手动操作。从图 6.11 可见,工作台纵、横向移动可由转动丝杠端部的方头手动来实现进给运动。主轴垂直进给也可由转动手柄 11 来实现。主轴箱 7 沿立柱 10 的升降,是由转动主轴箱左侧的手柄(图中未画出),通过一对蜗轮副使齿轮在固定于立柱上的齿条上转动获得。主轴箱调整好位置后,要用锁紧螺栓锁紧。数控机床的程序输入、编辑等按键以及工作方式、启动、停止等按键都在支架 15 的数控箱 12 面板上。

3. 主轴部件及平衡机构

图 6.13 为主轴部件和平衡机构图。主轴 1 的旋转运动是通过可相对轴向移动的花键传来的。加工时主轴在主轴套筒 2 中作旋转运动,同时随主轴套筒作轴向进给运动。主轴与套筒之间选用 P5 级和 P6 级精度的推力球轴承和角接触球轴承来支承。在主轴的右侧有重力平衡机构,其平衡原理与前面摇臂钻床类似。在齿轮 4 通过与套筒上的齿条啮合,带动主轴上下移动的同时,通过另一对齿轮 10 带动凸轮 9 顺时针旋转,使链条 5 随之运动而压缩弹簧 8,弹簧力作用在主轴上,与其重力平衡。螺钉 14 调整平衡力的大小,凸轮的曲线可使平衡力保持恒定。

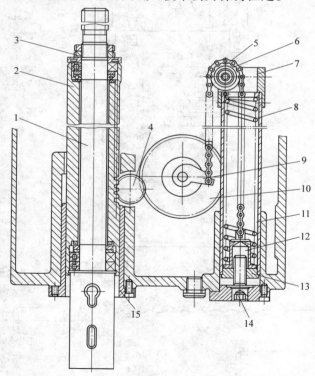

图 6.13 主轴部件和平衡机构

1—主轴;2—主轴套筒;3、13—螺母;4—齿轮;5—链条;6—链轮;7—主轴箱;8—弹簧;
9—凸轮;10—齿轮;11—弹簧套筒;12—弹簧压块;14—螺钉;15—套

习题与思考题

1. 钻床和车床均能加工孔,其主要区别是什么?

2. 摇臂钻床可实现哪几个方向的运动?

3. 指出摇臂钻床的成形运动和辅助运动及其工艺范围。

4. 结合图 6.13 说明数控钻床主轴平衡机构的工作原理。

5. 结合图 6.6 和图 6.12,说明 Z3040 摇臂钻床和 ZK5140C 数控钻床传动系统的主要区别?

6. 说明 Z3040 摇臂钻床和 ZK5140C 数控钻床分别采用什么方法对刀?

7

镗床及加工中心

7.1 镗床

镗床类机床常用于加工尺寸较大且精度要求较高的孔,特别是分布在不同表面上、孔距和位置精度(平行度、垂直度和同轴度等)要求较严格的孔系,如各种箱体和汽车发动机缸体等零件上的孔系加工。

镗床的主要工作是用镗刀镗削工件上铸出或已粗钻出的孔。机床加工时的运动与钻床类似,但进给运动则根据机床类型和加工条件不同,或者由刀具完成,或者由工件完成。镗床除了镗孔,还可进行钻孔、铣平面和车削等工作。镗床可分为卧式铣镗床、坐标镗床以及精镗床,此外,还有立式镗床、深孔镗床和落地镗床等。

7.1.1 卧式铣镗床

卧式铣镗床的工艺范围十分广泛,因而得到普遍应用。卧式铣镗床除镗孔外,还可车端面,铣平面,车外圆,车内、外螺纹,及钻、扩、铰孔等。零件可在一次安装中完成大量加工工序。卧式铣镗床尤其适合加工大型、复杂的具有相互位置精度要求孔系的箱体、机架和床身等零件。由于机床的万能性较大,所以又称为万能镗床。卧式铣镗床的主要加工方法如图 7.1 所示。

7.1.1.1 主要组成部件及其运动

卧式铣镗床的外形如图 7.2 所示。主轴箱 8 可沿前立柱 7 的导轨上下移动。在主轴箱 8 中装有镗杆 4、平旋盘 5、主运动和进给运动变速传动机构和操纵机构。根据加工情况,刀具可以装在镗杆 4 或平旋盘 5 上。镗杆 4 旋转作主运动,并可沿轴向

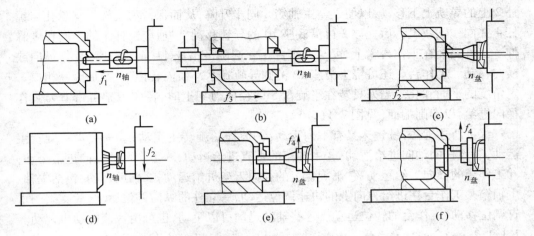

图 7.1　卧式铣镗床的主要加工方法

（a）用镗轴上的悬伸刀杆镗孔；（b）用后支架支承长镗杆加工同轴孔；（c）用平旋盘上的悬伸刀杆镗大直径孔；
（d）用镗轴上的端铣刀铣平面；（e）用平旋盘刀具溜板上的车刀车内沟槽；（f）用平旋盘刀具溜板上的车刀车端面

f_1、f_2、f_3、f_4—进给运动；$n_{轴}$—主轴旋转运动；$n_{盘}$—平旋盘旋转运动

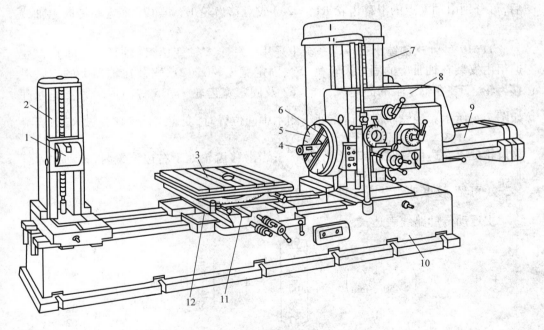

图 7.2　卧式镗床外形

1—后支架；2—后立柱；3—工作台；4—镗轴；5—平旋盘；6—径向溜板；
7—前立柱；8—主轴箱；9—后尾座；10—底座；11—下滑座；12—上滑座

移动作进给运动；平旋盘 5 只能作旋转主运动。装在后立柱 2 上的后支架 1 用于支
承悬伸长度较大的镗杆 4 的悬伸端，以增加刚度（见图 7.1（b））。后支架 1 可沿后立

柱 2 上的导轨上下移动,以便于与主轴箱 8 同步升降,从而保持后支架 1 支承孔与镗杆 4 在同一轴线上。后立柱 2 可沿底座 10 的导轨移动,以适应镗杆 4 的不同程度悬伸。工件安装在工作台 3 上,可与工作台 3 一起随下滑座 11 或上滑座 12 作纵向或横向移动。工作台 3 还可绕上滑座 12 的圆导轨在水平面内转位,以便加工互相成一定角度的平面和孔。当刀具装在平旋盘 5 的径向刀架上时,径向刀架可带着刀具作径向进给,以车削端面(见图 7.1(f))。

综上所述,卧式铣镗床具有下列运动:①镗杆的旋转主运动;②平旋盘的旋转主运动;③镗杆的轴向进给运动;④主轴箱的垂直进给运动;⑤工作台的纵向进给运动;⑥工作台的横向进给运动;⑦平旋盘上的径向刀架进给运动;⑧辅助运动,包括主轴、主轴箱及工作台在进给方向上的快速调位运动,后立柱的纵向调位运动,后支架的垂直调位移动,工作台的转位运动。这些辅助运动可以手动,也可由快速电动机传动。

7.1.1.2 机床的传动系统

图 7.3 是 TP619 型卧式铣镗床的传动系统图。

1. 主运动传动链

主电动机(7.5 kW,1 450 r/min)的运动经由轴 Ⅰ—Ⅴ 间的几组变速组传至轴 Ⅴ 后,可分别由轴 Ⅴ 上的滑移齿轮 K($z = 24$)或滑移齿轮 H($z = 17$)将运动传向主轴或平旋盘。

TP619 型卧式铣镗床在传动系统中采用了一个多轴变速组(轴 Ⅲ—Ⅴ 间),该变速组由安装在轴 Ⅲ 上的固定齿轮 $z = 52$、固定宽齿轮 $z = 21$、安装在轴 Ⅳ 上的三联滑移齿轮、安装在轴 Ⅴ 上的固定齿轮 $z = 62$ 及固定宽齿轮 $z = 35$ 等组成。其变速原理如图 7.4 所示。当三联滑移齿轮处于图示中间位置时,变速组传动比为 $\dfrac{21}{50} \times \dfrac{50}{35}$;当滑移齿轮处于左边位置时,传动比为 $\dfrac{21}{50} \times \dfrac{22}{62}$;当滑移齿轮处于右边位置时,传动比为 $\dfrac{52}{31} \times \dfrac{50}{35}$。可见,该变速组共有 3 种不同的传动比。

主运动传动路线表达式为:

$$主电动机\begin{pmatrix} 7.5\ \text{kW} \\ 1\ 450\ \text{r/min} \end{pmatrix} - \text{I} - \begin{bmatrix} \dfrac{26}{61} \\ \dfrac{22}{65} \\ \dfrac{30}{57} \end{bmatrix} - \text{II} - \begin{bmatrix} \dfrac{22}{65} \\ \dfrac{35}{52} \end{bmatrix} - \text{III} - \begin{bmatrix} \dfrac{52}{31} - \text{IV} - \dfrac{50}{35} \\ \dfrac{21}{50} - \text{IV} - \dfrac{50}{35} \\ \dfrac{21}{50} - \text{IV} - \dfrac{22}{62} \end{bmatrix} - \text{V} -$$

$$- \begin{bmatrix} \dfrac{24}{75}(齿轮 K 处于右位) \\ M_1 合(齿轮 K 处于左位)\dfrac{49}{48} \end{bmatrix} - \text{VI}(镗轴)$$

$$- 齿轮 H 左移 - \dfrac{17}{22} \times \dfrac{22}{26} - \text{VII} - \dfrac{18}{72} - 平旋盘$$

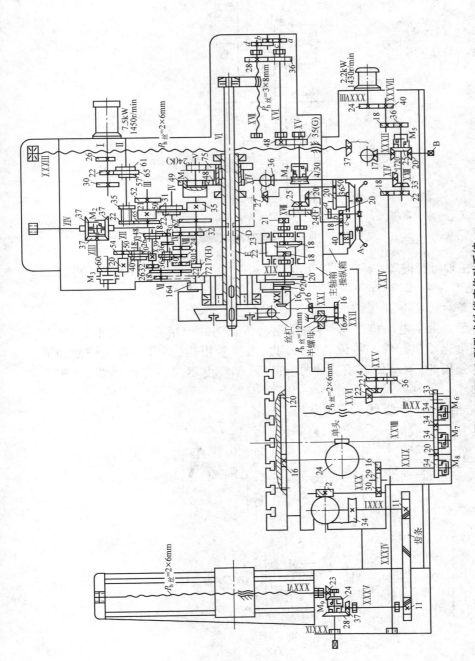

图 7.3 TP619 型卧式铣镗床传动系统

A—操纵轮;B、C—手柄;$P_{丝杠}$—丝杠的导程;F—径向刀具溜板进给滑移齿轮($z=24$);

G—镗轴轴向进给滑移齿轮($z=35$);H—接通平旋盘旋转滑移齿轮($z=17$);$M_1 \sim M_9$—离合器

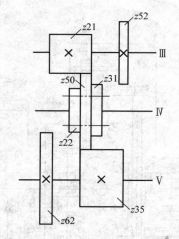

图 7.4　Ⅲ—Ⅴ轴间的多轴变速组

镗杆主轴可获得 22 级转速,转速范围为 8 ~ 1 250 r/min。平旋盘可获得 18 级转速,转速范围为 4 ~ 200 r/min。

2. 进给运动传动链

进给运动由主电动机驱动,各进给运动传动链的一端为镗轴或平旋盘,另一端为各进给运动执行件。各传动链采用公用换置机构,即自轴Ⅷ至轴Ⅻ间的各变速组是公用的,运动传至垂直光杠ⅩⅣ后,再经由不同的传动路线,实现各种进给运动。

(1)进给运动传动路线表达式为:

$$
\begin{array}{l}
\text{Ⅵ(镗轴)}-\left[\begin{array}{c}\dfrac{75}{24}\\[2mm]\dfrac{48}{49}-M_1\end{array}\right] \\[6mm]
\text{平旋盘}-\dfrac{72}{18}-\text{Ⅶ}-\dfrac{26}{22}\times\dfrac{22}{17}
\end{array}
\Bigg\}
-\text{Ⅴ}-\dfrac{32}{50}-\text{Ⅷ}-\left[\begin{array}{c}\dfrac{15}{36}\\[2mm]\dfrac{24}{36}\\[2mm]\dfrac{30}{30}\end{array}\right]-\text{Ⅸ}-\left[\begin{array}{c}\dfrac{18}{48}\\[2mm]\dfrac{39}{26}\end{array}\right]-\text{Ⅹ}-
$$

$$
\left[\begin{array}{c}\dfrac{20}{50}-\text{Ⅺ}-\dfrac{18}{54}\\[2mm]\dfrac{20}{50}-\text{Ⅺ}-\dfrac{50}{20}\\[2mm]\dfrac{32}{40}-\text{Ⅺ}-\dfrac{50}{20}\end{array}\right]-\text{Ⅻ}-\dfrac{20}{60}-M_3-\text{ⅩⅢ}-\left[\begin{array}{c}\dfrac{37}{37}-M_2\uparrow\\[2mm]\dfrac{37}{37}-M_2\downarrow\end{array}\right]-\text{ⅩⅣ(垂直光杠)}-
$$

$$\frac{4}{30}—M_4\,合—XV \begin{cases} \dfrac{35}{48}—XVI—\begin{bmatrix}\dfrac{ac}{bd}\\[4pt]\dfrac{36}{28}\end{bmatrix}—XVII（丝杠）—镗杆轴向进给 \\[12pt] \dfrac{24}{21}—u_合—XIX—\dfrac{20}{164}\times\dfrac{164}{16}—XX—\dfrac{16}{16}—XXI—\dfrac{16}{16}\to \\ \qquad\to XXII（丝杠）—半螺母—平旋盘的径向刀架进给运动 \end{cases}$$

$$\frac{17}{33}—XXIII \begin{cases} M_5—\dfrac{25}{20}—XXXII—\dfrac{17}{37}—XXXIII（丝杠）—主轴箱垂直进给 \\[8pt] \dfrac{22}{18}—XXIV—\dfrac{36}{14}—XXV—\dfrac{22}{22}—XXVI—\dfrac{33}{34}\begin{bmatrix}M_6—XXVII丝杠\to\\ \quad\to 工作台横向进给\\[4pt] \dfrac{34}{34}\ \dfrac{34}{34}\Rightarrow\end{bmatrix} \\[14pt] \Rightarrow\begin{cases}M_7\,合—XXVIII—\dfrac{1}{24}\times\dfrac{16}{120}—工作台转位运动\\[6pt] \dfrac{34}{20}\ \dfrac{20}{34}—M_8\,合—XXIX—\dfrac{16}{29}\ \dfrac{29}{30}—XXX—\dfrac{2}{34}—XXXI\to\\ \quad\to\dfrac{11}{齿条}工作台纵向进给\end{cases} \end{cases}$$

（2）进给运动的操纵：机床设有一个带两手柄的操纵轮 A（见图 7.3），该手轮有前、中、后 3 个位置，依次实现机动进给、手动粗进给或快速调整移动以及手动微量进给。如将操纵轮 A 的手把向前拉（近操作者方向），通过杠杆的作用，使中间轴上的齿轮 $z=20$ 处于"a"位置，脱开与其他齿轮的啮合，同时通过电液控制，使端面齿离合器 M_4 啮合，从而接通了机动进给传动路线。当将操纵轮 A 的手把扳至中间位置时（图示位置），齿轮 $z=20$ 处于"b"位置，齿轮 $z=18$ 啮合，转动手轮就可经齿轮副 20/18 及锥齿轮副 20/25 使轴 XV 转动，从而使镗轴轴向或平旋盘刀架径向得到快速调整移动。此时，在电液控制下，离合器 M_4 脱开啮合，断开机动进给传动链。如将操纵轮 A 的手把向后推（远离操作者方向），齿轮 $z=20$ 处于"c"位置，与齿轮 $z=36$ 啮合，此时，转动操纵轮 A，就可通过齿轮副 20/36 和 20/50、锥齿轮副 27/36 及蜗杆副 4/30 传动轴 XV。此时，在电液控制下，离合器 M_4 得以啮合，而离合器 M_3 脱开啮合，断开机动进给传动链。由于这时在传动路线中增加了几对降速齿轮副，故可使镗轴轴向或平旋盘刀架径向得到微量进给。

7.1.1.3　主轴部件结构

卧式铣镗床主轴部件的结构形式较多，这里介绍 TP619 型卧式铣镗床的主轴部件。图 7.5 为镗轴带固定式平旋盘的主轴部件，它主要由镗轴 2、镗轴套筒 3 和平旋盘 7 组成。镗轴 2 和平旋盘 7 用来安装刀具并带动其旋转，两者可同时同速转动，也可以不同转速同时转动。镗轴套筒 3 用作镗轴 2 的支承和导向，并传动其旋转。镗轴套筒 3 采用三支承结构，前支承采用 NN3026K/P5（D3182126）型双列圆柱滚子轴

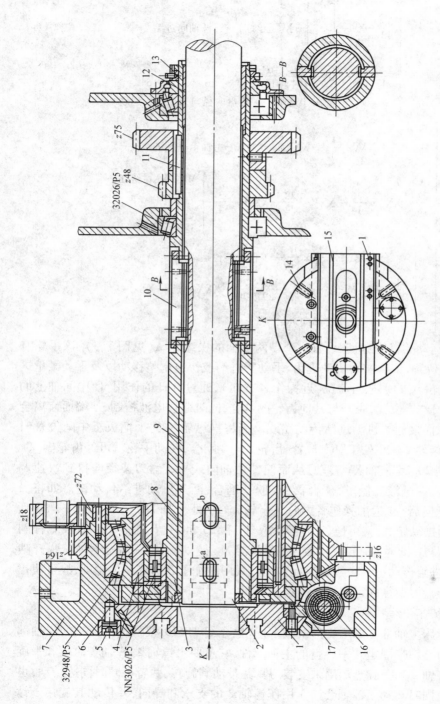

图 7.5 TP619 型卧式铣镗床主轴部件结构

1—刀具溜板;2—镗轴;3—镗轴套筒;4—法兰盘;5—平盘;6—销钉;7—平旋盘;
8,9—前支承衬套;10—导向键;11—平键;12—后支承衬套;13—调整螺母;
14—径向 T 形槽;15—T 形槽;16—丝杠;17—半螺母;a,b—腰形孔

承,中间和后支承采用 32026/P5(D2007126)型圆锥滚子轴承,三支承均安装在箱体轴承座孔中,后轴承间隙可用调整螺母 13 调整。在镗轴套筒 3 的内孔中,装有 3 个淬硬的精密衬套 8、9 和 12,用以支承镗轴 2。镗轴 2 用优质合金结构钢(如 38CrMoAIA)经热处理(如氮化处理)制成,具有很高的表面硬度,它和衬套的配合间隙很小,而前后衬套间的距离较大,使主轴部件有较高的刚度,以保证主轴具有较高的旋转精度和平稳的轴向进给运动。

镗轴 2 的前端有一精密的 1:20 锥孔,供安装刀具和刀杆用。它由后端齿轮(z = 48 或 z = 75)通过平键 11 使镗轴套筒 3 旋转,再经套筒上 2 个对称分布的导向键 10 传动旋转。导向键 10 固定在镗轴套筒 3 上,其突出部分嵌在镗轴 2 的 2 条长键槽内,使镗轴 2 既能由镗轴套筒 3 带动旋转,又可在衬套中沿轴向移动。镗轴 2 的后端通过推力球轴承和圆锥滚子轴承与支承座连接(见图 7.3)。支承座装在后尾筒的水平导轨上,可由丝杠 16(轴 XVII)经半螺母 17 传动移动,带动镗轴 2 作轴向进给运动。镗轴 2 前端还有 2 个腰形孔 a、b,其中孔 a 用于拉镗孔或倒刮端面时插入楔块,以防止镗管被拉出,孔 b 用于拆卸刀具。镗轴 2 不作轴向进给时(例如铣平面或由工作台进给镗孔时),利用支承座中的推力球轴承和圆锥滚子轴承使镗轴 2 实现轴向定位。其中圆锥滚子轴承还可以作为镗轴 2 的附加径向支承,以免镗轴后部的悬伸端下垂。

平旋盘 7 通过 32948/P5(D2007948)型双列圆锥滚子轴承支承在固定于箱体上的法兰盘 4 上。平旋盘 7 由螺钉和定位销连接其上的齿轮 z = 72 传动。传动刀具溜板的大齿轮 z = 164 空套在平旋盘 7 的外圆柱面上。平旋盘 7 的端面上铣有 4 条径向 T 形槽 14,可以用来紧固刀具或刀盘;在它的燕尾导轨上,装有径向刀具溜板 1,刀具溜板 1 的左侧面上铣有 2 条 T 形槽 15(K 向视图),可用来紧固刀夹或刀盘。刀具溜板 1 可在平旋盘 7 的燕尾导轨上作径向进给运动,燕尾导轨的间隙可用镶条进行调整。当加工过程中刀具溜板 1 不需作径向进给时(如镗大直径孔或车外圆柱面时),可拧紧螺塞 5,通过销钉 6 将其锁紧在平旋盘 7 上。

平旋盘 7 由安装其上的齿轮 z = 72 带动旋转(设其转速为 $n_{平}$),而平旋盘上又装有刀具溜板 1 的径向进给机构。利用平旋盘 7 车大端面及较大的内外环形槽时,需要刀具一面随平旋盘 7 绕主轴轴线旋转,一面随刀具溜板 1 作径向进给。平旋盘刀架径向进给传动原理如图 7.6 所示。

平旋盘 3 上刀具溜板的径向进给机构,其运动由齿轮 z = 164 传入,然后经安装在平旋盘上的固定齿轮 z = 16、锥齿轮副 16/16、齿轮副 16/16、丝杠及安装在刀具溜板上的半螺母 2 传动刀具溜板移动(见图 7.6)。上述联系大齿轮 z = 164 与刀具溜板的各传动件在工作过程中,一面随平旋盘一起绕它的轴线旋转——公转运动,一面绕其自身的轴线旋转——自转运动。齿轮 z = 164 空套在平旋盘 3 的轮毂上,由伸出在主轴箱体外面的齿轮 z = 20(即合成机构输出轴左端齿轮)传动旋转。当齿轮 z = 164 的转速、转向与平旋盘相同时,由于齿轮 z = 16 与齿轮 z = 164 之间无相对运动,齿轮 z = 16、锥齿轮副 16/16 和齿轮副 16/16 等不能产生自转运动,因而刀具溜板不作径向进给运动。如果当大齿轮 $z = 164$（设其转速为 n_{164}）与平旋盘的转速或转向不同时，则齿轮 $z = 16$ 沿着大齿轮 $z = 164$ 滚动，产生自转运动。于是锥齿轮副 16/16、齿轮副 16/16 及丝杠螺母副也都被带动作自转运动，从而使刀具溜板作径向进给。

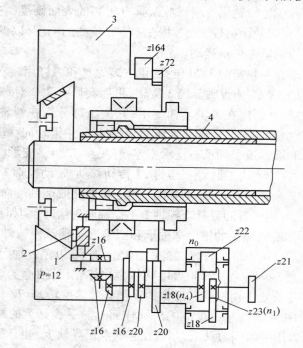

图 7.6　平旋盘刀架径向进给传动简图
P_1—螺纹的螺距；n_0、n_1、n_4—转速
1—丝杠；2—半螺母；3—平旋盘；4—空心主轴

　　由上述可知，平旋盘旋转时，不管刀具溜板进给与否，大齿轮 $z = 164$ 都需以一定转速旋转：刀具溜板不需进给时，齿轮 $z = 164$ 必须与平旋盘同步旋转；需作径向进给时，齿轮 $z = 164$ 与平旋盘应保持一定转速差。为了实现这一运动要求。大齿轮 $z = 164$ 由两条传动链经合成机构（行星齿轮机构）传动。其中一条传动链由平旋盘主轴经齿轮 $z = 72$ 和齿轮 $z = 20$ 将运动传至合成机构的壳体（转臂）；另一条传动链由平旋盘主轴和齿轮 $z = 72$ 经进给运动传动链传动，最后由齿轮 $z = 21$ 传至合成机构输入轴及右中心轮 $z = 23$。两条传动链传入的运动，由合成机构合成后，从左中心齿轮 $z = 18$ 传出，然后经伸出在主轴箱体外面的齿轮 $z = 20$ 传至大齿轮 $z = 164$。

　　在什么情况下 $n_{164} = n_{平}$，又在什么情况下 $n_{164} \neq n_{平}$ 呢？其传动关系可以参考行星轮系公式推导如下。

　　设合成机构转臂转速为 n_0（即为壳体上的齿轮 $z = 20$ 的转速），右中心轮 $z = 23$ 的转速为 n_1，左中心轮 $z = 18$ 的转速为 n_4，根据行星齿轮传动原理，可得

$$\frac{n_4 - n_0}{n_1 - n_0} = (-1)^3 \frac{23}{18} \times \frac{18}{22} \times \frac{22}{18} = -\frac{23}{18}$$

展开后整理得

$$18n_4 = 41n_0 - 23n_1 \tag{7.1}$$

从图 7.6 中知，平旋盘的转速 $n_平$（即齿轮 $z=72$ 转速）和 n_0 间的转速比与其齿数成反比关系，即

$$\frac{n_0}{n_平} = \frac{72}{20}$$

所以

$$n_0 = \frac{72}{20} n_平 \tag{7.2}$$

又知大齿轮 $z=164$ 的转速 n_{164} 和 n_4 间的转速比与其齿数成反比关系，即

$$\frac{n_4}{n_{164}} = \frac{164}{20}$$

所以

$$n_4 = \frac{164}{20} n_{164} \tag{7.3}$$

将式(7.2)及式(7.3)代入式(7.1)中得

$$18 \times \frac{164}{20} n_{164} = 41 \times \frac{72}{20} n_平 - 23n_1$$

即

$$18 \times \frac{41}{5} n_{164} = 41 \times \frac{18}{5} n_平 - 23n_1$$

所以

$$n_{164} = n_平 - \frac{23 \times 5}{18 \times 41} n_1 \tag{7.4}$$

由式(7.4)可得出如下结论。

(1)当 $n_1 = 0$ 时，$n_{164} = n_平$，平旋盘上刀具溜板没有进给运动。即当轴 XV 上齿轮 $z=24$ 右移，断开进给传动链，右中心轮不转时，大齿轮与平旋盘的转速转向相同，两者保持相对静止，刀具溜板只随平旋盘作公转而不作径向进给。

(2)当 $n_1 \neq 0$ 时，$n_{164} \neq n_平$。即当轴 XV 上齿轮 $z=24$ 左移，接通进给传动链，使合成机构右中心轮转动时，才能使大齿轮 $z=164$ 与平旋盘产生转速差，从而使刀具溜板作径向进给。（设 n_1 按逆时针方向转动（与 n_0 同向），则 $n_{164} > n_平$，平旋盘刀具溜板获得一个方向的径向进给运动；设 n_1 按顺时针方向转动（与 n_0 反向），则 $n_{164} < n_平$，平旋盘刀具溜板获得另一个方向的径向进给运动。）

从以上分析可看到，平旋盘经齿轮 $z=72$、合成机构壳体齿轮 $z=20$，再经合成机构传动大齿轮 $z=164$ 的这条传动链的作用是使大齿轮 $z=164$ 与平旋盘保持同步旋转；而另一条传动链即刀具溜板径向进给运动传动链的作用则是使大齿轮获得一个

附加的转速。这一附加的转速也就是大齿轮与平旋盘的转速差,它使刀具溜板产生径向进给运动。

由此可见,右中心轮(n_1)是否转动,决定了平旋盘刀具溜板是否有径向进给;右中心轮(n_1)的转动方向,决定了刀具溜板的进给方向;右中心轮(n_1)的转动速度,决定着刀具溜板的进给量大小。从图7.3中知,轴XV左端$z=24$(F)滑移齿轮控制刀具溜板径向进给的接通与断开;轴XIV上的变向机构(含M_2)决定着右中心轮的转动方向,即决定着刀具溜板的径向进给方向;主轴箱中的进给变速机构(滑移齿轮变速组),决定着右中心轮的转动速度,即决定着刀具溜板的径向进给量大小。因此刀具溜板的径向进给量$f_{溜板}$可按下式计算:

$$平旋盘转1转 = 刀具溜板径向进给 f_{溜板}$$

即

$$f_{溜板} = 1r_{(平旋盘)} u_0 u_f u_合 \times \frac{20}{164} \times \frac{164}{16} \times \frac{16}{16} \times 12$$

式中:$f_{溜板}$——刀具溜板的径向进给量,mm/r;

u_0——径向进给传动链中定比机构的传动比;

u_f——径向进给传动链中变速机构的传动比;

$u_合$——合成机构在刀具溜板径向进给运动传动链中的传动比,

$$u_合 = \frac{n_4 - n_0}{n_1 - n_0} = -\frac{23}{18}。$$

整理后得

$$f_{溜板} = 3.81 u_f$$

如前所述,刀具溜板的径向进给量的大小可由变速机构变换,并可得到18级进给量(0.08~12mm/r),进给运动方向由离合器M_2控制。如果将这一传动链断开,刀具溜板便停止进给。

目前,卧式镗床已在很大程度上被卧式加工中心所取代。

7.1.2 坐标镗床

坐标镗床是一种高精度机床,其特征是具有测量坐标位置的精密测量装置。为了保证高精度,这种机床的主要零部件的制造和装配精度要求都很高,并具有较好的刚度和抗振性。该机床主要用来镗削孔本身精度(IT5级或更高精度等级)及位置精度要求很高的孔系(定位精度达0.002~0.01 mm),如镗削钻模、镗模上的精密孔。

坐标镗床的工艺范围广,依据坐标测量装置,能精确地确定工作台、主轴箱等移动部件的位移量,实现工件和刀具的精确定位。例如,工作台面宽200~300 mm的坐标镗床,坐标定位精度可达0.002 mm。坐标镗床除镗孔、钻孔、扩孔、铰孔、锪端面以及精铣平面和沟槽外,因其具有很高的定位精度,故还可用于进行精密刻线和划线、孔距和直线尺寸的精密测量工作。

坐标镗床主要用于工具车间加工工具、模具和量具等,也可用于生产车间成批地加工精密孔系,如在飞机、汽车、拖拉机、内燃机和机床等行业中加工某些箱体零件的轴承孔。

7.1.2.1　坐标镗床的主要布局形式

坐标镗床按其布局形式可分为两种类型:立式坐标镗床和卧式坐标镗床。立式坐标镗床适用于加工轴线与安装基面(底面)垂直的孔系和铣削顶面;卧式坐标镗床适用于加工轴线与安装基面平行的孔系和铣削侧面。立式坐标镗床还有单柱和双柱之分。

1. 立式单柱坐标镗床

图 7.7 为 T4163B 型单柱坐标镗床。这类坐标镗床的布局形式与立式钻床类似,带有主轴组件的主轴箱 3 装在立柱 4 的竖直导轨上,可上下调整位置,以适应加工不同高度的工件。主轴 2 由精密轴承支承在主轴套筒中(其结构形式与钻床主轴相同,但旋转精度和刚度要高得多),由主传动机构传动其运转,完成主运动。主轴箱 3 内装有主电动机和变速、进给及其操纵机构。当进行镗孔、钻孔、扩孔、铰孔等工序时,主轴 2 由主轴套筒带动,在竖直方向作机动或手动进给运动。工件固定在工作台 1 上,镗孔的坐标位置由工作台 1 沿床鞍 5 导轨的纵向移动(X 向)和床鞍 5 沿床身 6 导轨的横向移动(Y向)来实现。当进行铣削时,则由工作台 1 在纵、横方向完成进给运动。

单柱坐标镗床工作台的 3 个侧面都是敞开的,操作比较方便,结构较简单。但是,工作台必须实现 2 个坐标方向的移动,使工作台和床身之间多了一层(床鞍),从而削弱了刚度。当机床尺寸较大时,给保证加工精度增加了困难。因此,单柱式多为中、小型坐标镗床。

2. 立式双柱坐标镗床

图 7.8 为立式双柱坐标镗床。这类坐标镗床具有由两个立柱、顶梁和床身构成的龙门框架,主轴箱装在可沿立柱导轨上下调整位置的横梁 2 上,工作台则直接支承在床身导轨上。镗孔坐标位置分别由主轴箱 5 沿横梁 2 的导轨作横向移动(Y 向)和工作台 1 沿床身 8 的导轨作纵向移动(X 向)实现。横梁 2 可沿立柱 3 和 6 的导轨上

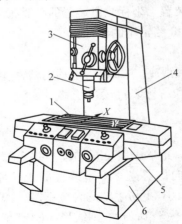

图 7.7　立式单柱坐标镗床

1—工作台;2—主轴;3—主轴箱;
4—立柱;5—床鞍;6—床身

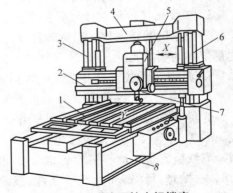

图 7.8　立式双柱坐标镗床

1—工作台;2—横梁;3、6—立柱;4—顶梁;
5—主轴箱;7—主轴;8—床身

下调整位置,以适应不同高度的工件。

立式双柱坐标镗床,主轴箱中主轴中心线离横梁 2 导轨面的悬伸距离较小,较易保证机床刚度,这对保证加工有利。立柱 3 是双柱框架式结构,刚性好。另外,工作台 1、床身 8 和顶梁 4 之间的层次比单柱式的少,承载能力较强。因此,双柱式一般为大、中型坐标镗床。

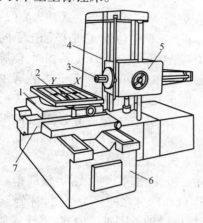

图 7.9　卧式坐标镗床
1—上滑座;2—回转工作台;3—主轴;4—立柱;
5—主轴箱;6—床身;7—下滑座

3. 卧式坐标镗床

这类坐标镗床的特点是其主轴 3 水平布置,与工作台台面平行(见图 7.9)。安装工件的工作台有下滑座 7、上滑座 1 以及可作精密分度的回转工作台 2 等三层组成。镗孔坐标位置由下滑座 7 沿床身 6 的导轨纵向移动(Y 向)和主轴箱 5 沿立柱 4 的导轨竖直方向移动(Z 向)来实现。回转工作台 2 可以在水平面回转至一定角度位置,以进行精密分度。机床进行孔加工时的进给运动,可由上滑座 1 的横向移动或主轴 3 的轴向移动(X 向)实现。

卧式坐标镗床的特点是具有较好的工艺性,工件高度不受限制,且安装方便,利于回转工作台的分度运动,可在一次安装中完成几个面上的孔及平面等的加工,且生产效率高,可省去镗模等复杂工艺装备。

7.1.2.2　坐标镗床的测量装置

如前所述,坐标镗床的特点在于有坐标测量装置。坐标测量装置的种类很多,有机械的、光学的、光栅的和感应同步器的等。这里介绍常用的几种。

1. 带校正尺的精密丝杠测量装置

带校正尺的精密丝杠测量装置以传动工作台、滑座、主轴箱等运动的精密丝杠作测量位移的基准元件,利用装在丝杠上的刻度盘和游标装置读出位移量。为了提高测量精度,常采用校正尺补偿丝杠的制造误差。

2. 精密刻线尺 – 光屏读数头坐标测量装置

光屏读数头坐标测量装置主要由精密刻线尺、光学放大装置和读数头 3 部分组成。图 7.10 为 T4145 型单柱坐标镗床工作台纵向位移光学测量装置的工作原理。精密刻线尺 3 是测量位移的基准元件,用膨胀系数小、不易生锈的合金钢制成。刻线面凹入,抛光,每隔 1 mm 刻一条线,线距精度为 1 ~ 3 μm/m。刻线尺 3 固定在移动部件上(如工作台上),尺面向下。光源 8 发出的光线经聚光镜 7、滤色镜 6、反射镜 5 及前组物镜 4 投射到刻线尺 3 的刻线面上。从刻线尺 3 反射的线纹经前组物镜 4、反射镜 9、后组物镜 10 及反射镜 13、12、11,成像于光屏 1 上。通过目镜 2 可清晰地看

到放大的线纹像。物镜的放大倍数常为30～50,即刻线尺上线与线的间隔为 1 mm,
投射到光屏上被放大到 30～50 mm。

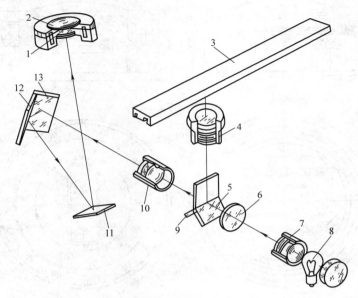

图 7.10　T4145 型坐标镗床工作台纵向位移光学测量装置
1—光屏;2—目镜;3—刻线尺;4—前组物镜;5、9、11、12、13—反射镜;
6—滤色镜;7—聚光镜;8—光源;10—后组物镜

　　光屏读数头结构如图 7.11 所示。本例假设物镜的总放大倍率为 40 倍。光屏 6
上有 0～10 共 11 组等距离的双刻线(见图 7.11),相邻两刻线之间的距离为 4 mm,这
相当于刻线尺 3 上的距离为 4 mm × 1/40 = 0.1 mm。把光屏 6 的外盖和目镜 5 拆去
后,光屏 6 镶嵌在可沿滚动导轨 4 移动的框架 7 中。由于弹簧 1 的作用,框架 7 通
过装在其一端孔中的钢球 2,始终顶紧在阿基米德螺旋线内凸轮 9 的工作表面上。
用刻度盘 8 带动内凸轮 9 转动时,可推动框架 7 连同光屏 6 一起沿着垂直于双刻线
的方向作微量调整。刻度盘 8 的端面上刻有 100 个圆周等分线。当其每转过 1 格
时,内凸轮 9 推动光屏 6 移动 0.04 mm,这相当于刻线尺(即工作台)的位移量为
0.04 mm × 1/40 = 0.001 mm。这就是这套光学测量装置的分辨率。

　　例如,要求工作台移动 193.925 mm,调整过程如下。

　　(1)移动前调零。转动内凸轮 9,使"0"对准基准线。转动一个专门的手柄移动
物镜,将线纹像调整到光屏上"0"的双刻线中央。

　　(2)移动工作台,在外面的粗刻线尺上看到移动了 193 mm。这时边移动工作台边观
察读数头光屏 6,使线纹像到达光屏上"9"的双刻线中央,即工作台又移动了 0.9 mm。

　　(3)将读数头刻度盘转动 25 格,使线纹像偏离双刻线正中,接着微量移动工作
台,使线纹像又回到"9"双刻线组正中。在这一步中,工作台又移动了 0.025 mm。

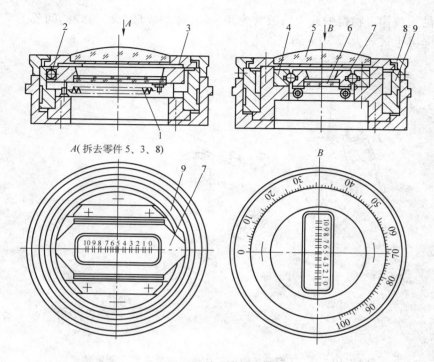

图 7.11 光屏读数头

1—弹簧;2—钢球;3—目镜座;4—滚动导轨;5—目镜;
6—光屏;7—框架;8—刻度盘;9—内凸轮

至此,工作台一共移动了 193.925 mm。

实际操作时,可把后两个调整过程对调。

刻线尺的像投射到光屏 6 上被放大了数十倍,故光屏上双刻线间距离和内凸轮 9 上阿基米德螺旋线升程的误差,反映到执行件的移动量误差仅为数十分之一。坐标镗床的坐标测量精度由刻线尺的刻线精度和机床的制造精度来保证。

3. 光栅－数字显示器坐标测量装置

光栅是在一块长方形的光学玻璃上用照相腐蚀法制成许多密集的线纹。线纹的间距和宽度相等并与运动方向垂直,形成连续的透光区和不透光区。线纹之间的间距称为栅距,常用光栅有每毫米刻 50 条、100 条和 200 条的。每毫米内刻的条数越多,光栅的分辨率越高。

光栅坐标测量装置的工作原理如图 7.12 所示。该装置主要由光源 1、透镜(聚光镜)2、光栅尺(包括指示光栅 3 和标尺光栅 4)、光电转换元件 6 和一系列信号处理电路组成。通常情况下,除标尺光栅 4 与工作台装在一起随其移动外,光源 1、透镜 2、指示光栅 3、光电转换元件 6 和信号处理电路均装在一个壳体内,做成一个单独部件固定在机床上即光栅读数头。在测量时,两块光栅平行并保持 0.05 ~ 0.1 mm 的间隙,在指示光栅 3 相对于标尺光栅 4 在自身平面内旋转一个微小的角度 θ 时,从光源发出的光经透镜 2 变为平行光线照射在指示光栅 3 和标尺光栅 4 上,当两光栅相对移动时,产生光的干涉效应,使两光栅尺形成明暗相间的放大条纹,并照射在光电转换元件 6 上,光电转换元件感受信号,经变换处理为脉冲信号,通过对脉冲计数就可以反映出机床移动部件的位移。

当指示光栅 3 和标尺光栅 4 相对移动时,形成的明暗相间条纹的方向几乎与刻线方向垂直。两个光栅的夹角越小,明暗条纹就越粗,光栅相对移动一个栅距时,明暗条纹正好移过一个节距。这种明暗相间的条纹称为"莫尔条纹",如图 7.13 所示。

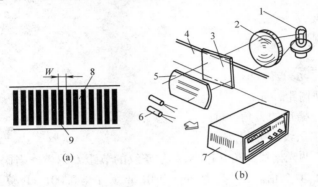

图 7.12　光栅坐标滑量装置工作原理
(a)光栅;(b)工作原理
1—光源;2—透镜;3—指示光栅;4—标尺光栅;5—缝隙板;
6—光电转换元件;7—数码显示器;8—透光缝隙;9—不透光缝隙;W—栅距

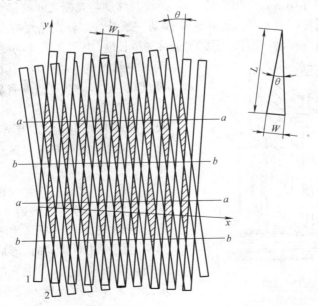

图 7.13　光栅工作原理
1—标尺光栅;2—指示光栅;θ—两光栅尺夹角;W—光栅栅距;L—莫尔条纹节距

θ 为两光栅尺的夹角,$b—b$ 和 $a—a$ 为两条暗带条纹或两条明带条纹之间的距离,称为莫尔条纹的节距,用 L 表示,W 为栅距。图中右边为两光栅尺任意刻线重合的放大图。由几何关系可知

$$L = \frac{W}{2\sin\dfrac{\theta}{2}}$$

由于两光栅尺的夹角 θ 很小,故有 $\sin \approx \theta$,因此有

$$L = \frac{W}{\theta}$$

令 K 为放大比,则

$$K = \frac{L}{W} = \frac{1}{\theta}$$

式中:W——光栅栅距,mm;

$\qquad\theta$——两光栅尺的夹角,rad;

$\qquad L$——莫尔条纹的节距,mm。

由上述可知,两光栅尺夹角 θ 越小,莫尔条纹的节距 L 越大。当栅距一定时,相当于把栅距放大了 $1/\theta$ 倍。例如,取 $W = 0.01$ mm,$\theta = 0.001$ rad,莫尔条纹的节距 $L = 10$ mm,即将栅距放大了 1 000 倍。这就是莫尔条纹的放大作用。此外,由于莫尔条纹是由若干条线纹组成,同样对于栅距为 0.01 mm 的光栅,节距为 10 mm 长的一条莫尔条纹就是由 1 000 条线纹组成,这样栅距之间的固有相邻误差就被平均化了,即莫尔条纹的均化误差作用。其作用三是,莫尔条纹的移动与光栅之间的移动成正比关系,当光栅移动一个栅距时莫尔条纹也相应地移动一条条纹。若光栅反方向移动,则莫尔条纹也相应地反方向移动。所以,用莫尔条纹测量长度,决定其精度的要素不是一根线,而是一组线的平均效应,其精度比单纯光栅精度高,尤其是重复精度有显著提高。

根据莫尔条纹的放大原理,只要在两栅尺后面安装光电元件,当莫尔条纹移动时,计下其数目,便可知道机床移动部件移动的距离。

图 7.14 为透射式光栅读数头的一种结构示意图。光源 1 经透镜 2 聚焦后,变成平行光照射在标尺光栅 3 和指示光栅 6 上。当两光栅尺相对移动时,形成的莫尔条纹与光栅运动方向垂直,并由光电池 7 接受。标尺光栅 3 和指示光栅 6 之间的恒定间隙由滚动轴承 5 保证。读数头和标尺光栅 3 分别装在固定部件和移动部件上。标尺光栅 3

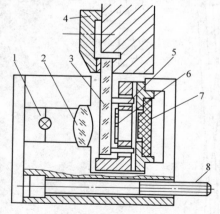

图 7.14　光栅读数头结构
1—光源;2—透镜;3—标尺光栅;
4—压板;5—滚动轴承;6—指示光栅;
7—光电池;8—螺钉

用压板 4 压紧,读数头用螺钉 8 固定。此光栅读数头的作用就是将莫尔条纹的光信号转化成所需的电脉冲信号。

由于光栅具有位移测量精度高、数码显示和读数直观方便等优点,因而在坐标镗床及数控机床上的应用日益增多。

对于坐标镗床这样的高精度机床,热膨胀对精度的影响十分明显。因此,应把这类机床安装在恒温车间内。

7.1.3　金刚镗床

金刚镗床是一种高速精密镗床,因它以前采用金刚石镗刀而得名。现已广泛使用硬质合金刀具。这种机床的特点是切削速度很高(加工钢件 $v = 1.7 \sim 3.3$ m/s,加工有色合金件 $v = 5 \sim 25$ m/s),而切削深度(背吃刀量)和进给量极小(切削深度一般不超过 0.1 mm,进给量一般为 0.01 ~ 0.14 mm/r),因此可以获得很高的加工精度(孔径精度一般为 IT6 ~ IT7 级,圆度不大于 3 ~ 5 μm)和表面质量(表面粗糙度一般为 $0.08\ \mu\mathrm{m} < R_a \leqslant 1.25\ \mu\mathrm{m}$)。金刚镗床在成批生产、大量生产中获得了广泛应用,常用于加工发动机的气缸、连杆、活塞等零件上的精密孔。

金刚镗床的种类很多,按其布局形式可分为单面、双面和多面;按其主轴位置可分为立式、卧式和倾斜式;按其主轴数量可分为单轴、双轴和多轴。

图 7.15 是单面卧式金刚镗床的外形图。机床的主轴箱 1 固定在床身 4 上,主轴 2 高速旋转带动镗刀作主运动。工件通过夹具安装在工作台 3 上,工作台 3 沿床身导轨作平稳的低速纵向移动以实现进给运动。工作台 3 一般为液压驱动,可为半自动循环。

主轴组件是金刚镗床的关键部件,它的性能好坏,在很大程度上决定着机床的加工质量。这类机床的主轴短而粗,在镗杆的端部设有消振器;主轴采用精密的角接触球轴承或静压轴承支承,并由电动机经皮带直接传动主轴旋转,从而可保证主轴组件准确平稳地运转。

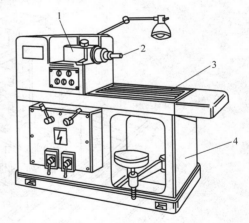

图 7.15　单面卧式金刚镗床外形
1—主轴箱;2—主轴;3—工作台;4—床身

7.1.4　落地镗床及落地铣镗床

在重型机械中,对于大而重的工件移动困难,可采用落地镗床或落地铣镗床,其外形如图 7.16 所示。落地镗床及落地铣镗床均没有工作台,工件直接固定在地面平板上,运动由机床来实现。由于机床庞大,机床的移动部件重量也大,为提高移动灵敏度,避免产生爬行现象,可采用滚动导轨或静压导轨。为方便观察部件的位移,移

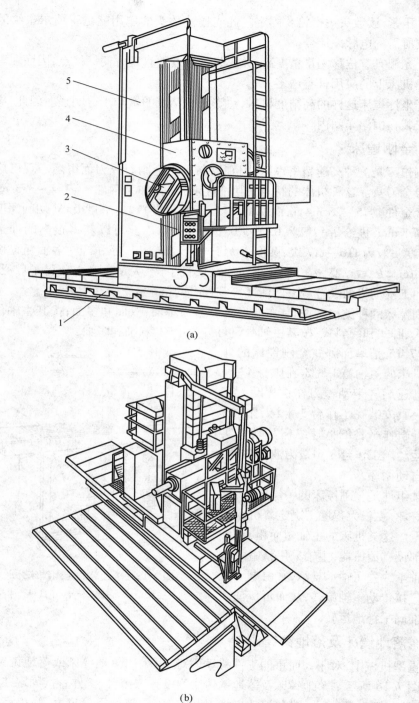

(a)

(b)

图 7.16 落地镗床和落地铣镗床外形

(a)落地镗床外形图;(b)落地铣镗床外形图

1—床身;2—操纵板;3—镗轴;4—主轴箱;5—立柱

动部件应备有数控显示装置,以节省时间和减轻劳动强度。

7.2 加工中心概述

7.2.1 加工中心的特点

1985 年世界上第一台加工中心在美国由卡尼·特雷克(Kearney&Trecker)公司制造出来。加工中心与普通数控机床的区别主要在于它能在一台机床上完成由多台机床才能完成的工作。现代加工中心包括的内容:①加工中心是在数控镗床或数控铣床的基础上增加自动换刀装置,使工件在一次装夹后,可以连续完成对工件表面自动进行钻孔、扩孔、铰孔、镗孔、攻螺纹、铣削等多工步的加工,工序高度集中;②加工中心一般带有自动分度回转工作台或主轴箱可自动转角度,从而使工件一次装夹后,自动完成多个平面或多个角度位置的多工序加工;③加工中心能自动改变机床主轴转速、进给量和刀具相对工件的运动轨迹及其他辅助功能;④加工中心如果带有交换工作台,工件在工作位置的工作台进行加工的同时,另外工件在装卸位置的工作台上进行装卸,不影响正常的工件加工。

由于加工中心具有上述功能,因而可以大大减少工件装夹、测量和机床的调整时间,减少工件的周转、搬运和存放时间,使机床的切削时间利用率高于普通机床 3~4 倍,大大提高了生产率,尤其是在加工形状比较复杂、精度要求较高、品种更换频繁的工件时,更具有良好的经济性。

加工中心是一种备有刀库并能自动更换刀具对工件进行多工序加工的数控机床。箱体类零件的加工中心,一般是在镗、铣床的基础上发展起来的,可称为镗铣类加工中心,习惯上简称为加工中心。

7.2.2 加工中心的组成结构

加工中心自问世至今已有三十多年,世界各国出现了各种类型的加工中心,虽然外形结构各异,但从总体来看主要由以下几大部分组成。

1. 基础部件

基础部件是加工中心的基础结构,由床身、立柱和工作台等组成,它们主要承受加工中心的静载荷以及在加工时产生的切削负载,因此必须有足够的刚度。这些大件可以是铸铁件也可以是焊接而成的钢结构件,它们是加工中心体积和重量最大的部件。

2. 主轴部件

主轴部件由主轴箱、主轴电动机、主轴和主轴轴承等零件组成。主轴的启、停和变转速等动作均由数控系统控制,并且通过装在主轴上的刀具参与切削运动,是切削加工的功率输出部件。

3. 数控系统

加工中心的数控部分是由 CNC 装置、可编程控制器、伺服驱动装置以及操作面板等组成。它是执行顺序控制动作和完成加工过程的控制中心。

4. 自动换刀系统

自动换刀系统由刀库、机械手等部件组成。当需要换刀时,数控系统发出指令,由机械手(或通过其他方式)将刀具从刀库内取出装入主轴孔中。

5. 辅助装置

辅助装置包括润滑、冷却、排泄、防护、液压、气动和检测系统等部分。这些装置虽然不直接参与切削运动,但对加工中心的加工效率、加工精度和可靠性起着保障作用,因此也是加工中心不可缺少的部分。

7.2.3 加工中心的分类

7.2.3.1 按机床形态分类

按机床形态分类,分为卧式、立式、龙门式和万能加工中心。

1. 卧式加工中心

卧式加工中心指主轴轴线为水平状态设置的加工中心。通常都带有可进行分度回转运动的正方形分度工作台。卧式加工中心一般具有 3~5 个运动坐标,常见的是 3 个直线运动坐标(沿 X、Y、Z 轴方向)加一个回转运动坐标(回转工作台),它能够使工件在一次装夹后除安装面和顶面以外的其余 4 个面的加工,最适合箱体类工件的加工。

卧式加工中心有多种形式,如固定立柱式或固定工作台式。固定立柱式的卧式加工中心的立柱固定不动,主轴箱沿立柱做上下运动,而工作台可在水平面内做前后、左右两个方向的移动;固定工作台式的卧式加工中心,安装工件的工作台是固定不动的(不做直线运动),沿坐标轴 3 个方向的直线运动由主轴箱和立柱的移动来实现。

与立式加工中心相比较,卧式加工中心的结构复杂,占地面积大,重量大,价格也较高。

2. 立式加工中心

立式加工中心指主轴轴心线为垂直状态设置的加工中心。其结构形式多为固定立柱式,工作台为长方形无分度回转功能,适合加工盘类零件。具有 3 个直线运动坐标,并可在工作台上安装 1 个水平轴的数控转台用以加工螺旋线类零件。

立式加工中心的结构简单、占地面积小、价格低、刚度大。

3. 龙门式加工中心

龙门式加工中心形状与龙门铣床相似,主轴多为垂直设置,带有自动换刀装置,带有可更换的主轴头附件,数控装置的软件功能也较齐全,能够一机多用,尤其适用于大型或形状复杂的工件,如航天工业及大型汽轮机上的某些零件的加工。

4. 万能加工中心

某些加工中心具有卧式和立式加工中心的功能,工件一次装夹后能完成除安装面外的所有侧面和顶面等 5 个面的加工,也叫五面加工中心。常见的五面加工中心有两种形式:一种是主轴可以旋转90°,既可以像立式加工中心那样工作,也可以像卧式加工中心那样工作;另一种是主轴不改变方向,而工作台可以带着工件旋转90°完成对工件5个表面的加工。

这种加工方式可以使工件的形位误差降到最低,省去了二次装夹的工装,从而提高生产效率,降低加工成本。但是由于五面加工中心存在着结构复杂、造价高、占地面积大等缺点,所以它的使用和生产在数量上远不如其他类型的加工中心。

7.2.3.2　按换刀形式分类

按换刀形式分类可分为以下几种。

1. 带刀库、机械手的加工中心

加工中心的换刀装置(Automatic Tool Chanyer,ATC)是由刀库和机械手组成,换刀机械手完成换刀工作。这是加工中心采用最普遍的形式,JCS—018A型立式加工中心就属此类。

2. 无机械手的加工中心

无机械手加工中心的换刀是通过刀库和主轴箱的配合动作来完成的。一般采用把刀库放在主轴箱可以运动到的位置,或整个刀库或某一刀位能移动到主轴箱可以到达的位置。刀库中刀具的存放位置方向与主轴装刀方向一致。换刀时,主轴运动到刀位上的换刀位置,由主轴直接取走或放回刀具。多用于采用40号以下刀柄的小型加工中心,XH754型卧式加工中心就是这样。

3. 转塔刀库式加工中心

一般在小型立式加工中心上采用转塔刀库形式,主要以孔加工为主。ZH5120型立式钻削加工中心就是转塔刀库式加工中心。

现今,加工中心正向着高速度、高精度、环保、智能等愈发完善的机能方向高速发展。

7.3　JCS—018A 立式加工中心

7.3.1　机床的用途、布局及技术参数

JCS—018A立式加工中心的另一个型号是TH5632A,它是一台具有自动换刀装置的小型数控立式镗铣床。该加工中心采用了软件固定型计算机控制的FANUC BESK 6ME数控系统(以下简称FANUC 6M系统)。

7.3.1.1　机床的用途及特点

1. 机床的用途

在JCS—018A型立式加工中心上,工件一次装夹后,可以自动连续地完成铣、钻、铰、扩、锪、攻螺纹等多种工序的加工。故适合于小型板类、盘类、壳体类、模具等零件的多品种小批量加工。使用该机床加工中小批量的复杂零件,一方面可以节省在普通机床上加工所需的大量的工艺装备,缩短了生产准备周期;另一方面能够确保

工件的加工质量,提高生产率。

2. 机床的特点

(1)强力切削。主轴电动机采用的是 FANUC AC 型电动机。电动机的运动经一对齿形带轮传到主轴。主轴转速的恒功率范围宽,低转速的转矩大,机床的主要构件刚度高,故可以进行强力切削。因为主轴箱内无齿轮传动,所以主轴运转时噪声低、振动小、热变形小。

(2)高速定位。进给直流伺服电动机的运动经联轴节和滚珠丝杠副,使 X 轴和 Y 轴获得14 m/min、Z 轴获得 10 m/min 的快速移动。由于机床基础件刚度高,各导轨的滑动面上,贴上一层聚四氟乙烯软带,使机床在高速移动时振动小,低速移动时无爬行,并且有高的精度稳定性。

(3)随机换刀。驱动刀库的直流伺服电动机经蜗轮副使刀库回转。机械手的回转、取刀、装刀机构均由液压系统驱动。自动换刀装置结构简单,换刀可靠,由于它安装在立柱上,故不影响主轴箱移动精度。随机换刀,采用记忆式的任选换刀方式,每次选刀运动,刀库正转或反转均不超过180°角。

(4)机电一体化。机床的总体结构,将控制柜、数控柜、润滑装置都安装在立柱和床身上,减少了占地面积,同时也简化了搬运和安装。机床的操作面板集中安装在机床的右前方,操作方便,体现出机电一体化的设计特点。

(5)计算机控制。机床采用了软件固定型计算机控制的数控系统。控制系统的体积小,故障率低,可靠性高,操作简便。机床外部信号和程序控制器装置内部的运行具有自诊断机能,监控和检查直观、方便。

(6)主轴箱恒温控制。采用油温自动控制器,使油温控制在室温 ±2℃ 内,有较高精度。

7.3.1.2 机床的布局

图 7.17 为 JCS—018A 型立式加工中心的外观图。图中,10 是床身,其顶面的横向导轨支承着滑座9,滑座沿床身导轨的运动为 Y 轴。工作台 8 沿滑座导轨的纵向运动为 X 轴。5 是主轴箱,主轴箱沿立柱导轨的上下移动为 Z 轴。1 为 X 轴的直流伺服电动机。2 是换刀机械手,它位于主轴和刀库之间。4 是盘式刀库,能储存 16 把刀具。3 是数控柜,7 是驱动电源柜,它们分别位于机床立柱的左右两侧,6 是机床的操作面板。

7.3.1.3 机床的主要技术参数

1. 机床的主要参数

工作台外形尺寸(工作面)	1 200 mm ×450(1 000 ×320)mm
工作台 T 形槽宽×槽数	18 ×3
工作台左右行程(X 轴)	750 mm
工作台前后行程(Y 轴)	400 mm
主轴箱上下行程(Z 轴)	470 mm

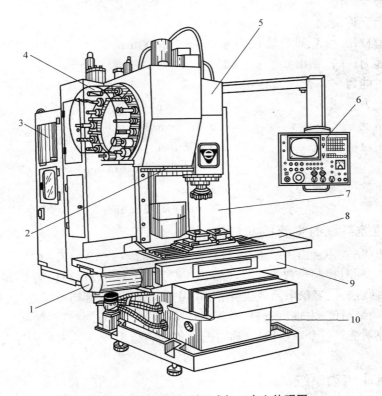

图 7.17 JCS - 018A 型立式加工中心外观图

1—X 轴的直流伺服电动机;2—换刀机械手;3—数控柜;4—盘式刀库;5—主轴箱;
6—操作面板;7—驱动电源柜;8—工作台;9—滑座;10—床身

主轴端面到工作台面距离	180 ~ 650 mm
主轴锥孔	BT—45
主轴转速	标准型 22. 5 ~ 2 250 r/min,高速型 45 ~ 4 500 r/min
主轴电动机	5. 5/7. 5(额定/30 min)kW FANUC—AC12 型
快速移动速度	
X、Y 轴	14 m/min
Z 轴	10 m/min
进给速度(X、Y、Z 轴)	1 ~ 400 mm/min
进给驱动电动机(X、Y、Z 轴)	1. 4 kW FANUC—BESK 直流伺服电动机 15 型
刀库容量	16
选刀方式	任选
最大刀具尺寸	$\phi100 \sim \phi300$ mm
最大刀具质量	8 kg
刀库电动机	1. 4 kW FANUC - BESK 直流伺服电动机 15 型

工作台允许负载	500 kg
滚珠丝杠尺寸(X、Y、Z轴)	$\phi 40$ mm ~ $\phi 100$ mm
钻孔能力(一次钻出)	$\phi 32$ mm
攻螺纹能力	M24 mm
铣削能力	110 cm³/min
定位精度	±0.012 mm/300 mm
重复定位精度	±0.006 mm
气源	5 ~ 7 × 10⁵ Pa(250 L/min)
机床质量	5 000 kg
占地面积	3 280 mm × 2 300 mm

7.3.2 数控系统的主要技术规格

JCS—018A 立式加工中心配置的数控系统是日本的 FANUC—6M 系统,可控制轴数为 3 轴,同时控制轴数为 2 轴。轮廓控制系统,最小设定单位为 0.001 mm。系统还具有直线插补、多象限圆弧插补、用 R 设定圆弧半径、刀具长度测量、对称切削、试运行、手动绝对值、主轴负载表、公英制转换、零件程序核对、运转时间显示等功能。

该数控系统有一个串行接口,通过通信电缆将微型计算机内的程序传输给机床数控系统。

7.3.3 机床传动系统

数控机床的机械传动系统很简单。JCS—018A 型立式加工中心也不例外,其传动系统见图 7.18。

7.3.3.1 主运动传动系统

主轴电动机通过一对同步齿形带轮将运动传给主轴,使主轴在 22.5 ~ 2 250 r/min(高速 45 ~ 4 500 r/min)转速范围内可以实现无级调速。

主轴电动机采用 FANUC—AC12 型交流伺服电动机,该电动机 30 min 超载时的最大输出功率为 15 kW,连续运转时的最大输出功率为 11 kW,计算转速为 1 500 r/min。JCS—018A 型立式加工中心在主轴电动机的伺服系统中加了功率限制,使电动机的额定输出功率为 7.5 kW(30 min 超载)和 5.5 kW(连续运转),电动机的计算转速为 750 r/min,即加大了恒功率区域。图 7.19 为该机床的功率和扭矩特性曲线,图中实线为电动机的特性,虚线为主轴的特性。如图 7.19(a)所示,电机转速范围为 45 ~ 4 500 r/min,其中在 750 ~ 4 500 r/min 转速范围为恒功率区域。电动机的运动经过 1/2 齿形带轮传给主轴,主轴的转速范围为 22.5 ~ 2 250 r/min,主轴的计算转速为 375 r/min,转速在 375 ~ 2 250 r/min 的范围内,为主轴的恒功率区域,在该区域内,主轴传递电动机的全部功率 5.5 kW 或 7.5 kW。如图 7.19(b)所示,电动机转速在 45 ~ 750 r/min 范围内为恒扭矩区域,其连续运转的最大输出扭矩为 70 N·m,电动机 30 min 超载时的最大输出扭矩为 95.5 N·m。主轴恒扭矩区域的

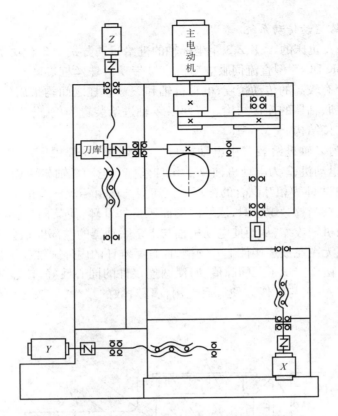

图7.18 JCS—018A型立式加工中心传动系统

转速范围为22.5～375 r/min,最大输出扭矩分别为140 N·m(连续运转)和191 N·m(30 min 超载)。

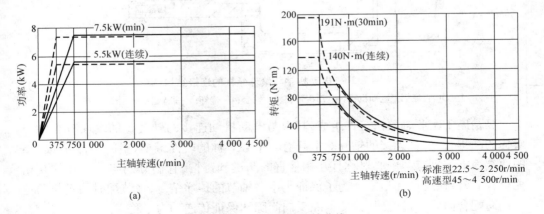

(a)

(b)

图7.19 功率扭矩特性曲线

(a)功率特性曲线;(b)扭矩特性曲线

7.3.3.2 进给运动传动系统

　　JCS—018A 机床的 X、Y、Z 3 个坐标轴的进给运动分别由 3 台功率为 1.4 kW 的
FANUC—BESK DC15 型直流伺服电动机直接带动滚珠丝杠旋转。为了保证各轴的
进给传动系统有较高的传动精度,电动机轴和滚珠丝杠之间均采用了锥环无键连接
和高精度十字联轴器的连接结构。下面以 Z 轴进给装置为例,分析电动机轴与滚珠
丝杠之间的连接结构。

　　图 7.20 为 Z 轴进给装置中电动机与丝杠连接的局部视图。如图中所示,1 为
DC 直流伺服电动机,2 为电动机轴,7 为滚珠丝杠。电动机轴与轴套 3 之间采用锥环
无键连接结构,4 即为相互配合的锥环。该连接结构由相互配合的内外锥环、拧紧螺
钉、法兰等组成,当拧紧螺钉时,法兰的端面压迫外锥环,使其向外膨胀,此时内锥环
受力后向电动机轴收缩,从而使电动机轴与十字联轴器的左部即轴套 3 连接在一起。
这种连接方式无需在被连接件上开键槽,而且两锥环的内外圆锥面压紧后,使连接配
合面无间隙。由于实现了无间隙传动,使两连接件的同心性好,传递动力平稳,而且
加工工艺性好,安装与维修方便。而选用锥环对数的多少,取决于所传递扭矩的大
小。

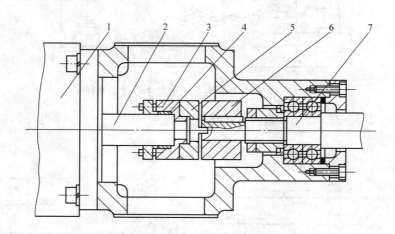

图 7.20　电动机轴与滚珠丝杠的连接结构

1—DC 直流伺服电动机;2—电动机轴;3、6—轴套;4—锥环;5—联轴节;7—滚珠丝杠

　　高精度十字联轴器由三件组成,其中与电动机轴连接的轴套 3 的端面有与中心
对称的凸键,与丝杠连接的轴套 6 上开有与中心对称的端面键槽,中间一件联轴节 5
的两端面上分别有与中心对称且互相垂直的凸键和键槽,它们分别与件 3 和件 6 相
配合,用来传递运动和扭矩。为了保证十字联轴节的传递精度,在装配时凸键与凹键
的径向配合面要经过配研,以便消除反向间隙和保证传递动力平稳。

　　该立式加工中心 X、Y 轴的快速移动速度为 14 r/min,Z 轴快移速度为 10 r/min。

由于主轴箱垂直运动,为防止滚珠丝杠因不能自锁而使主轴箱下滑,所以 Z 轴电动机带有制动器。

7.3.4　机床的主要结构

7.3.4.1　主轴箱

1. 主轴结构

图 7.21 为 JCS—018A 主轴箱结构简图。如图所示,1 为主轴,主轴的前支承 4 配置了 3 个高精度的角接触球轴承,用以承受径向载荷和轴向载荷,前两个轴承大口朝下,后面一个轴承大口朝上。前支承按预加载荷计算的预紧量由螺母 5 来调整。后支承 6 为一对小口相对配置的角接触球轴承,它们只承受径向载荷,因此轴承外圈不需要定位。该主轴选择的轴承类型和配置形式,能满足主轴高转数和承受较大轴向载荷的要求,主轴受热变形向后伸长,不影响加工精度。

2. 刀具的自动夹紧机构和切屑清除装置

如图 7.21(a)所示,主轴内部和后端安装的是刀具自动夹紧机构。它主要由拉杆 7、拉杆端部的四个钢球 3、蝶形弹簧 8、活塞 10、液压缸 11 等组成。机床执行换刀指令,机械手要从主轴拔刀时,主轴需松开刀具。这时液压缸上腔通压力油,活塞推动拉杆向下移动,使蝶形弹簧压缩,钢球进入主轴锥孔上端的槽内,刀柄尾部的拉钉(拉紧刀具用)2 被松开,机械手即可拔刀。之后,压缩空气进入活塞和拉杆的中孔,吹净主轴锥孔,为装入新刀具做好准备。当机械手将下一把刀具插入主轴后,液压缸上腔无油压,在蝶形弹簧和弹簧 9 的恢复力的作用下,使拉杆、钢球和活塞退回到图示的位置,即蝶形弹簧通过拉杆和钢球拉紧刀柄尾部的拉钉,使刀具被夹紧。

刀杆夹紧机构用弹簧夹紧,液压松开,以保证在工作中突然停电时,刀杆不会自行松脱。夹紧时,活塞 10 下端的活塞杆与拉杆 7 的上端部之间有一定间隙(约为 4 mm),以防止主轴旋转时端面摩擦。

行程开关 12 和 13 用于发出"刀杆已放松"和"刀杆已夹紧"信号。

机床采用锥柄刀具,锥柄的尾端安装有拉钉 2,拉杆 7 通过 4 个钢球 3 拉住拉钉 2 的凹槽,使刀具在主轴锥孔内定位及夹紧。拉紧力由蝶形弹簧 8 产生,蝶形弹簧共有 34 对 68 片,组装后压缩 20 mm 时,弹力为 10 kN,压缩 28.5 mm 时为 13 kN。拉紧刀具的拉紧力等于 10 kN。

本机床用钢球 3 拉紧刀杆(即刀柄尾部的拉钉)。在 10 kN 拉紧力作用下,这种拉紧方法的缺点是在 4 个钢球与拉钉锥面、主轴孔表面、钢球所在孔表面的接触应力相当大 ,易将主轴孔和刀杆压出坑来,而且对这些部位的材料及表面硬度要求很高。因此,新式的刀杆拉紧机构有的采用 5 个钢球,还有的改用弹力卡爪拉紧机构。卡爪由两瓣组成,装在拉杆 7 的下端,如图 7.21(b)所示。夹紧刀具时,拉杆 7 带着弹力卡爪 15 上移,卡爪下端的外周是锥面 B,与套 16 的锥孔相配合,使爪收紧,从而卡紧刀杆。这种卡爪与刀杆的接合面 A 与拉力垂直,故拉紧力较大。卡爪与刀杆为面接触,接触应力较小,不易压溃。新型加工中心多采用这种拉紧机构。

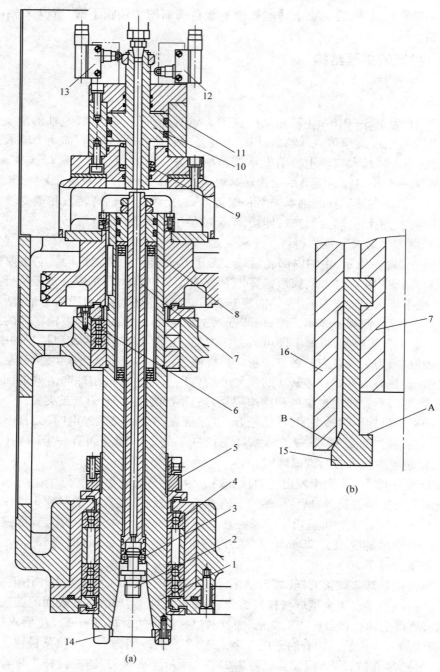

图 7.21　JCS–018A 主轴箱结构简图

（a）主轴箱结构；（b）弹力卡爪

1—主轴；2—拉钉；3—钢球；4—前支承；5—调整螺母；6—后支承；7—拉杆；8—碟形弹簧；
9—弹簧；10—活塞；11—液压缸；12、13—行程开关；14—断面键；15—弹力卡爪；16—套

3. 主轴准停装置

主轴与刀柄靠 7:24 锥面定心,机床的切削扭矩由端面键来传递。端面键固定在主轴前端面上,嵌入刀柄的键槽内。每次机械手自动装取刀具时,必须保证刀柄的键槽对准主轴的端面键,这就要求主轴具有准确定位的功能。为满足主轴这一功能而设计的装置称为主轴准停装置或称为主轴定向装置。准停装置分机械式和电气式两种。

本机床采用的是电气式主轴准停装置,即用磁力传感器检测定向,如图 7.22 所示。在原理图(a)中主轴 8 的尾部安装有发磁体 9,它随主轴转动,在距发磁体外缘 1 ~2 mm 处,固定了一个磁传感器 10,它经过放大器 11 与主轴伺服单元 3 连接。主轴定向指令发出装置 1 发出指令后,主轴便处于定向状态,当发磁体上的判别孔转到对准传感器上的基准槽时,主轴立即停止转动。

图中 5 为电动机与主轴之间的同步齿形带,4 为主轴电动机,2 为强电时序电路,7 为主轴端面键,6 是位置控制回路,12 是定向电路。图 7.22(b)为主轴准停装置外形图。

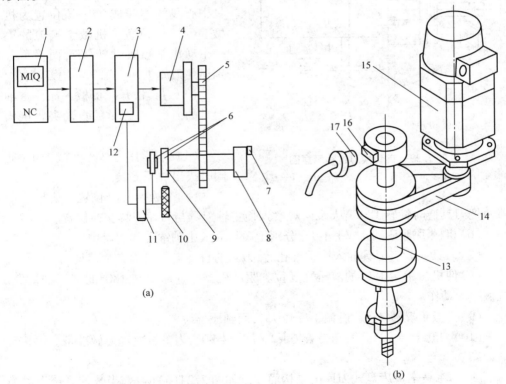

(a)

(b)

图 7.22 主轴准停装置

(a)原理图;(b)主轴准停装置

1—主轴定向指令发出装置;2—强电时序电路;3—主轴伺服单元;4、15—主轴电动机;5—同步齿形带;
6—位置控制回路;7—主轴端面键;8、13—主轴;9—发磁体;
10、17—磁传感器;11—放大器;12—定向电路;14—同步感应器;16—永久磁铁

7.3.4.2 刀库结构

1. 自动换刀过程

上一工序加工完毕,主轴在"准停"位置,由自动换刀装置换刀,其过程如下。

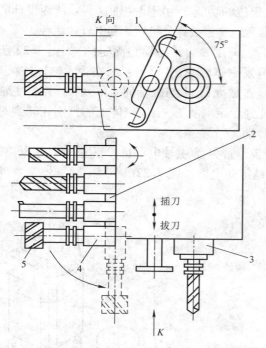

图 7.23 自动换刀过程示意图
1—机械手;2—刀库;3—主轴;4—刀套;5—刀具

(1)刀套下转 90°。本机床的刀库位于立柱左侧,刀具在刀库中的安装方向与主轴垂直,如图 7.23 所示。换刀之前,刀库 2 转动将待换刀具 5 送到换刀位置,之后把带有刀具 5 的刀套 4 向下翻转 90°,使得刀具轴线与主轴轴线平行。

(2)机械手转 75°。如 K 向视图所示,在机床切削加工时,机械手 1 的手臂与主轴中心到换刀位置的刀具中心线的连线成 75°,该位置为机械手的原始位置。机械手换刀的第一个动作是顺时针转 75°,两手爪分别抓住刀库上和主轴 3 上的刀柄。

(3)刀具松开。机械手抓住主轴刀具的刀柄后,刀具的自动夹紧机构松开刀具。

(4)机械手拔刀。机械手下降,同时拔出两把刀具。

(5)交换两刀具位置。机械手带着两把刀具逆时针转 180°(从 K 向观察),使主轴刀具与刀库刀具交换位置。

(6)机械手插刀。机械手上升,分别把刀具插入主轴锥孔和刀套中。

(7)刀具夹紧。刀具插入主轴锥孔后,刀具的自动夹紧机构夹紧刀具。

(8)使机械手转 180°的液压缸复位。驱动机械手逆时针转 180°的液压缸复位,机械手无动作。

(9)机械手反转 75°。机械手反转 75°,回到原始位置。

(10)刀套上转 90°。刀套带着刀具向上翻转 90°,为下一次选刀做准备。

2. 刀库结构

图 7.24 是本机床盘式刀库的结构简图。如图 7.24(a)所示,当数控系统发出换刀指令后,直流伺服电动机 1 接通,其运动经过十字联轴节 2、蜗杆 4、蜗轮 3 传到如图 7.24(b)所示的刀盘 14,刀盘带动其上面的 16 个刀套 13 转动,完成选刀的工作。每个刀套尾部有一个滚子 11,当待换刀具转到换刀位置时,滚子 11 进入拨叉 7 的槽内。同时气缸 5 的下腔通压缩空气(如图 7.24(a)所示),活塞杆 6 带动拨叉 7 上升,

放开位置开关9,用以断开相关的电路,防止刀库、主轴等有误动作。如图7.24(b)
所示,拨叉7在上升的过程中,带动刀套绕着销轴12逆时针向下翻转90°,从而使刀
具轴线与主轴轴线平行。

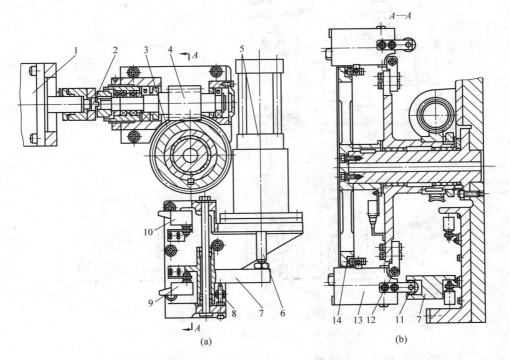

图 7.24 JCS—018A 刀库结构简图

(a)刀库结构;(b)A—A 剖面

1—直流伺服电动机;2—十字联轴节;3—蜗轮;4—蜗杆;5—气缸;6—活塞杆;

7—拨叉;8—螺杆;9—开关;10—定位开关;11—滚子;12—销轴;13—刀套;14—刀盘

刀套下转90°后,拨叉7上升到终点,压住定位开关10,发出信号使机械手抓刀。
通过图7.24(a)中的螺杆8,可以调整拨叉的行程,而拨叉的行程又决定刀具轴线相
对主轴轴线的位置。

刀套的结构如图7.25所示,F—F 剖视图中的件7即为图7.24(b)中的滚子11,
E—E 剖视图中的件6即为图7.24(b)中的销轴12。刀套4的锥孔尾部有两个球头
销钉3。在螺纹套2与球头销之间装有弹簧1,当刀具插入刀套后,由于弹簧力的作
用,使刀柄被夹紧。拧紧螺纹套,可以调整夹紧力的大小,当刀套在刀库中处于水平
位置时,刀具靠刀套上部的滚子5来支承。

7.3.4.3 机械手结构

JCS—018A 机床上使用的换刀机械手为回转式单臂双手机械手。在自动换刀过
程中,机械手要完成抓刀、拔刀、交换主轴上和刀库上的刀具位置、插刀、复位等动作。

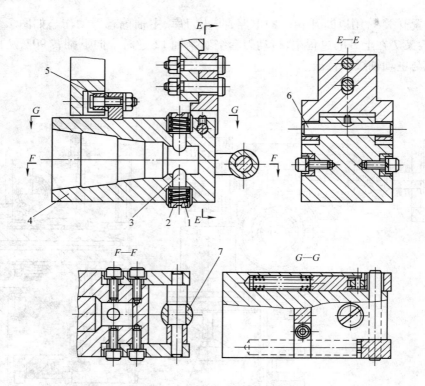

图 7.25   JCS—018A 刀套结构图

1—弹簧;2—螺纹套;3—球头销钉;4—刀套;5、7—滚子;6—销轴

1. 机械手的结构及动作过程

图 7.26 为机械手传动结构示意图。如前面介绍刀库结构时所述,刀套向下转 90°后,压下上行程位置开关,发出机械手抓刀信号。此时,机械手 21 正处在图中所示的上面位置,液压缸 18 右腔通压力油,活塞杆推着齿条 17 向左移动,使得齿轮 11 转动。如图 7.27 所示,8 为图 7.26 中液压缸 15 的活塞杆,齿轮 1、齿条 7 和轴 2 即为图 7.26 中的齿轮 11、齿条 17 和轴 16。连接盘 3 与齿轮 1 用螺钉连接,它们空套在机械手臂轴 2 上,传动盘 5(即图 7.26 中的 10)与机械手臂轴 2(即图 7.26 中的 16)用花键连接,它上端的销子 4 插入连接盘 3 的销孔中,因此齿轮转动时带动机械手臂轴转动。如图 7.26 所示,使机械手回转 75°抓刀。抓刀动作结束时,齿条 17 上的挡环 12 压下位置开关 14,发出拔刀信号,于是液压缸 15 的上腔通压力油,活塞杆推动机械手臂轴 16 下降拔刀。在轴 16 下降时,传动盘 10 随之下降,其下端的销子 8(图 7.27 中的销子 6)插入连接盘 5 的销孔中,连接盘 5 和其下面的齿轮 4 也是用螺钉连接的,它们空套在轴 16 上。当拔刀动作完成后,轴 16 上的挡环 2 压下位置开关 1,发出换刀信号。这时液压缸 20 的右腔通压力油,活塞杆推着齿条 19 向左移动,使齿轮 4 和连接盘 5 转动,通过销子 8,由传动盘带动机械手转 180°,交换主轴上和刀

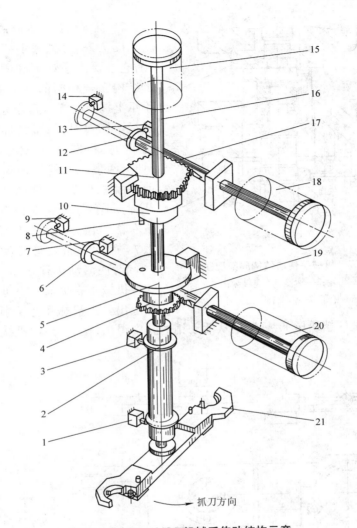

图 7.26 JCS—018A 机械手传动结构示意

1、3、7、9、13、14—开关；2、6、12—挡环；16—轴；4、11—齿轮；5—连接盘；8—销子；
10—传动盘；15、18、20—油缸；17、19—齿条；21—机械手

库上的刀具位置。拔刀动作完成后，齿条 19 上的挡环 6 压下位置开关 9，发出插刀信号，使油缸 15 的下腔通压力油，活塞杆带着机械手臂轴上升插刀，同时传动盘下面的销子 8 从连接盘 5 的销孔中移出。插刀动作完成后，轴 16 上的挡环 2 压下位置开关 3，使液压缸 20 的左腔通压力油，活塞杆带着齿条 19 向右移动复位，而齿轮 4 空转，机械手无动作。齿条 19 复位后，其上挡环压下位置开关 7，使液压缸 18 的左腔通压力油，活塞杆带着齿条 17 向右移动，通过齿轮 11 使机械手反转 75°复位。机械手复位后，齿条 17 上的挡环压下位置开关 13，发出换刀完成信号，使刀套向上翻转 90°，为下次选刀做好准备。同时机床继续执行后面的操作。

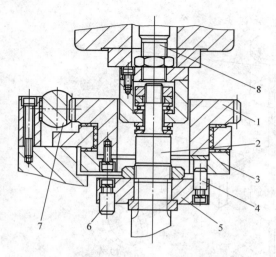

图 7.27 机械手传动结构局部视图

1—齿轮；2—轴；3、5—连接盘；
4、6—销子；7—齿条；8—活塞杆

2. 机械手抓刀部分的结构

图 7.28 为机械手抓刀部分的结构，它主要由手臂 1 和固定在其两端的结构完全相同的两个手爪 7 组成。手爪上握刀的圆弧部分有一个锥销 6，机械手抓刀时，该锥销插入刀柄的键槽中。当机械手由原位转 75°抓住刀具时，两手爪上的长销 8 分别被主轴前端面和刀库上的挡块压下，使轴向开有长槽的活动销 5 在弹簧 2 的作用下右移顶住刀具。机械手拔刀时，手爪 7 与挡块脱离接触，锁紧销 3 被弹簧 4 弹起，使活动销顶住刀具不能后退，这样机械手在回转 180°时，刀具不会被甩出。当机械手上升插刀时，两长销 8 又分别被两挡块压下，锁紧销从活动销的孔中退出，松开刀具，机械手便可反转 75°复位。

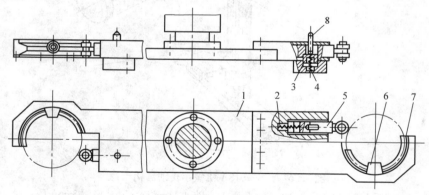

图 7.28 机械手臂和手爪

1—手臂；2、4—弹簧；3—锁紧销；5—活动销；6—锥销；7—手爪；8—长销

7.4 卧式加工中心

卧式加工中心适用于箱体型零件、大型零件的加工。卧式加工中心工艺性能好，工件的安装方便，利用工作台和回转工作台可以加工 4 个面或多面，并能进行掉头镗孔和铣削。

7.4.1 卧式加工中心的种类

（1）立柱不动式加工中心。工作台实现两个方面的进给，刚性差，往往用于小型、经济型卧式加工中心，如图 7.29 所示。

（2）立柱移动式加工中心。立柱移动式卧式加工中心大体又可分为两类。一是立柱 Z 向进给运动，X 向运动由工作台或交换工作台进行，利于提高床身和工作台的刚性，立柱进给时，有利于保证对加工孔的直线性和平行性。当采用双立柱时，主轴中心线位于两立柱之间，受力时不影响精度，主轴中心线能避免因发热而形成的变形。这种布局形式近年来采用的比较多。另一类是立柱双向移动式，即立柱安装在十字拖板上，进行 Z 向及 X 向运动，适用于大型工件加工。立柱移动式卧式加工中心的最大优点就是工作台能够适应不同的工件进行柔性组合，它可以用长工作台和圆工作台，也可用交换工作台，由于机床的前后床身可以分离，所以在加工大型工件时，甚至不安置工作台也可以，特别适合组成柔性制造系统和柔性制造单元。

（3）滑枕式加工中心。这类加工中心，主轴箱大多数均采用侧挂式、滑枕带动刀具前后运动，如图 7.30 所示。这类机床最大的优点是滑枕运动代替了立柱工作的运动，从而使工件以良好的固定状态接受切削加工，所以解决好滑枕悬臂的自重平衡是保证切削精度的关键。

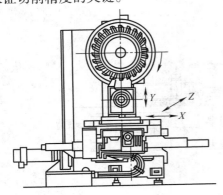

图 7.29　立柱不动式

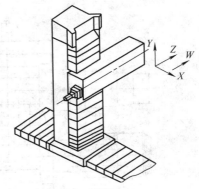

图 7.30　滑枕式加工中心

7.4.2　SOLON3—1 卧式镗铣加工中心

7.4.2.1　机床组成

机床外形见图 7.31。床身 6 呈 T 字形（刨台式）。立柱 4 在床身上作横向移动。工作台 3 在床身上作纵向移动。立柱呈龙门式（或称框式），主轴箱 5 在龙门间上下移动。立柱 4 和主轴箱 5 的这种布局形式有利于改善机床的热态性能和动态性能，可较好地保证箱体类工件要求镗孔时的孔的同轴度。主轴箱用两个铸铁重锤平衡，重锤则分别位于龙门的两个立柱内。重锤与立柱的导向部位粘上一层硬橡胶，再在外面蒙一层 0.5 mm 后的薄钢板，以吸收重锤在快速移动时与立柱产生的撞击能。机床有两个交换工作台站 1 和 2，每个交换工作台站上可安放一个交换工作台，两个交换工作台轮换使用。当其中一个交换工作台被送到机床上对其上的工件进行加工时，另一个交换工作台则会送回到其工作站上装卸工件，以节省辅助时间，提高机床的使用率。机床有链式刀库7，刀库可容纳60把刀。刀库是一个独立组件，安装在立柱侧边的基础上。机床所有的直线运动导轨都采用单元滚动体导轨支撑。用封闭密封性好的拉板防护。整个工作区有防护板和门窗密封，以防止冷却液和切屑向外飞溅。切屑与冷却液由排屑装置收集，经处理后，切屑排出，切削液回收过滤，循环使用。

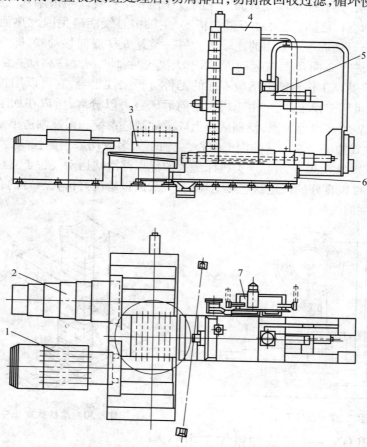

图 7.31 SOLON3—1 卧式镗铣加工中心

1、2—交换工作台站；3—工作台；4—立柱；5—主轴箱；6—床身；7—链式刀库

7.4.2.2 主要参数

工作台面尺寸	1 000 mm × 1 000 mm
工作台上最大荷重	6 000 kg
工作台纵向（X 轴）行程	1 600 mm
主轴箱升降（Y 轴）行程	1 200 mm
立柱横向（Z 轴）行程	1 000 mm

工作台回转(B轴)	$0.06° \times 6\,000$
主轴转速	$12 \sim 3\,000$ r/min
主电动机功率	30 kW
切削进给速度	$1 \sim 6\,000$ mm/min
快速移动时速度	$12\,000$ mm/min
工作台快速回转(B轴)速度	4 r/min
X、Y、Z轴定位精度	0.015 mm
X、Y、Z轴重复定位精度	0.008 mm
工作台回转(B轴)定位精度	$\pm (15'' \sim 20'') / 360°$
其中 $0°$、$90°$、$180°$、$270°$ 四个位置	$\pm 2''$
刀库容量(把)	60 把
刀具最大直径	125 mm
相邻空位	300 mm
单头镗刀直径	400 mm
刀具最大长度	400 mm
刀具最大质量	25 kg
机床轮廓尺寸(长×宽×高)	$7\,665$ mm $\times 5\,800$ mm $\times 4\,110$ mm
机床质量	$29\,300$ kg
占地面积(长×宽)	$8\,265$ mm $\times 8\,850$ mm

7.4.2.3　主要结构

1. 主轴箱

主轴箱展开图如图 7.32 所示。主运动由 SIEMENS 公司生产的30 kW直流调速电动机驱动,经三级齿轮变速时主轴获得 $12 \sim 3\,000$ r/min 的转速。齿轮箱变速由三位液压缸驱动第三轴上的滑移齿轮实现,其转速图见图 7.32 右下角。变速箱三级转速的传动比为 $1:1.03$,$1:2.177$,$1:7.617$,其级比分别为 2.09 和 3.5,不相等。

主传动系统的功率、扭矩图如图 7.33 所示,主电动机恒功率调速范围为 $1\,350 \sim 3\,150$ r/min,调速比为 $1:2.33$;恒扭矩调速范围为 $156 \sim 1\,350$ r/min,调速比为 $1:8.65$。由于级比不等,使得高、中速区之间有重合,中、低转速区有较大的缺口。在缺口处电动机的最大输出功率仅为 20 kW。

主电动机与第Ⅰ轴之间用齿轮联轴器连接。该联轴器由三件组成:内齿轮、外齿轮和由增强尼龙 1011 材料制成的中间连接件。中间连接件的内、外圆加工出齿,插入联轴器的另两件——内、外齿轮中。主轴箱内全部齿轮都是斜齿轮。除滑移齿轮和啮合的有关齿轮的螺旋角为 10° 外,其余均为 15°。各中心距均圆整成整数,因此各个齿轮都经变位,以保证中心距。

主轴箱在减噪和隔噪方面采取了如下一些特殊措施。

(1)主轴箱内全部齿轮的精度是 5 级。

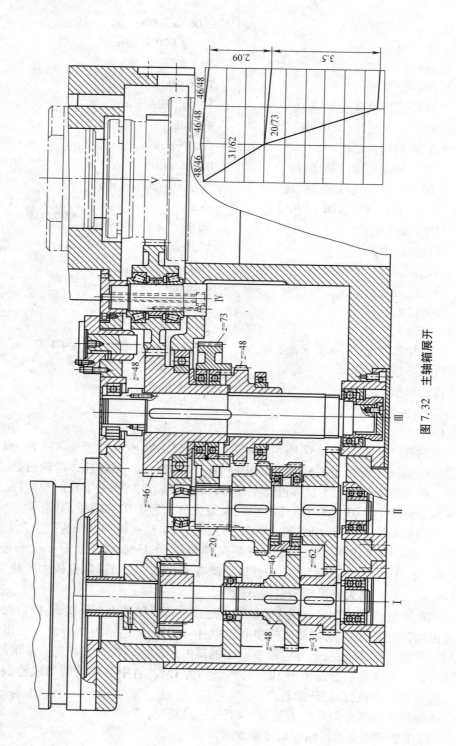

图 7.32 主轴箱展开

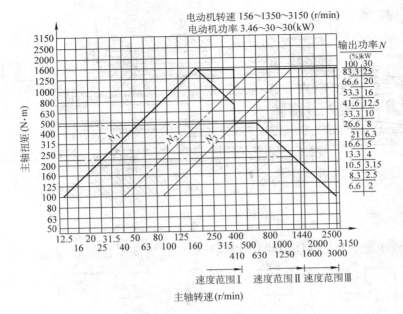

图 7.33　功率、扭矩图

（2）主轴箱铸造后两侧耳的型砂不清除，并注入一些塑料和发泡剂，形成泡沫塑料将沙子粘结住，增强了箱体的抗振性和减少箱体的声辐射。

（3）龙门式立柱内粘上一层 2～3 mm 厚的类似沥青和玻璃丝混合压制的组织，再贴上一层 20 mm 后的石棉板，以提高对主轴箱声辐射的吸收能力。

由于采取了上述措施，主轴以最高转速 3 000 r/min 运行时，噪声也很小。

主轴箱由相关油泵作循环润滑。

主轴是一个独立的组件，见图 7.34。主轴组件外套与箱体孔热压配合。拆卸时往配合面的凹槽 1 内打入高压油。两端配合孔有 5 mm 的直径差，因此产生一轴向推力，可以方便地将主轴组件拆下。主轴轴承采用 4 个超轻型角接触球轴承，成对反向安装。修磨中间隔套 2 的长度可以调整轴承的顶紧程度。轴承采用油脂润滑。主轴组件的精度有较大储备量，径向跳动仅允许 2 μm。主轴锥孔为 ISO50。孔内有刀具夹紧机构（即弹力卡爪夹紧）。夹紧靠一组碟形弹簧，夹紧力可达 15 000 N，由主轴后部液压缸的活塞 3 压缩碟形弹簧，将刀具松开并推出。

2. 工作台

工作台组件的构造原理如图 7.35 所示。工作台由 3 层组成。下层 1 沿前床身导轨移动，采用单元滚动体导轨。中层 3 是回转工作台，采用塑料导轨副。回转工作台的回转运动是数控的。伺服电动机经双蜗杆蜗轮副和齿轮副传动回转工作台。采用圆光栅作位置反馈，其分度精度较低，为 ±（15″～20″）。为了保证调头镗孔的精度，在工作台 0°、90°、180° 与 270° 4 个位置，采用无接触式电磁差动传感器作精定位，定位精度可达 ±2″。回转工作台借助 6 个液压缸 2 内碟形弹簧的向下作用力进

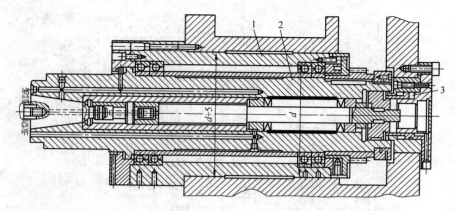

图 7.34　主轴组件

1—凹槽;2—隔套;3—活塞

行压紧。液压缸下腔进入压力油,压缩碟形弹簧使活塞杆上升,放松工作台。

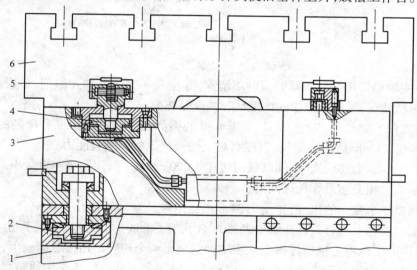

图 7.35　工作台组件

1—下层;2—液压缸;3—中层;4—活塞;5—滚子;6—交换工作台

上层是交换工作台 6。机床前方有两个交换工作台站。每个工作台站上可安放一个交换工作台。当其中一个交换工作台被运到机床工作台的上层,对其上的工件进行加工时,另一个交换工作台留在其站台上装卸工件。加工完毕后,机床上的交换工作台被送回到它的站台,另一个交换工作台被送到机床工作台的上层。工作台的交换步骤如下。

(1)工作台沿床身移动到装在机床上的交换工作台的台站位置。

(2)四个液压缸驱动活塞 4 上抬。夹紧状态被放松,并通过活塞端部的滚子 5 托起交换工作台,使回转工作台上的定位销脱离交换工作台的销孔。

（3）交换工作台站上的握爪将交换工作台抓住,拉到台站上。

（4）工作台沿床身移动到另一个交换工作台台站的位置。

（5）台站上的握爪将其上的交换工作台推送到工作台的上层位置。

（6）活塞4下移,随着工作台下移,其上的两个销孔套进回转工作台的定位销,并紧压在回转工作台上。

3. 床身和导轨

床身呈 T 字形,如图7.36所示,横向床身与纵向床身做成两件,之间用螺钉联结。床身高仅 350～560 mm,其自身的刚度很差,需靠混凝土基础加强。故该机床对基础的要求较高,立柱或装有工件的工作台移动时,基础的弯曲和扭曲变形不得超过 0.02 mm/m。床身与基础间的垫铁放得较多,如图7.36所示。床身是焊接结构,镶装矩形导轨。导轨材料为45 钢,中频淬火,淬深 1.5～2.3 mm,硬度达58～60HRC 。导轨系拼接而成,每段长度为 1

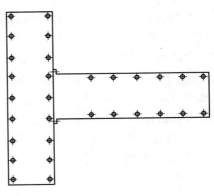

图7.36　床身

～2.25 mm。导轨精度在镶装前经磨削已达要求。床身上与钢导轨的结合面经过刮研。钢导轨用埋头螺钉固定在床身上,不再修磨,接缝处的等高性公差为 0.003 mm。在基导轨(即起侧面导向作用的导轨)与床身的接合面间注入一种特制的胶水,其粘结强度很高,可以免去在导轨与床身之间打定位销。

图7.37所示为立柱4与床身7导轨的横截面形状。采用单元滚动导轨支承5。右导轨6为基导轨,兼起侧面导向作用。侧向间隙由基导轨两侧的楔铁3调整。为能承受颠覆力矩,两矩形导轨下方均有压板2,并用楔铁1调整间隙。

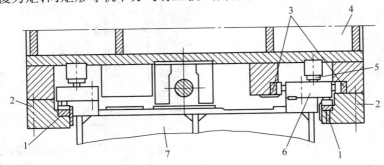

图7.37　导轨的横截面形状

1—楔铁;2—压板;3—楔铁;4—立柱;5—滚动导轨支承;6—右导轨;7—床身

楔铁的结构如图7.38所示。图中,左为立柱,右为床身导轨,7 为滚动体导轨支承,6 为楔铁。楔铁由顶丝4支撑,初步保证了机床导轨与立柱之间的相对位置。从通道口处注入特制的胶液,注满由密封圈2围起来的厚度为 4～5 mm 的空腔3。经24 h

固化后,其强度和弹性模量接近于钢材。成为一个与楔铁密切接合的楔面。滚动导轨是在预紧状态下工作的。用调整螺钉 5 移动楔铁可达到所需的预紧程度。调整好后,在螺钉头处灌上胶水,可以防松。导轨由一标准润滑泵经过定量分配器定时定量供油。

4. 自动换刀装置

刀库为链式刀库,如图 7.39 所示。

刀具容量为 60 把。刀座材料是玻璃纤维增强的不饱和聚酯,模压成型后不经过任何加工,所以成本低、质量轻、工作中噪声小。链式刀库由微转速装置驱动。该装置有电动机 1 和微电动机 3 加一套减速齿轮 2 组成。电动机 1 工作时,微电动机不工作,直接传动链轮,用于快速传动。微电动机工作时,电动机 1 不工作,经减速后传动链轮,用于刀座到位前的低速传动。两个电动机的电枢成锥形。电动机停止时,电枢在弹簧的作用下产生轴向移动,使之与定子的锥形内孔紧密贴合,达到制动的效果。60 个刀座中,有一个刀座底部有挡销。当挡销压行程开关时是刀库的初始位置,即零位。从零位出发,刀库向前向后移动刀库的数量由计数链轮 4 发出脉冲信

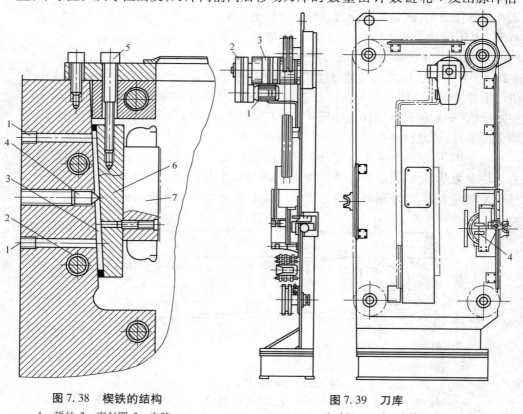

图 7.38　楔铁的结构

1—顶丝;2—密封圈;3—空腔;
4—顶丝;5—调整螺钉;
6—楔铁;7—滚动体导轨支承

图 7.39　刀库

1—电动机;2—减速齿轮;
3—微电动机;4—计数链轮

号,输入数控系统进行计数。计数链共 21 齿,每个刀座跨 3 个链节。故每移动 7 个刀座计数链轮转一转,在计数链轮上均布 7 个挡销。在刀库固定支座上有两个无接触行程开关 A 和 B,相邻夹角为 51.4°左右。当计数链轮正转或反转时,链轮上的 7 个挡销使行程开关 A 和 B 分别发出两串脉冲信号。每串脉冲信号的个数表示移动刀座的数目,两串脉冲信号的相位差的正负不同,表示刀库是正转或反转,控制数控系统中对刀座号计数时作累加运算或累减运算。

刀具在刀库上的安装可以是任选刀座,即刀具可随意安装在就近的空刀座中,数控系统随着将该刀具所在的刀座号记载下来,以便以后按记载找到该刀具所在的刀具刀座位置;也可以是固定刀座,其刀具必须安装在设定的刀座中。固定刀座的刀具通常所需的换刀时间较长,仅用于一些特殊的工具,例如静态测量头和大直径刀具。安放大直径刀具的前、后两个刀座不允许插入其他刀具,以免碰撞。因此在数控编程时可规定大直径刀具的固定刀座号,并规定其前、后两个刀座号不允许使用。根据主轴上的刀具和刀库上的待换刀具要求任选刀座或固定刀座的不同,有下列 3 种换刀方式:①主轴上的刀具是任选刀座刀具,刀库上的换刀具也是任选刀座刀具;②主轴上的刀具是固定刀座刀具,待换刀具是任选刀座刀具和固定刀座刀具;③主轴上的刀具是任选刀座刀具,待换刀具是固定刀座刀具。

机械手的结构如图 7.40 所示。

在刀库 5 中存放刀具的轴线与主轴轴线相垂直。机械手有 3 个自由度:沿主轴轴线方向 M,实现从主轴拔刀动作;绕竖直轴 90°的摆动 S_1,实现刀库与主轴之间刀具的传递;绕水平轴 180°的摆动 S_2,实现刀库与主轴刀具的交换。机械手的抓刀原理如图 7.41 所示。机械手上有两对抓爪,分别由液压缸 1 驱动。液压缸推动机械手爪外伸时(见图中上部抓爪),支架上的导向槽 2 拨动抓爪后部的销子 3,使该对抓爪绕销轴 4 摆动,抓爪合拢实现抓刀动作。液压缸将机械手抓爪缩回时(见图中下部抓爪),支架上的导向槽 2 使这对抓爪放开,实现松刀动作。由于抓刀动作由机械实现,且能自锁,工作安全可靠。

换刀过程的分解动作见图 7.42。

(1)抓爪伸出,抓住刀库上的刀具。刀库刀座上的锁板拉开。

(2)机械手带着刀库上的刀具绕竖直轴逆时针方向摆动90°,另一个抓爪伸出抓住主轴上的刀具。

(3)机械手前移,将刀具从主轴取下。

(4)机械手绕自身水平轴转180°将两把刀具交换位置。

(5)机械手后退,将新刀具装入主轴。

(6)抓爪回缩,松开主轴上的刀具。机械手绕竖直轴回摆90°,将刀具放回刀库,刀库刀座上的锁板合上。

(7)抓爪缩回,松开刀库上的刀具,恢复到原始位置。

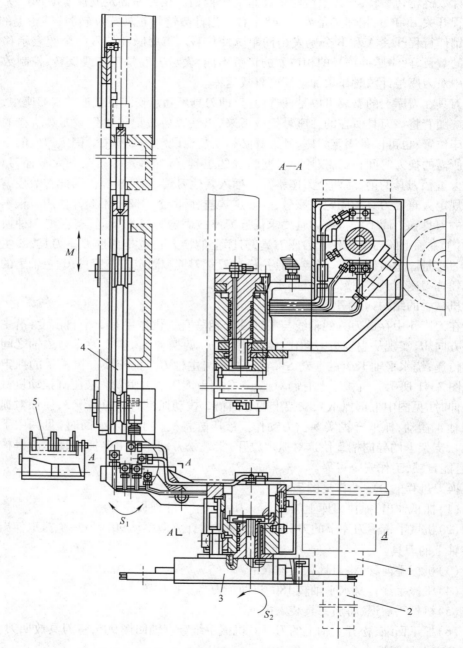

图 7.40　机械手的结构

1—主轴;2—刀具;3—机械手;4—刀库链;5—刀库

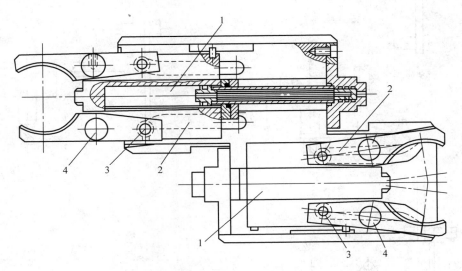

图 7.41　机械手

1—液压缸;2—导向槽;3—销子;4—销轴

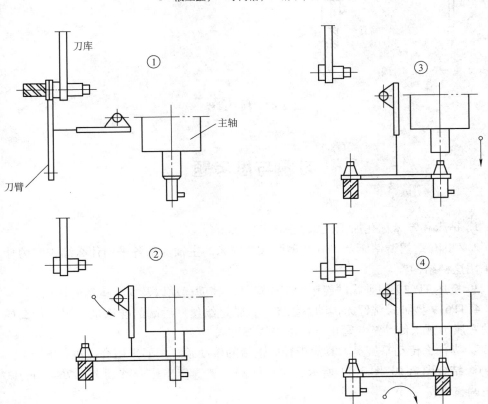

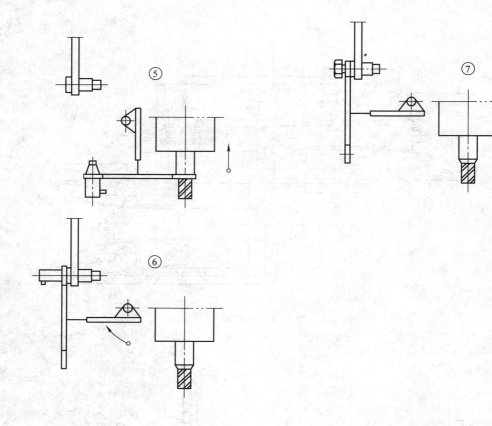

图 7.42 换刀过程

习题与思考题

1. 钻床和镗床称孔加工机床,各适应什么场合?

2. Z3040 型摇臂钻床及 TP619 型卧式铣镗床的主轴支承各采用什么结构?为什么采用这种结构?

3. 概述 TP619 型卧式铣镗床的工作运动及辅助运动以及这些运动的作用。

4. TP619 型卧式铣镗床传动系统图中镗轴进给丝杠后端的挂论是应用于什么场合的?属于哪条传动链?写出其运动平衡方程式。

5. 为什么传动平旋盘刀具溜板径向进给的传动系统中要采用合成机构?

6. 结合图 7.10、图 7.11 所示光学坐标测量装置使工作台移动 131.764 mm,试说明调整步骤。

7. 结合图 7.21JCS—018A 主轴箱结构说明刀具的自动夹紧机构和切屑清除装置的工作原理。

8. 结合图 7.26JCS—018A 机械手传动结构图和图 7.42 换刀过程,说明其换刀过程。

9. 结合图 7.22 主轴准停装置,说明 JCS—018A 型立式加工中心主轴是如何实现主轴准停的。

8

直线运动机床

刨床、插床和拉床的主运动都是直线运动,因此也称它们为直线运动机床。

8.1 刨床

刨床类机床主要用于加工各种平面(如水平面、垂直面及斜面等)和沟槽(如T形沟槽、燕尾槽、V形槽等)。其主运动是刀具或工件所做的直线往复运动。它只在一个方向上进行切削,称为工作行程,返程时不进行切削,称为空行程。空行程时刨刀抬起,以便让刀,避免损伤已加工表面和减少刀具的磨损。进给运动是刀具或工件沿垂直于主运动方向所作的间歇运动。由于刨刀结构简单,刃磨方便,在单件、小批生产中加工形状复杂的表面比较经济。但由于其主运动反向时需克服较大的惯性力,限制了切削速度和空行程速度的提高,同时还存在空行程所造成的时间损失,因此,在大多数情况下其生产率低。这类机床一般适用于单件、小批量生产,特别在机修和工具车间,是常用的设备。

刨床类机床主要有牛头刨床和龙门刨床两种类型。

8.1.1 牛头刨床

牛头刨床主要用于加工小型零件,其外形如图8.1所示。主运动为滑枕3带动刀架2在水平方向所作的直线往复运动。滑枕3装在床身4顶部的水平导轨中,由床身4内部的曲柄摇杆机构传动实现主运动。刀架2可沿刀架座的导轨上下移动,以调整刨削深度,也可在加工垂直平面和斜面时作进给运动。调整刀架2,可使刀架左右旋转60°,以便加工斜面或斜槽(图8.2为在牛头刨床上刨削燕尾槽)。加工时,工作台1带动工件沿横梁8作间歇的横向进给运动。横梁8可沿床身4上的垂直导轨上下移动,以调整工件与刨刀的相对位置。

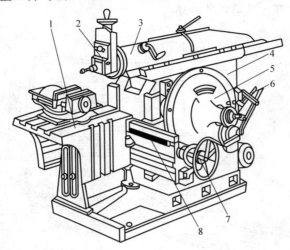

图 8.1 牛头刨床外形图

1—工作台;2—刀架;3—滑枕;4—床身;5—摇臂机构;
6—变速机构;7—进给机构;8—横梁

牛头刨床主运动的传动方式有机械和液压两种。机械传动常用曲柄摇杆机构,其结构简单、工作可靠及维修方便。液压传动能传递较大的力,可实现无级调速,运动平稳,但结构复杂、成本高,一般用于规格较大的牛头刨床。

牛头刨床工作台的横向进给运动是间歇进行的。它可由机械或液压传动实现。机械传动一般采用棘轮机构。

8.1.2 龙门刨床

1. 机床组成和工艺范围

B2012A 型龙门刨床的外形如图 8.3 所示。

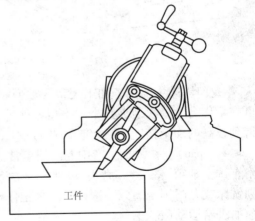

图 8.2 牛头刨床刨削燕尾槽

龙门刨床由顶梁5、立柱6和床身1组成了一个"龙门"式框架。其主运动是工作台2带动工件沿床身1的水平导轨所作的直线往复运动。横梁3上装有2个垂直刀架4,可分别作横向、垂直进给运动和快速调整移动,以刨削工件的水平面。刀架4的溜板可使刨刀上下移动,作切入运动或刨削垂直表面。垂直刀架的溜板还能绕水平轴调整至一定的角度,以加工倾斜的平面。装在立柱6上的侧刀架9可沿立柱导轨在垂直方向间歇地移动,以刨削工件的垂直平面。横梁3可沿左右立柱的导轨作垂直升降,以调整垂直刀架的位置,适应不同的工件加工。进给箱 7 共有 3 个,一个在横梁端,驱动 2 个垂直刀架;其余 2 个分装在左右侧刀架上。工作台 2、各进给箱 7 及横梁 3 的升降等都有其单独的电动机。

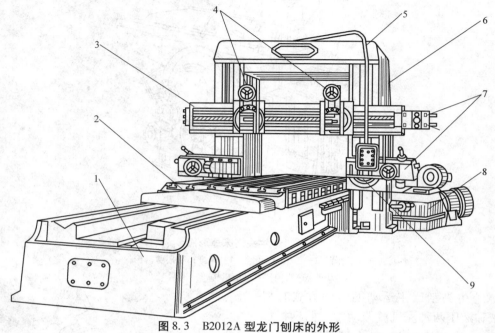

图 8.3　B2012A 型龙门刨床的外形

1—床身;2—工作台;3—横梁;4—刀架;5—顶梁;6—立柱;
7—进给箱;8—驱动机构;9—侧刀架

龙门刨床主要用于加工大型或重型零件上的各种平面、沟槽和各种导轨面,也可在工作台上一次装夹数个中小型零件进行加工。应用龙门刨床进行精细刨削,可得到较高的加工精度(直线度 0.02 mm/1 000 mm)和较好的表面质量(表面粗糙度 $R_a \leqslant 2.5$ μm)。在大批生产中龙门刨床常被龙门铣床所代替。大型龙门刨床往往还附有铣主轴箱(铣头)和磨头,以便在一次装夹中完成更多的工序,这时就成为龙门刨铣床或龙门刨铣磨床。这种机床的工作台既可作快速的主运动(刨削),也可作低速的进给运动(铣、磨)。

2. 机床的传动系统

以 B2012A 型龙门刨床为例进行分析。

1)主运动

B2012A 型龙门刨床工作台主运动传动简图如图 8.4 所示,其主运动是采用直流电动机组为动力源,经变速箱 4、蜗杆 2 带动齿条 1,使工作台 3 获得直线往复运动。主运动的变速是通过调节直流电动机 5 的电压来调节电动机的转速(简称为调压调速),并通过两级齿轮进行机电联合调速。这种方法可使工作台 3 在较大范围内实现无级调速。主运动的变向是由直流电动机 5 改变方向来实现的。

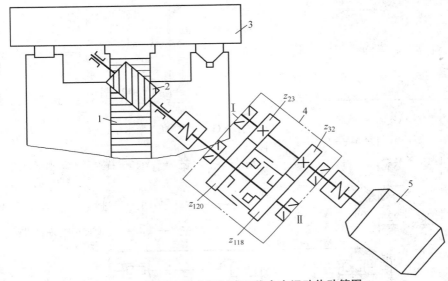

图8.4　B2012A 型龙门刨床工作台主运动传动简图
1—齿条;2—蜗杆;3—工作台;4—变速箱;5—直流电动机

由于龙门刨床的工作台和被加工工件的重量大,速度较高,为了缓和工作台换向时的惯性力所引起的冲击,要求在工作行程和空行程即将结束时,工作台速度降低;为了避免刀具切入工件时碰坏刀具,以及离开工件时拉崩工件边缘,要求工作台在刀具切入和切出之前降低速度。工作台的速度变化示意如图8.5 所示,工作台换向时速度为零,然后从零逐渐升高,以较低的速度驱近刨刀并使刨刀切入工件;刨刀切入工件后,工作台便加速到所需速度进行切削工件;当工件切削快要结束将要离开刀具时,工作台速度又降低,逐渐降到零,然后开始换向。可见,工作台的速度是按一定规律变化并循环的。工作台的降速、变向等动作是由工作台侧面的挡铁触动床身上的行程开关并通过电气控制系统而实现的。

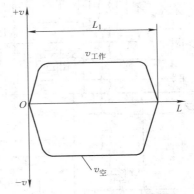

图8.5　工作台的速度变化示意
$v_{工作}$—工作台工作行程时的速度;$v_{空}$—工作台回程时的速度;L_1—工作台工作行程

2)进给运动

由于两垂直刀架和侧刀架结构、传动原理基本相同,现以垂直刀架为例加以说明。图8.6 所示为 B2012A 型龙门刨床传动系统示意图,图8.7 为垂直刀架进给箱传动系统图。根据图示传动系统,可得垂直刀架的自动进给和快速调整移动的传动路线表达式为:

$$\text{电动机}M_1 - M_6 - \text{III} - \frac{1}{20} - \text{IV} - \begin{bmatrix} \text{间歇机构A} \\ \text{（自动进给）} \\[4pt] M_7 \text{（快速）} \end{bmatrix} - \begin{bmatrix} \dfrac{90}{42} \\ (z=42 \rightarrow) \\[4pt] \dfrac{90}{35} \times \dfrac{35}{42} \\ (z=42 \leftarrow) \end{bmatrix}$$

$$- \begin{bmatrix} \overset{\leftarrow}{M_9} \\ \dfrac{26}{52} \times \dfrac{22}{55} \end{bmatrix} - \text{V} - \text{IX} - \frac{30}{46} - \begin{bmatrix} M_{11} \overset{\rightarrow}{} G \text{—右垂直刀架水平进给} \\ M_{11} - \dfrac{23}{23} \times \dfrac{22}{22} - \text{XIII} \text{—右垂直刀架垂直进给} \end{bmatrix}$$

$$- \begin{bmatrix} \overset{\rightarrow}{M_8} \\ \dfrac{26}{52} \times \dfrac{22}{55} \end{bmatrix} - \text{VII} - \text{X} - \frac{30}{46} - \begin{bmatrix} M_{10} - H \text{—左垂直刀架水平进给} \\ \overset{\rightarrow}{M_{10}} - \dfrac{23}{23} \times \dfrac{22}{22} - \text{XII} \text{—左垂直刀架垂直进给} \end{bmatrix}$$

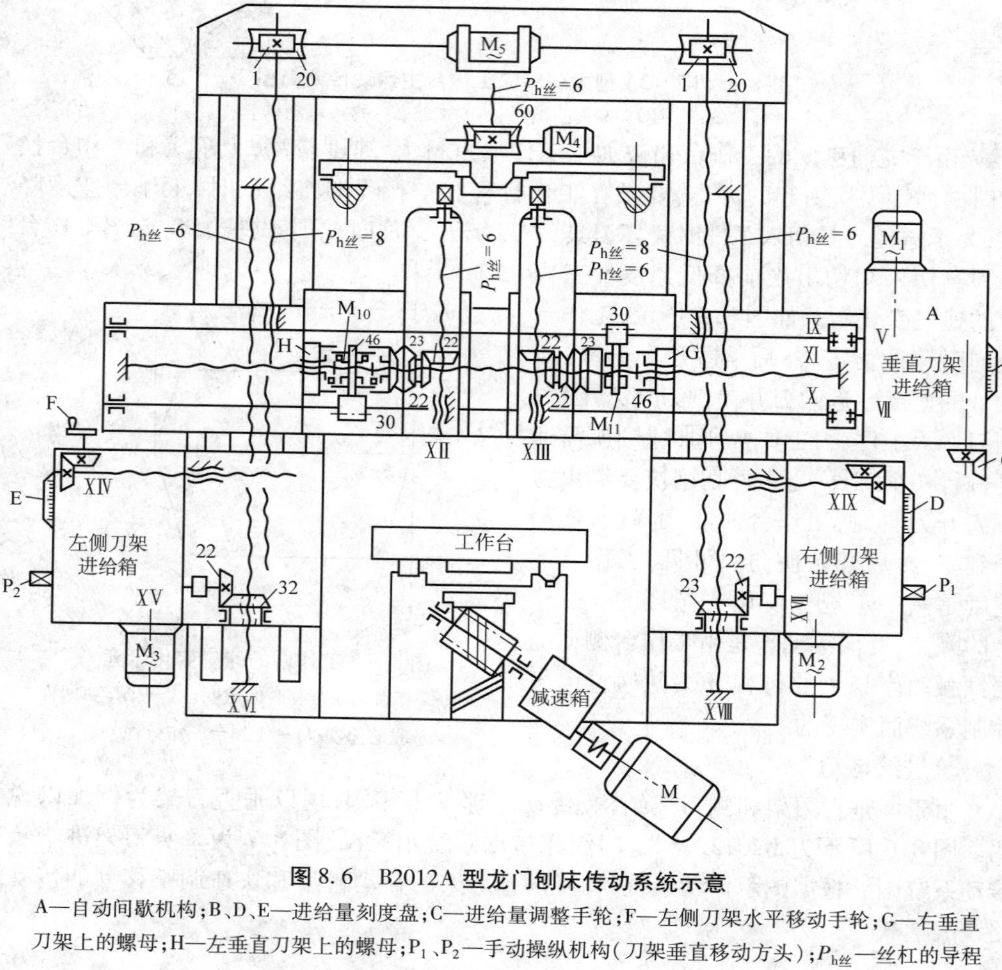

图 8.6　B2012A 型龙门刨床传动系统示意

A—自动间歇机构；B、D、E—进给量刻度盘；C—进给量调整手轮；F—左侧刀架水平移动手轮；G—右垂直刀架上的螺母；H—左垂直刀架上的螺母；P_1、P_2—手动操纵机构（刀架垂直移动方头）；$P_{h丝}$—丝杠的导程

对上述传动路线表达式做如下几点说明。

（1）垂直刀架由 1.7 kW、1 430 r/min 的电动机（M_1）驱动，经离心式摩擦离合器（M_6）传至轴Ⅲ，再经过传动比为 1/20 的蜗杆副传至轴Ⅳ。当端面齿离合器 M_7 向右接通时，垂直刀架可实现快速调整移动；当 M_7 脱开啮合时，通过自动间歇进给机构 A（见图 8.7）可实现刀架的自动间歇进给运动。

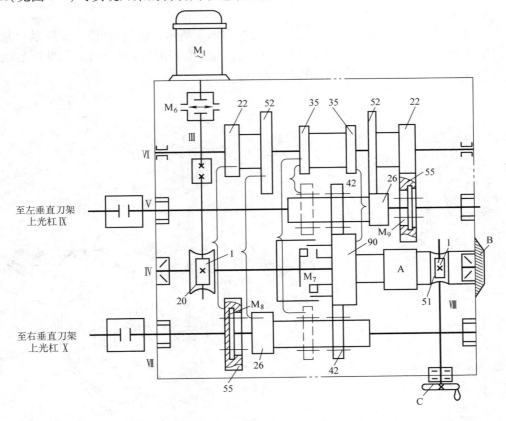

图 8.7　垂直刀架进给箱传动系统

A—自动间歇进给机构；B—进给量刻度盘；C—手柄

（2）轴 V 和轴Ⅶ上的 $z = 42$ 的滑移齿轮，可分别控制光杠轴Ⅸ和光杠轴Ⅹ的正反向转动，从而使两个垂直刀架都可以实现正向和反向的水平和垂直方向移动。

（3）两垂直刀架的水平和垂直方向移动都有快、慢两种速度，当内齿离合器 M_9 或 M_8 啮合时为快速运动，脱开时为慢速运动。

（4）离合器 M_7、M_8、M_9、M_{10}、M_{11} 及 $z = 42$ 的两个滑移齿轮均由各自的操纵手柄控制，工作前应按工作要求将各手柄扳到所需位置。

3）横梁的升降和夹紧

为了满足对不同高度的工件进行刨削，横梁的高度也应随工件高度的变化而改变,使工件被加工面与刀具处于合适的位置。横梁的升降由顶梁上的电动机 M_5 驱动,经左右两边的 1/20 蜗杆副传动,使左右两立柱上的两根垂直丝杠带动横梁实现同步升降运动。当横梁升降到所需位置时,松开横梁升降按钮,横梁即停止升降,此时由电气信号使夹紧电动机 M_4 驱动,经 $P_{h丝} = 4$ mm($P_{h丝}$ 表示丝杠的导程)的丝杠,通过杠杆机构将横梁夹紧在立柱上。

3. 间歇进给机构的结构及工作原理

龙门刨床自动间歇进给机构立体示意如图 8.8 所示,其结构如图 8.9 所示。龙门刨床为了实现刀架的自动间歇进给运动,在刀架进给箱中设置有自动间歇进给机构(见图 8.7 中 A),其结构和工作原理如下。

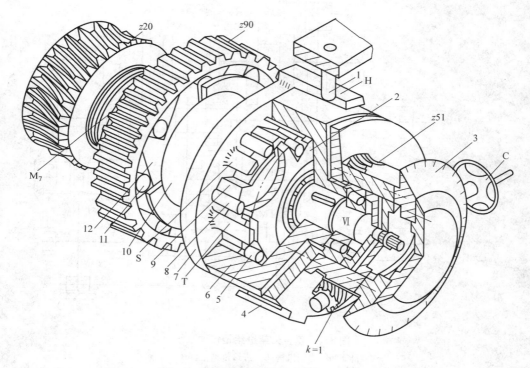

图 8.8　自动间歇进给机构立体示意图

1—固定挡销;2—复位星轮;3—刻度盘;4—可调撞块;5—复位滚柱;6—外环;
7—拨爪盘;8—进给滚柱;9—进给星轮;10—轴套;11—滚柱;12—星轮;
C—调节进给量星轮;H—撞块;S—短爪;T—长爪;M_7—端面齿离合器;k—蜗杆线数

在轴Ⅳ上空套着齿轮 $z = 90$,其内部装有由星轮 12 和滚柱 11 等零件组成的单向超越离合器。右面的双向超越离合器由进给星轮 9、进给滚柱 8、复位星轮 2、复位滚柱 5、外环 6 及拨爪盘 7 等零件组成。外环 6 用键与轴Ⅳ联接,进给星轮 9、复位星轮 2 和星轮 12 均用键与轴套 10 相连接,而轴套 10 通过 2 个深沟球轴承空套在轴Ⅳ上。拨爪盘 7 空套在轴套 10 上,它的外边有一悬伸的撞块 H,里边有相间的 3 个短爪 S

和 3 个长爪 T,短爪 S 只插入进给星轮 9 的缺口中,而长爪 T 则同时插入进给星轮 9 和复位星轮 2 的缺口中。

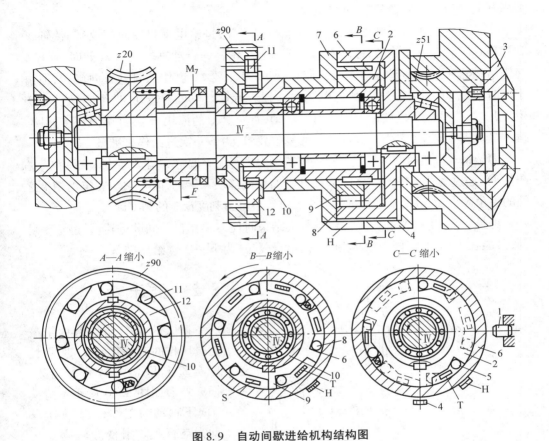

图 8.9 自动间歇进给机构结构图
1—固定挡销;2—复位星轮;3—刻度盘;4—可调撞块;5—复位滚柱;6—外环;7—拨爪盘;
8—进给滚柱;9—进给星轮;10—轴套;11—滚柱;12—星轮;H—撞块;S—短爪;
T—长爪;M_7—端面齿离合器;F—作用力

当工作台空行程结束时,工作台侧面的挡铁压下行程开关,使进给电动机短时间正转,经蜗杆和蜗轮 $z = 20$ 带动轴Ⅳ逆时针转动。因为自动进给时离合器 M_7 是脱开的,故轴Ⅳ不能直接带动齿轮 $z = 90$,而是先带动外环 6 随轴一起逆时针转动。外环 6 逆时针转动通过进给滚柱 8 的卡紧作用带动进给星轮 9。与此同时,滚柱 5 却滚向星轮 2 的宽敞楔缝中,不可能将外环 6 与星轮 2 楔紧。进给星轮 9 的旋转又带动轴套 10 和星轮 12,再通过滚柱 11 的楔紧作用而使齿轮 $z = 90$ 作逆时针转动,实现自动进给。此时,拨爪盘 7 被进给滚柱 8 经短爪 S 及长爪 T 带动,也按逆时针方向旋转,直至其上的撞块 H 与装在进给箱上的固定挡销 1 相碰时,拨爪盘 7 即停止转动,它的短爪 S 和长爪 T 挡住进给滚柱 8，使进给滚柱 8 退至进给星轮 9 和外环 6 的宽敞楔缝中，从而断开进给运动。这时，外环 6 仍空转，直至工作台工作行程开始、挡铁放开行程开关、进给电动机停止正转为止。

当工作台工作行程结束时，挡铁压下行程开关，进给电动机短时间反转，使轴 Ⅳ 和外环 6 顺时针方向旋转，外环 6 通过 3 个复位滚柱 5 带动复位星轮 2（此时，外环 6 与进给星轮 9 之间不起传动作用），使轴套 10 及星轮 12 也作顺时针方向旋转，但由于此时滚柱 11 不可能被楔紧在楔缝中，因此，齿轮 $z=90$ 不转动，进给运动没有产生。此时，拨爪盘 7 也被带动作顺时针转动，直至其上的撞块 H 与可调撞块 4 相撞，拨爪盘 7 停止转动，完成了拨爪盘 7 的复位要求，为下一次进给作好准备。

刀架每次进给时的进给量可在一定范围内进行无级调整。调整时，转动手轮 C（见图 8.8），通过蜗杆使蜗轮 $z=51$ 转动，并带动可调撞块 4 转动，改变它与固定挡销 1 之间的夹角大小，即可调整进给量的大小。进给量可由刻度盘 3 的刻度读出。

可见，上述机构既能在工作台空行程结束时使刀架作自动间歇进给，且进给量可调，又能在工作台工作行程结束时机构本身复位，为下一次进给作准备。

8.2　插床

插床的主运动是滑枕带着刀具所作的直线往复运动，故插床实质上是立式的牛头刨床。插床外形如图 8.10 所示。滑枕 2 向下移动为工作行程，向上移动为空行程。滑枕导轨座 3 可以绕销轴 4 小范围内调整角度，以便于加工倾斜的内外表面。床鞍 6 和溜板 7 可分别带动工件完成横向和纵向进给运动，回转工作台 1 可绕垂直轴线旋转，实现圆周进给运动或分度运动。回转工作台的分度运动由分度装置 5 来实。回转工作台 1 在各个方向上的间歇进给运动是在滑枕 2 空行程结束后的短时间内进行的。

插床主要用于加工工件的

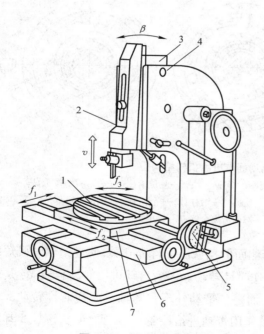

图 8.10　插床外形

1—回转工作台；2—滑枕；3—滑枕导轨座；4—销轴；5—分度装置；
6—床鞍；7—溜板；f_1—横向进给；f_2—纵向进给；
f_3—圆周进给；v—插削速度；β—滑枕绕销轴转动的角度

内表面,如插削内孔中的键槽、平面或形成表面等。插床插销键槽如图 8.11 所示。

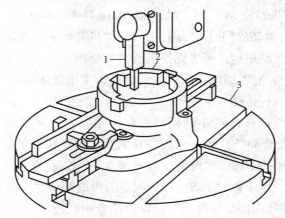

图 8.11　插床插削键槽
1—刀具;2—工件;3—回转工作台

8.3　拉床

8.3.1　拉床的用途、特点及类型

拉床是用拉刀进行加工的机床。采用不同结构形状的拉刀,可以完成各种形状的通孔、通槽、平面及成形表面的加工。图 8.12 是适用于拉削的一些典型表面形状。

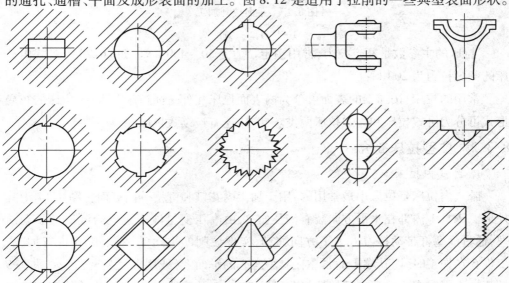

图 8.12　适于拉削的典型表面形状

拉削时,拉刀经过工件被加工表面一次走刀成形,故所需拉床的运动比较简单,只有主运动而没有进给运动。加工时,一般由拉刀作平稳的低速直线运动(主运动)。拉刀在进行主运动的同时,依靠拉刀刀齿的齿升量来完成切削时的进给量,所以拉床不需要进给运动机构。考虑到拉削所需的切削力很大,同时为了获得平稳的且能无级调速的运动速度,因此拉床的主运动通常采用液压驱动。安装拉刀的滑座通常由液压缸的活塞杆带动。

由于拉刀的工作部分有粗切齿、精切齿和校准齿,加工时工件表面经过粗切、又经过精切和校准(见图 8.13),因此获得较高的加工精度和较低的表面粗糙度值,一般拉削精度可达 IT8 ~ IT7 级,平面的位置准确度可控制在 0.02 ~ 0.06 mm,表面粗糙度 $R_a < 0.63$ μm。由于被加工表面在一次走刀中成形,故拉削的生产率很高,是铣削的 3 ~ 8 倍。但因拉削的每一种表面都需要用专用的拉刀,且拉刀的结构较复杂,制造和刃磨费用较高,所以它主要用于大批量生产中。

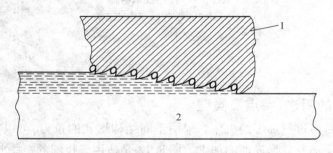

图 8.13　平面拉削加工

1—拉刀;2—工件

拉床的主参数是额定拉力,常用额定拉力为 50 ~ 400 kN。如 L6120 型卧式内拉床的额定拉力为 200 kN。

常用的拉床,按加工的表面可分为内表面拉床和外表面拉床两类;按机床的布局形式可分为卧式拉床和立式拉床两类。此外,还有连续式拉床和专用拉床。

8.3.2　典型拉床简介

1. 卧式内拉床

卧式内拉床是拉床中最常用的,用于加工内花键和键槽等内表面。图 8.14 为其外形。床身 1 内部在水平方向装有液压缸 2,由高压变量液压泵供给液压油驱动活塞,通过活塞杆带动拉刀沿水平方向移动,实现拉削的主运动,对工件 6 进行加工。工件 6 在加工时,以其端平面紧靠在支承座 3 的平面上(或用夹具装夹),护送夹头 5 及滚柱 4 用于支承拉刀。开始拉削前,护送夹头 5 及滚柱 4 向左移动,将拉刀穿过工件 6 预制孔,并将拉刀左端柄部插入拉刀夹头。加工时滚柱 4 下降,不起作用。

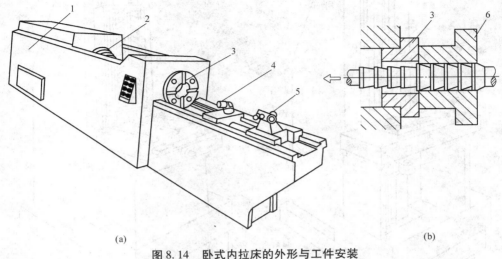

图 8.14　卧式内拉床的外形与工件安装

（a）拉床外形；（b）拉削示意

1—床身；2—液压缸；3—支承座；4—滚柱；5—护送夹头；6—工件

2. 立式拉床

立式拉床根据用途可分为立式内拉床和立式外拉床两类。图 8.15 为立式内拉床外形。这种拉床常用于在齿轮淬火后校正内花键的变形，这时切削量不大，拉刀较短，故采用立式。拉削时常从拉刀的上部向下推。用拉刀加工时，工件以端面紧靠在工作台 2 的上平面上，拉刀由滑座 4 的上支架 3 支承，自上向下插入工件的预制孔及工作台的孔，将其下端刀柄夹持在滑座 4 的下支架 1 上，滑座 4 由液压缸驱动向下进行拉削加工。用推刀加工时，工件装在工作台的上表面，推刀支承在上支架 3 上，自上向下移动进行加工。

图 8.16 为立式外拉床的外形图。滑块 2 可沿床身 4 的垂直导轨移动，滑块 2 上固定有外拉刀 3，工件固定在工作台 1 上的夹具内。滑块 2 垂直向下移动，完成工件外表面的拉削加工。工作台 1 可作横向移动，以调整背吃刀量，并用于刀具空行程时退出工件。

3. 连续式拉床

图 8.17 是连续式拉床的工作原理图。链条 7 被链轮 4 带动按拉削速度移动，链条 7 上装有多个夹具 6，工件在位置 A 被装夹在夹具中，经过固定拉刀 3 的下方时进行拉削加工，此时夹具 6 沿床身上的导轨 2 滑动，夹具 6 移至 B 处即自动松开，此时加工完毕，工件落入成品收集箱 5 内。这种拉床由于连续进行加工，因此生产率较高，常用于大批量生产中加工小型零件的外表面，如汽车、拖拉机连杆的连接平面及半圆凹面等。

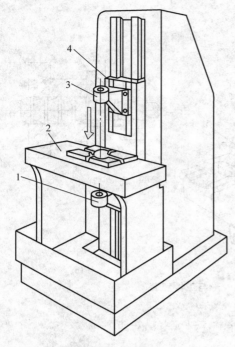

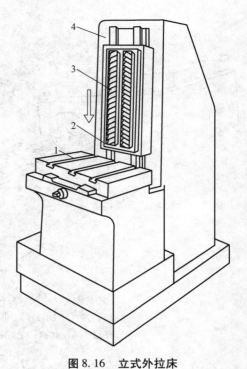

图 8.15　立式内拉床

1—下支架;2—工作台;3—上支架;4—滑座

图 8.16　立式外拉床

1—工作台;2—滑块;3—外拉刀;4—床身

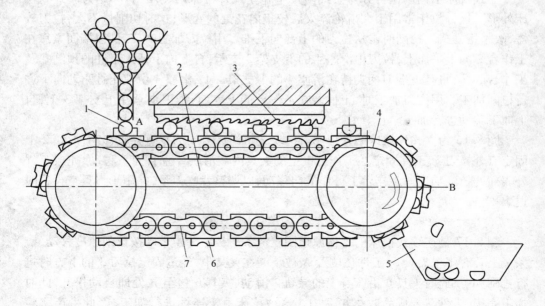

图 8.17　连续式拉床工作原理

1—工件;2—导轨;3—固定拉刀;4—链轮;5—成品收集箱;6—夹具;7—链条

习题与思考题

1. 刨床和铣床均能加工平面和沟槽,它们的区别是什么?

2. 图 8.7 中离合器 M_6、M_7、M_8、M_9 各起什么作用? 刀架是如何变向的?

3. 在 B2012A 型龙门刨床上能否同时加工相互垂直的平面? 如何加工?

4. B2012A 龙门刨床的刀架是怎样实现间歇进给运动的? 用图 8.8、图 8.9 加以说明,并说明进给量的调整方法。

5. 叙述拉削加工的特点,拉床主运动与进给运动是由哪个执行件完成的?

6. 分别叙述龙门刨床、牛头刨床、插床的主运动和进给运动。并说明它们的工艺范围。

9

数控机床

9.1 数控机床的基本知识

9.1.1 数控机床的产生和发展

随着生产和科学技术的迅速发展,生产过程的自动化程度在不断提高,而其又是工业现代化的重要标志之一,它对提高劳动生产率、保证产品的质量、改善劳动条件和降低生产成本,都有非常重要的意义。大批量生产中,采用自动机床、组合机床和专用生产线,实行多刀、多工位、多面同时加工,就可以较好地解决自动化生产问题。但这种设备的第一次投资费用大,生产准备时间长,在更改工艺装备时,需要很多的安装调整时间。

如果产品的生产批量不大,均分到单个工件的时间和费用就很大,同时若经常改装与调整设备,对于专用生产线来说甚至是不可能的。因此,这种"刚性"的自动生产线是不适宜单件小批量生产的。

在机械制造工业中,中小批量及单件生产占机械加工总量的 75% ~80% 甚至更多,尤其是一些航天、航空、造船、机床、重型机械及国防工业等部门,产品的生产批量不大,生产周期要求短,改型频繁,精度要求高,零件形状又很复杂,这就要求加工这些产品的机床设备具有较大的"柔性"——灵活性、通用性。如果采用普通机床加工这类零件不仅劳动强度大、效率低,而且精度难以保证,甚至无法加工。采用组合机床或自动化机床加工这类零件,也极不合理。因为自动机床要花费较多时间设计和制造凸轮,组合机床需要经常改装与调整设备。因此,提高适用于中小批量生产的机床生产率和自动化程度是机床技术发展的重要方向之一。

随着社会的不断进步,市场竞争亦日趋激烈,各生产厂不仅要提供高质量的产品,而且为满足市场上不断变化的需要进行频繁的改型。因此即使是大批量生产,也改变了产品长期一成不变的做法。这样就使组合机床、自动化机床及自动化生产线在大批量生产中也日渐暴露其缺点和不足。为解决上述问题,一种新型的数字程序控制机床就在这样的背景下产生和发展起来。它极其有效地解决了上述一系列矛盾。它为单件、小批量生产精密复杂零件提供了自动化加工手段,为适应产品不断更新换代的需要提供了"柔性"的自动化设备。

在数控机床上加工工件时,预先把加工过程所需的全部信息(各种操作、工艺步骤、工件图样和加工尺寸等),利用数字或代码化的数字量表示出来,编出控制程序,早期的是制成穿孔带(控制介质),现在通过接口直接输入或预存到数控系统中去,通过专用或通用计算机对输入的信息进行处理与运算,发出各种指令来控制机床的各执行元件,使机床按照给定的程序,自动加工出所需的工件。当被加工工件改变时,除了重新装夹工件和更换刀具之外,一般只需更换加工工件的程序就可以了,无需像其他自动机床那样重新制造凸轮或调整机床。所以,数控机床具有较大的灵活性,特别适应于生产对象经常改变的情况,并能比较方便地实现对复杂零件的高精度加工,因而它是实现柔性生产自动化的重要设备。

由此可见,数控机床是由普通机床发展而来的,它们之间最明显的区别是数控机床可以按事先编制的加工程序自动地对工件进行加工,而普通机床的整个加工过程必须通过技术工人的手工操作来完成。普通机床加工与数控机床加工的区别如图9.1所示。

数控机床又称数字控制(Numerical Control,NC)机床,是相对于模拟控制而言的。在数字控制系统中所处理的信息量主要是离散的数字量,而不像模拟控制系统那样主要处理一些连续的模拟量。早期的数字控制系统是采用数字逻辑电路连接成的,而目前则是采用了计算机数控系统(Computer Numerical Control,CNC)。机床数控技术就是以数字化的信息实现机床自动控制的一门技术。其中,刀具与工件的运动轨迹的自动控制及刀具与工件相对运动的速度自动控制是机床数字控制最主要的控制内容。

国际信息处理联盟(IFIP)第五技术委员会定义:数控机床是一个装有程序控制系统的机床。该系统能够逻辑地处理具有使用代码或其他符号编码指令的程序。定义中所说的程序控制系统即为数控系统。

自1952年世界第一台数控机床问世以来,微电子技术、计算机技术、自动控制技术以及精密机械等技术都取得了突破性的发展,集这些于一体的数控机床的发展,更是日新月异。

20世纪60年代出现了数控加工中心,是在镗铣数控机床上增加了刀库和换刀装置;以后出现了车削中心;随后又增加了自动装卸工件的交换工作台(柔性制造单元 FMC），都大大改变了数控机床机械结构面貌，拓展了其应用范围。

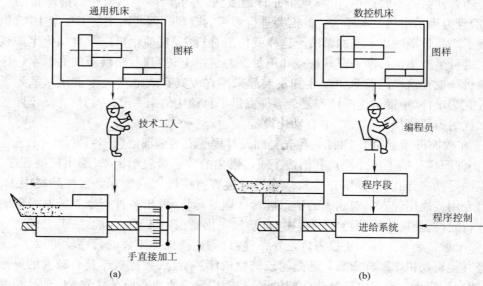

图 9.1　普通机床加工与数控机床加工的区别

(a)普通机床加工；(b)数控机床加工

1958 年 我国开始研制数控机床。在经历了 30 多年的跌宕起伏后，到 20 世纪 80 年代后期已经进入了一个成熟的发展时期，各种数控机床的产品和技术，都被我们陆续掌握，包括备受欧美封锁的五轴联动数控机床的制造和加工技术。因为数控机床制造技术代表了一个国家制造业水平，也反映一个国家的国防实力。

目前世界机床技术正向高速、高效、精密、复合、智能、环保等方向快速发展。

9.1.2　数控机床的工作原理及组成

9.1.2.1　数控机床的工作原理

数控机床的工作原理如图 9.2 所示。首先根据零件图样制订工艺方案，采用手工或计算机进行零件的程序编制，把加工零件所需的机床各种动作及全部工艺参数变成机床数控装置能接受的信息代码，并把这些代码存储在信息载体（穿孔纸带或磁盘等）上。然后将信息载体送到输入装置，输入装置读出信息并送入数控装置。当信息载体为穿孔纸带时，输入装置为光电阅读机；当信息载体为磁盘时，可用驱动器输入。另一种方法是利用计算机和数控机床的接口直接进行通信，实现零件程序的输入和输出。

进入数控装置的信息经过一系列处理和运算转变成脉冲信号。有的信号送到机床的伺服系统，通过伺服机构对其进行转换和放大，再经过传动机构驱动机床有关部件，使刀具和工件严格执行零件加工程序所规定的相应运动。还有的信号送到可编程序控制器中，用以顺序控制机床的其他辅助动作，如实现刀具的自动更换与变速、松夹工件和开关切削液等动作。

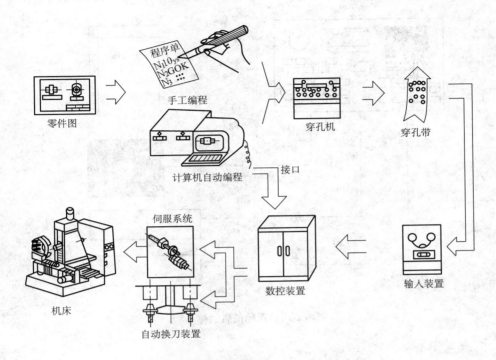

零件图　手工编程　计算机自动编程　接口　穿孔机　穿孔带　输入装置　数控装置　伺服系统　自动换刀装置　机床

图 9.2　数控机床工作原理示意

9.1.2.2　数控机床的组成

数控机床主要由信息载体、数控装置、伺服系统和机床本体 4 个基本部分组成：

[信息载体]——→[数控装置]——→[伺服系统]——→[机床本体]
　　　　　　└ ———————[测量装置]←— — — ┘

实线部分表示开环系统;增加测量装置,由虚线构成反馈,即闭环系统。

1. 信息载体

信息载体(又称控制介质)的功能是用于记载以数控加工程序表示的各种加工信息,如零件加工的工艺过程和工艺参数等,以控制机床的运动和各种动作,实现零件的机械加工。常用的信息载体有穿孔纸带、磁带和磁盘。信息载体上的各种加工信息要经输入装置(如光电纸带输入机、磁带录音机和磁盘驱动器)输送给数控装置。对于用微型计算机控制的数控机床,还可以通过通信接口从其他计算机获取加工信息。也可用操作面板上的按扭和手动键盘将加工信息直接输入,并将数控加工程序存入数控装置的存储器中。采用哪一种控制介质则取决于数控装置的类型。数控机床常用的信息载体如图 9.3 所示。

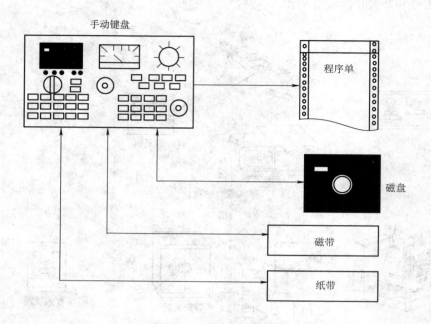

手动键盘

程序单

磁盘

磁带

纸带

图 9.3 常用的信息载体

2. 数控装置

数控装置是数控机床的运算和控制系统,在普通数控机床中一般由输入装置、控制器、运算器和输出装置组成。它接收信息载体的信息,并将其代码加以识别、储存、运算,输出相应的指令脉冲以驱动伺服系统,进而控制机床动作。

普通数控机床数控装置的原理框图如图 9.4 所示,输入装置与阅读机相连,把阅读机送来的信息代码加以识别,并转换成适当的信号送到各有关寄存器寄存,作为控制和运算的依据。控制器主要是按信息载体的信息去控制运算器、输出装置和阅读机,使机床按规定的轨迹运动,协调地进行工作。运算器接收控制器的指令并及时地对输入的数据进行运算,并按控制器的控制信号向输出装置发出进给脉冲。输出装置根据控制器的指令接收运算器的输出脉冲,经过功率放大,驱动伺服机构,使机床按规定的要求运动。

3. 伺服系统

伺服系统的作用是把来自数控装置的脉冲信号转换为机床移动部件的运动,它相当于手工操作时人的手,使工作台(或溜板)精确定位或按规定的轨迹严格地进行相对运动,最后加工出符合图样要求的零件。因此,伺服系统的性能是决定数控机床的加工精度、表面质量和生产率的主要因素之一。

在开环控制的数控机床伺服系统中,常用功率步进电动机或电液脉冲马达作为伺服驱动元件,每输入一个脉冲信号,驱动元件就转过一定的角度。

在闭环控制的数控机床伺服系统中,常用大惯量直流电动机作为驱动元件或交流电动机驱动的伺服系统。

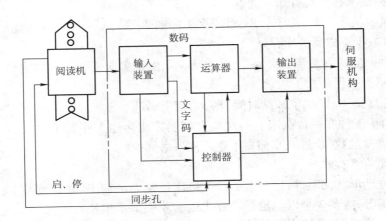

图 9.4 数控装置的原理

4. 机床本体

数控机床中的机床本体,在初始阶段沿用普通机床,只是在自动变速、刀架或工作台自动转位和手柄等方面作些改变。随着数控技术的发展,数控机床的外部造型、整体布局、机械传动系统与刀具系统的部件结构以及操作机构等的技术性能要求随之提高。与传统的普通机床相比,数控机床机械结构具有显著特点,参见数控机床典型结构部分。

9.1.3 数控机床的分类及特点

9.1.3.1 数控机床的分类

目前,数控机床品种已经基本齐全,规格繁多,据不完全统计已有 400 多个品种规格,可以按照多种原则进行分类。但归纳起来,常见的是以下 3 种分类方法。

1. 按工艺用途分类

按工艺用途分类,分为一般数控机床、数控加工中心、多坐标数控机床和计算机群控(DNC)等。

1)一般数控机床

这类机床与传统的普通机床品种一样,有数控的车、铣、镗、钻、磨床等,而且每一种又有很多品种,例如数控铣床中就有立铣、卧铣、工具铣和龙门铣等。这类机床的加工性能与普通机床相似,所不同的是它能加工复杂形状的零件。

2)数控加工中心

这类机床是在一般数控机床的基础上发展起来的,它是在一般数控机床上加装一个刀库(可容纳 16 ~ 100 把刀具)和自动换刀装置,使数控机床更进一步地向自动化和高效化方向发展。它与一般数控机床的不同是:工件经一次装夹后,数控装置就能控制机床自动地更换刀具,连续地对工件各加工面自动地完成铣(车)、镗、钻、铰及攻螺纹等多工序加工。这类机床大多以镗铣为主,主要用来加工箱体零件。它与一般的数控机床相比具有如下优点。

(1)减少机床台数,便于管理,对于多工序的零件只要一台机床就能完成全部加工,并可以减少半成品的库存量。

(2)由于工件只需要一次装夹,因此减少了由于多次安装造成的定位误差,可以依靠机床精度来保证加工质量。

(3)工序集中,减少了辅助时间,提高了生产率。

(4)由于工件在一台机床上一次装夹就能完成多道工序加工,所以大大减少了专用工装夹具的数量,进一步缩短了生产准备时间。

3)多坐标数控机床

有些复杂形状的零件,用一般的数控机床还是无法加工,如螺旋桨、飞行器曲面零件的加工等,需要3个以上坐标的合成运动才能加工出所需形状。于是就出现了多坐标的数控机床,其特点是数控装置控制的轴数较多,机床结构也比较复杂,其坐标轴数通常取决于加工零件的工艺要求,现在常用的是4~6坐标的数控机床。

4)计算机群控(DNC)

在间接型"群控"系统中,把来自通用计算机存储的程序,通过接口装置分别送到机床群中每台机床的普通数控装置中去,而不需再经过读带机。"群控"系统的方框图如图9.5所示。

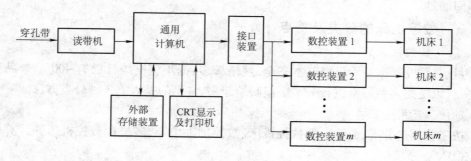

图9.5 "群控"系统框图

2.按加工路线分类

按加工路线分类,分为点位控制数控机床、点位直线控制数控机床和轮廓控制数控机床等。

1)点位控制数控机床

这类机床的数控装置只能控制机床移动部件从一个位置(点)精确地移动到另一个位置(点),在移动过程中不进行任何加工,两相关位置(点)之间的移动速度及路线决定了生产率。为了在精确定位的基础上有尽可能高的生产率,两相关位置(点)之间的移动先是以快速移动到接近新的位置,然后降速 1~3 级,使之慢速趋近定位点,以保证其定位精度。这类机床主要有数控坐标镗床、数控钻床和数控冲床及弯管机等,其相应的数控装置称之为点位控制装置。数控钻床的钻孔加工如图 9.6 所示,若 A 孔加工后,钻头从 A 孔向 B 孔移动,可以是沿一个坐标轴方向移动完毕后,再沿另一个坐标轴方向移动(图中轨迹①),也可以是沿两坐标轴方向同时移动(图中轨迹②)。

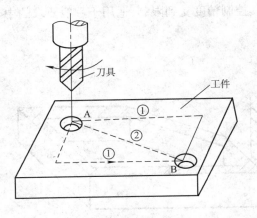

图 9.6　数控钻床钻孔加工
A、B—孔

2)点位直线控制数控机床

这类机床工作时,不仅要控制两相关点之间的位置,还要控制两相关点之间的移动速度和路线(即轨迹)。其路线一般由与各轴线平行的直线段组成。它与点位控制数控机床的区别在于,当机床移动部件移动时,点位直线控制数控机床可以沿一个坐标轴的方向进行切削加工,而且其辅助功能比点位控制的数控机床多。这类机床主要有简易数控车床、数控镗铣床和数控加工中心等,加工矩形、台阶型零件。相应的数控装置称之为点位直线控制装置。点位直线控制示意图如图 9.7 所示。

3)轮廓控制数控机床

这种机床的控制装置能够同时对两个或两个以上的坐标轴进行连续控制。加工时不仅要控制起点和终点,还要控制整个加工过程中每点的速度和位置,使机床加工出符合图样要求的复杂形状的零件。机床具有刀补、主轴转速控制及自动换刀等比较齐全的辅助功能。这类机床主要有数控车床、数控铣床、数控磨床、加工中心和数控线切割机床等,其相应的数控装置称之为轮廓控制装置。轮廓控制示意图如图 9.8 所示。

3. 按伺服系统的控制方式分类

按伺服系统的控制方式分类,分为开环控制数控机床、闭环控制数控机床、半闭环控制数控机床、开环补偿型数控机床和半闭环补偿型数控机床等。

1)开环控制数控机床

开环控制数控机床系统框图如图 9.9 所示。这种机床既没有工作台位移检测装置,也没有位置反馈和校正控制装置,数控装置发出信号的流程是单向的,所以不存在系统稳定性问题,也正是由于信号单向流程,它对机床移动部件的实际位置不作检验,所以机床加工精度不高,其精度主要取决于伺服系统的性能。工作过程是:输入的数据经过数控装置运算分配出指令脉冲,通过伺服机构(伺服元件常为步进电动机)使被控工作台移动。这种机床工作比较稳定、反应迅速、调试方便、维修简单,但其控制精度受到限制,适用于一般要求的中、小型数控机床。

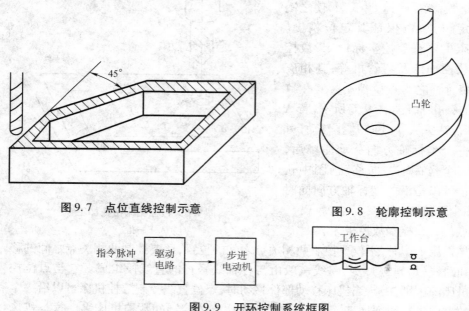

图 9.7　点位直线控制示意

图 9.8　轮廓控制示意

图 9.9　开环控制系统框图

2)闭环控制数控机床

闭环控制数控机床的工作原理是:当数控装置发出位移指令脉冲时,由伺服电动机和机械传动装置使机床工作台移动。此时,安装在工作台上的位移检测装置把机械位移变成电量,反馈到数控装置的比较器中,与输入的原指令电信号位移值相比较,得到的差值经过放大和转换,最后驱动工作台向减少误差的方向移动。如果输入信号不断地产生,那么工作台就不断地跟随输入信号运动。只有在差值为零时,工作台才静止,即工作台的实际位移量与指令位移量相等时,伺服电动机停止转动,工作台停止移动。由于闭环伺服系统有位置反馈,可以补偿机械传动装置中的各种误差、间隙和干扰的影响,因而可以达到很高的定位精度,一般为 ±(0.01~0.001) mm,同时还能得到较高的速度。因此闭环伺服系统在数控机床上广泛应用,特别是精度要求高的大型和精密机床。因系统增加了检测、比较和反馈装置,所以结构比较复杂。又由于许多机械传统环节的摩擦特性、刚性和间隙是非线性的,它们包含在位置环内,便容易造成系统不稳定,使闭环系统设计和调整困难。

图 9.10 是采用宽调速直流伺服电动机驱动闭环伺服系统的原理图。由图可知,闭环伺服系统主要是由位置比较和放大元件、速度比较和放大元件、驱动元件、机械传动装置和测量装置等组成。其中,驱动元件可采用宽调速直流伺服电动机或宽调速交流伺服电动机,测量元件可采用感应同步器或光栅等直线测量元件。

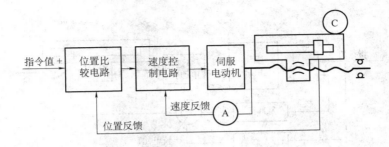

图 9.10   闭环控制系统框图

A—速度测量元件;C—直线位移测量元件

3)半闭环控制数控机床

半闭环控制系统的组成框图如图 9.11 所示,这种控制方式对工作台的实际位置不进行检查测量,而是用安装在进给丝杠轴端或电动机轴端的角位移测量元件(如旋转变压器、脉冲编码器和圆光栅等)来代替安装在机床工作台上的直线测量元件,用测量丝杠或电动机轴旋转角位移来代替测量工作台的直线位移。因这种系统没有将丝杠螺母副、齿轮传动副等传动装置包含在闭环反馈系统中,不能补偿该部分装置的传动误差,所以半闭环伺服系统的加工精度一般低于闭环伺服系统的加工精度。但半闭环伺服系统将惯性质量大的工作台安排在闭环之外,使这种系统调试较容易,稳定性也较好;且机械环节误差可用补偿办法消除,仍能获得满意精度,在国内各类数控机床中得到广泛应用。

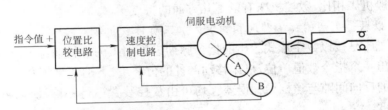

图 9.11   半闭环控制系统框图

A—速度测量元件;B—角度测量元件

4)开环补偿型数控机床

开环补偿型控制系统的组成框图如图 9.12 所示。其特点是:基本控制选用步进电动机的开环伺服机构,附加一个位置校正电路,通过装在工作台上直线位移测量元件的反馈信号来校正机械传动误差。

5)半闭环补偿型数控机床

半闭环补偿型控制系统的组成框图如图 9.13 所示。其特点是:用半闭环进行基本驱动以取得稳定的高速响应特性,再用装在工作台上的直线位移测量元件实现全闭环,然后用全闭环和半闭环的差值进行控制,以获得高精度。

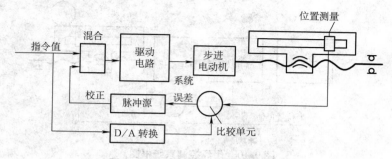

图 9.12 开环补偿型控制系统框图

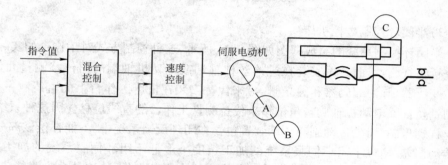

图 9.13 半闭环补偿型控制系统框图

A—速度测量元件；B—角度测量元件；C—直线位移测量元件

9.1.3.2 数控机床的特点

与一般机床相比,数控机床有以下几方面的特点。

1. 可以获得更高的加工精度和稳定的加工质量

数控机床是按以数字形式给出的指令脉冲进行加工的。目前脉冲增量值(数控装置每输出一个指令数值单位,机床移动部件的位移量)普遍达到了 0.001 mm 。进给传动链的反向间隙与丝杠导程误差等均可由数控装置进行补偿,所以可获得较高的加工精度。

当加工轨迹是曲线时,数控机床可以做到使进给量保持恒定。这样,加工精度和表面质量可以不受零件形状复杂程度的影响。

工件的加工尺寸是按预先编好的程序由数控机床自动保证的,加工过程消除了操作者人为的操作误差,使得同一批零件的加工尺寸一致,重复精度高,加工质量稳定。

2. 具有较强的适应性和通用性——充分的柔性

前边曾讲过,数控机床的加工对象改变时,只需重新编制相应的程序,输入计算机就可以自动地加工出新的工件。同类工件系列中不同尺寸、不同精度的工件,只需局部修改或增删零件程序的相应部分。随着数控技术的迅速发展,数控机床的柔性也在不断地扩展,逐步向多工序集中加工方向发展。

使用数控车床、数控铣床和数控钻床等时,分别只限于各种车、铣或钻等加工。然而,在机械工业中,多数零件往往必须进行多种工序的加工。这种零件在制造中,大部分时间用于安装刀具、装卸工件、检查加工精度等,真正进行切削的时间只占30%左右。在这种情况下,单功能数控机床就不能满足要求了。因此出现了具有刀库和自动换刀装置的各种加工中心机床,实现一机多用,如车削加工中心、镗铣加工中心等。车削中心用于加工回转体,且兼有铣(铣键槽、扁头等)、镗、钻(钻横向孔等)等功能。镗铣加工中心用于箱体零件的钻、扩、镗、铰、攻螺纹等工序。加工中心机床具有更强的适应性和更广的通用性。

3. 具有较高的生产率

数控机床不需人工操作,四面都有防护罩,不用担心切屑飞溅伤人,可以充分发挥刀具的切削性能。主轴和进给都采用无级变速,可以达到切削用量的最佳值。这就有效地缩短了切削时间。

数控机床在程序指令的控制下可以自动换刀、自动变换切削用量、快速进退等,因而大大缩短了辅助时间。在数控加工过程中,由于可以自动控制工件的加工尺寸和精度,一般只需作首件检验或工序间关键尺寸的抽样检查,因而可以减少停机检验时间。

加工中心进一步实现了工序集中,一次装夹可以完成大部分工序,从而有效地提高了生产效率。

4. 改善劳动条件,减轻工人的劳动强度

应用数控机床时,工人不需直接操作机床,而是编好程序调整好机床后由数控系统来控制机床,免除了繁重的手工操作。一人能管理几台机床,提高劳动生产率。当然,对工人的文化技术要求也提高了。数控机床的操作者,既是体力劳动者,也是脑力劳动者。

5. 便于现代化的生产管理

用计算机管理生产是实现管理现代化的重要手段。数控机床的切削条件、切削时间等都是由预先编好的程序决定的,都能实现数据化。这就便于准确地编制生产计划,为计算机管理生产创造了有利条件。数控机床适宜与计算机联系,目前已成为以计算机辅助设计、辅助制造和计算机管理一体化的计算机集成制造系统(即CIMS)的基础。

但是,数控机床造价高,维护比较复杂,需专门的维修人员,需高度熟练和经过培训的零件编程人员。

9.1.4 数控机床的坐标系

数控机床的坐标系是为了确定工件在机床中的位置、机床运动部件的特殊位置(如换刀点和参考点等)以及运动范围(如行程范围)等而建立的几何坐标系。目前,我国执行的 JB/T3051—1999《数控机床坐标和运动方向的命名》与国际上统一的标准 IS0841 等效。

标准的坐标系采用右手直角笛卡儿坐标系,如图 9.14 所示。它规定直角坐标

X、Y、Z 三者的关系及其正方向用右手定则判定(见图 9.14(a)),围绕 X、Y、Z 各轴的回转运动及其正方向 $+A$、$+B$、$+C$ 用右手螺旋法则判定(见图 9.14(b))。与 $+X$、$+Y$、$\cdots$、$+C$ 相反的方向相应用带"$'$"的 $+X'$、$+Y'$、$\cdots$、$+C'$ 表示(见图 9.14(c))。

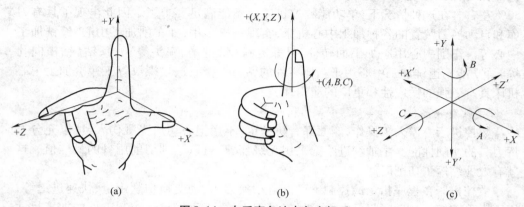

图 9.14　右手直角迪卡尔坐标系

(a)右手定则;(b)右手螺旋法则;(c)坐标系

数控车床、数控铣床以及数控镗铣床的标准坐标系分别如图 9.15、图 9.16 和图 9.17 所示。其坐标和运动方向根据以下规则确定。

(1)由于机床的运动可以是刀具相对于工件的运动,也可以是工件相对于刀具的运动,所以统一规定:在图 9.14 中字母不带"$'$"的坐标表示工件固定、刀具运动的坐标,即图 9.15 ~ 图 9.17 所示的坐标系;带"$'$"的坐标则表示刀具固定、工件运动的坐标。规定增大工件与刀具之间的距离(即增大工件尺寸)的方向为正方向。

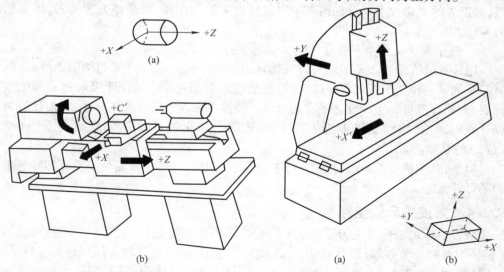

图 9.15　数控车床的坐标系

(a)工件;(b)机床

图 9.16　数控铣床的坐标系

(a)机床;(b)工件

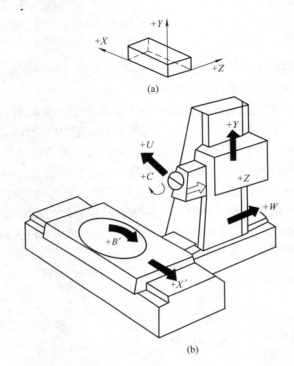

图 9.17 数控镗铣床的坐标系

(a)工件；(b)机床

(2)机床 X、Y、Z 坐标的确定。规定平行于机床主轴(传递切削动力)的刀具运动坐标为 Z 轴,取刀具远离工件的方向为正方向($+Z$)。当机床有几个主轴时,则选一个垂直于工件装夹面的主轴为 Z 轴(如龙门铣床)。X 坐标轴为水平方向,且垂直于 Z 轴,并平行于工件的装夹面。对于工件旋转运动的机床(如车床和磨床),取平行于横向滑座的方向(工件径向)为刀具运动的 X 坐标,同样取刀具远离工件的方向为 X 轴的正方向;对于刀具旋转运动的机床(如铣床和镗床),当 Z 轴为水平时,沿刀具主轴后端向工件方向看,向右方向为 X 轴的正向;当为立式主轴时,对于单立柱机床,面对刀具主轴向立柱方向看,向右方向为 X 轴的正向。Y 坐标轴垂直于 X 及 Z 坐标,当 $+Z$ 和 $+X$ 确定以后,按右手定则即可确定 $+Y$ 方向。

(3)编程坐标的选择。正由于工件与刀具是一对相对运动,$+X'$ 与 $+X$、$+Y'$ 与 $+Y$、$+Z'$ 与 $+Z$ 是等效的,所以在数控机床的程序编制中,为使编程方便,一律假定工件固定不动,全部用刀具运动的坐标系编制程序,即用标准坐标系 X、Y、Z、A、B、C 在图样上进行编程。

(4)附加运动坐标的规定。X、Y、Z 为主坐标系或第一坐标系,如有第二组坐标和第三组坐标平行于 X、Y、Z,则分别指定为 U、V、W 和 P、Q、R。所谓第一坐标系是指靠近主轴的直线运动,稍远的为第二坐标系。如在数控镗铣床(见图 9.17)中,镗杆运动方向为 Z 轴,立柱运动方向为 W 轴,而镗头径向刀架运动方向是平行于 X 轴的,故称为 U 轴。

9.1.5 数控机床的主要性能指标

1. 数控机床的可控轴数与联动轴数

数控机床的可控轴数是指机床数控装置能够控制的坐标数目,即数控机床有几个运动方向采用了数字控制。数控机床可控轴数与数控装置的运算处理能力、运算速度及内存容量等有关。国外最高级数控装置的可控轴数已达到 24 轴,我国目前最高级数控装置的可控轴数为 6 轴,图 9.18 所示为可控 6 轴加工中心的示意图。

数控机床的联动轴数,是指机床数控装置控制的坐标轴同时达到空间某一点的坐标数目。目前有两轴联动、三轴联动、四轴联动和五轴联动等。三轴联动数控机床可以加工空间复杂曲面,实现三坐标联动加工。四轴联动和五轴联动数控机床可以加工飞行器叶轮和螺旋桨等零件。

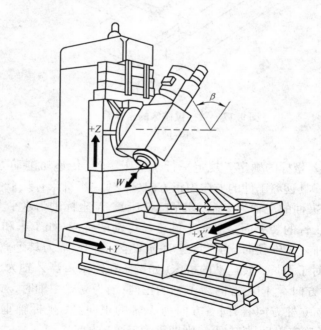

图 9.18 可控 6 轴加工中心示意
β—绕虚线轴摆动的角度

2. 数控机床的运动性能指标

数控机床的运动性能指标主要包括如下几个。

(1)主轴转速。数控机床的主轴一般均采用直流或交流调速主轴电动机驱动,选用高速精密轴承支承,保证主轴具有较宽的调速范围和足够高的回转精度、刚度及抗振性。

（2）进给速度。数控机床的进给速度是影响零件加工质量、生产效率以及刀具寿命的主要因素。它受数控装置的运算速度、机床动特性及工艺系统刚度等因素的限制。

（3）坐标行程。数控机床坐标轴 X、Y、Z 的行程大小构成数控机床的空间加工范围，即加工零件的大小。坐标行程是直接体现机床加工能力的指标参数。

（4）摆角范围。具有摆角坐标的数控机床，其转角大小也直接影响到加工零件空间部位的能力。但转角太大又造成机床的刚度下降，因此给机床设计带来许多困难。

（5）刀库容量和换刀时间。刀库容量和换刀时间对数控机床的生产率有直接影响。刀库容量是指刀库能存放加工所需要的刀具数量，目前常见的中小型数控加工中心多为 16～60 把刀具，大型数控加工中心达 100 把刀具。换刀时间指带有自动交换刀具系统的数控机床，将主轴上使用的刀具与装在刀库上的下一工序需用的刀具进行交换所需要的时间。

3. 数控机床的精度指标

数控机床的精度指标主要包括如下几个。

（1）定位精度。定位精度是指数控机床工作台等移动部件在确定的终点所达到的实际位置的精度，即实际位置与指令位置的一致程度，不一致量表现为误差，因此移动部件实际位置与指令位置之间的误差称为定位误差。被控制的机床坐标的误差（即定位误差）包括驱动此坐标的控制系统（伺服系统、检测系统和进给系统等）的误差在内，也包括移动部件导轨的几何误差等。定位误差将直接影响零件加工的位置精度。

（2）重复定位精度。重复定位精度是指在同一条件下，用相同的方法，重复进行同一动作时，控制对象位置的一致程度。即在同一台数控机床上，应用相同程序、相同代码加工一批零件所得到连续结果的一致程度，也称为精密度。重复定位精度受伺服系统特性、进给系统的间隙与刚度以及摩擦特性等因素的影响。一般情况下，重复定位精度是成正态分布的偶然性误差，它影响一批零件加工的一致性，是一项非常重要的性能指标。

（3）分度精度。分度精度是指分度工作台在分度时，理论要求回转的角度值与实际回转的角度值的差值。分度精度既影响零件加工部位在空间的角度位置，也影响孔系加工的同轴度等。

（4）分辨度与脉冲当量。分辨度是指两个相邻的分散细节之间可以分辨的最小间隔。对测量系统而言，分辨度是可以测量的最小增量；对控制系统而言，分辨度是可以控制的最小位移增量。机床移动部件相对于数控装置发出的每个脉冲信号的位移量叫作脉冲当量。坐标计算单位是一个脉冲当量，它标志着数控机床的精度分辨度。脉冲当量是设计数控机床的原始数据之一,其数值的大小决定数控机床的加工精度和表面质量。目前,普通精度级的数控机床的脉冲当量一般采用 0.001 mm/pulse,简易数控机床的脉冲当量一般采用 0.01 mm/pulse,精密或超精密数控机床的脉冲当量采用 0.000 1 mm/pulse。脉冲当量越小,数控机床的加工精度和加工表面质量越高。

9.2 数控机床典型结构及部件

9.2.1 数控机床的结构特点及要求

由于数控机床的控制方式和使用特点,使数控机床与普通机床在机械传动和结构上有显著的不同,其特点如下。

(1)采用了高性能无级变速主轴及伺服传动系统,机械传动结构大为简化,传动链缩短。

(2)采用了刚度、抗振性、耐磨性较好及热变形小的机床新结构。如动静压轴承的主轴部件、钢板焊接结构的支承件等。

(3)采用了在效率、刚度和精度等各方面较优良的传动部件,如滚珠丝杠螺母副、静压蜗杆副及塑料滑动导轨、滚动导轨和静压导轨等。

(4)采用多主轴、多刀架结构以及刀具与工件的自动夹紧装置、自动换刀装置和自动排屑、自动润滑冷却装置等,以改善劳动条件、提高生产率。

对数控机床机械结构的基本要求如表 9.1 所示。

表 9.1 数控机床机械结构的基本要求

对结构的要求	目 的	采取的措施
提高机床的静刚度	使数控机床各处机构如机床床身、导轨工作台、刀架和主轴箱等产生的弹性变形控制在最小限度内,以保证实现所要求的加工精度与表面质量	提高主轴部件的刚度、支承部件的整体刚度、各部件之间的接触刚度以及刀具部件的刚度等。如采用三支承主轴结构,合理配置滚动轴承,采用刚性高、抗振性好、承载能力大的静压或动压轴承 采用封闭截面的床身,并采取措施提高机床各部件接触刚度,如采用刮研的方法增加单位面积上接触点数及在接合面间预加载荷,以增大接触面积等 提高刀架刚度,如合理设计转台大小和刀具数,增大刀架底座尺寸等
提高机床的动刚度	充分发挥数控机床的高效加工性能,稳定切削,在保证静刚度的前提下,还必须提高动态刚度	提高系统的刚度,增加阻尼以及调整构件的自振频率等。如采用钢板焊接结构既可提高静刚度,减小结构重量,又可增加构件本身阻尼;对铸件采用封砂结构也有利于振动衰减,提高抗振性等

对结构的要求	目　　的	采取的措施
减少机床的热变形	机床热变形是影响加工精度的重要因素。对于数控机床来说,因为全部加工过程都是由计算机指令控制的,热变形对加工精度的影响更严重	(1)减少发热。如采用低摩擦因数的导轨和轴承。液压系统中采用变量泵等 (2)控制温升。通过良好的散热、隔热和冷却措施来控制温升,如在机床发热部位强制冷却等 (3)改善机床结构。设计合理的机床结构和布局,如设计热传导对称的结构,使温升一致,以减少热变形;采用热变形对称结构,以减小变形对加工精度的影响等
减小运动件的摩擦和消除传动间隙	由于数控机床工作台或滑板的位移量是以脉冲当量为最小单位的,一般为 0.001 ~ 0.000 1 mm,要求运动件能微量精确移动,以提高运动精度和定位精度,提高进给运动低速运动的平稳性	减小运动件重量,减小运动件的静、动摩擦力之差,减少或消除传动间隙,缩短传动链等。如采用滚动导轨或静压导轨,减小摩擦副间的摩擦力,避免低速爬行。采用滑动—滚动混合导轨,一方面能减小摩擦阻力,还能改善系统的阻尼特性,提高执行部件的抗振性。采用塑料滑动导轨,既可减小摩擦阻力,又可改善摩擦和阻尼特性,提高运动副的抗振性和平稳性。采用滚珠丝杠代替滑动丝杠,可显著减小运动副的摩擦。另外,数控机床尤其是开环系统的数控机床的加工精度在很大程度上取决于进给传动链的精度,除提高齿轮和滚珠丝杠的精度外,采用无间隙滚珠丝杠传动和无间隙齿轮传动,可大大提高数控机床的传动精度
提高机床的寿命和精度保持性	数控机床必须有足够的使用寿命和精度保持性	提高数控机床零、部件的耐磨性,尤其是导轨、进给丝杠、主轴部件等主要零件的耐磨性;在使用过程中,应保证数控机床各部件润滑良好
自动化结构,宜人的操作性和造型	最大限度地压缩辅助时间,提高生产效率,使其内部结构合理、紧凑,便于操作和维修;外观造型美观宜人	采用多主轴、多刀架及带刀库的自动换刀装置等,以减少工件装夹和换刀时间,提高生产率。在改善机床操作性方面充分注意机床各运动部分的互锁能力,防止事故的发生。尽可能改善操作者的观察、操作和维护条件,设置紧急停车装置。设计最有利的工件装夹位置,便于装卸工件。对于切屑数量较多的数控机床,其床身结构必须有利于排屑或设有自动工件分离和排屑装置

9.2.2　数控机床的典型结构

9.2.2.1　主轴部件结构

MJ—50 型数控车床主轴箱结构如图 9.19 所示。主轴采用两支承结构。前支承由一个双列圆柱滚子轴承 11 和一对角接触球轴承 10 组成。圆柱滚子轴承 11 用来承受径向载荷,两个角接触球轴承 10 中的一个大口朝向主轴前端,另一个大口朝向主轴后端,用来承受双向的轴向载荷和径向载荷。前支承轴承的间隙用螺母 1 和 6 来调整,螺钉 17 和 13 起防松作用。主轴的支承形式为前端定位,主轴受热膨胀向后伸长。前后支承所用的双列圆柱滚子轴承的支承刚性好,允许的极限转速高。而角接触球轴承能承受较大的轴向载荷,且允许的极限转速高,该支承结构能满足高速、大载荷切削的需要。主轴的运动经过同步带轮 16 和 3 以及同步带 2 带动脉冲编码器 4,使其与主轴同步运转。脉冲编码器用螺钉 5 固定在主轴箱体 9 上,利用主轴脉冲编码器检测主轴的运动信号。主轴的运动信号一方面可实现主轴调速的数字反馈,另一方面可用于进给运动的控制,例如车削螺纹等。

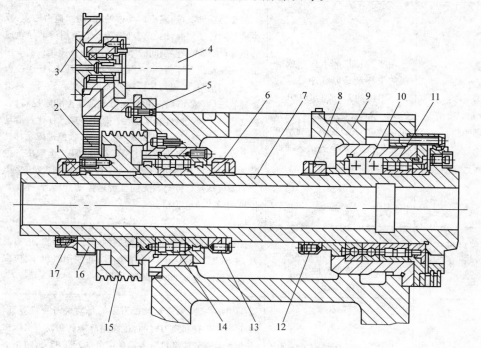

图 9.19   MJ—50 型数控车床主轴箱结构

1、6、8—螺母;2—同步带;3、16—同步带轮;4—脉冲编码器;5、12、13、17—螺钉;

7—主轴;9—主轴箱体;10—角接触球轴承;11、14—圆柱滚子轴承;15—带轮

9.2.2.2   进给伺服电动机

数控机床伺服机构是联系数控系统与机床执行件之间的重要环节。数控系统发出的运动指令必须通过伺服机构进行数模转换、功率放大,然后才能通过进给机构驱动机床运动部件,使其按规定轨迹及速度运动,从而加工出符合要求的零件。伺服机构主要包括伺服电动机、功率放大机构、升降速装置及进给装置等。其中进给伺服电动机的作用是将数控系统发出的脉冲转化为机械传动并驱动进给系统进行工作。对伺服电动机的主要要求如下:

　　(1) 运转平稳。要求电动机在整个进给速度范围内都能平滑地运转。

　　(2) 反应灵敏。伺服电动机应对脉冲信号作出迅速反应,以保证机床执行件能严格按照数控系统发出的控制指令进行运动。

　　(3) 应具有较大及较长的过载能力,以满足低速大转矩的要求。

　　(4) 电动机应能承受频繁启动、制动和反转。

　　常用的伺服电动机可分为直流伺服电动机、步进电动机及交流调速电动机3类。以下简要介绍步进电动机及直流伺服电动机中的小惯量直流电动机及宽调速直流电动机。

　　1. 步进电动机

　　步进电动机又称脉冲电动机,它是一种将电脉冲信号转变成相应角位移的电磁驱动装置。步进电动机不同于通电后连续转动的普通电动机,它是跟随输入脉冲一步一步地转动,输入脉冲停止,步进电动机也随之停止定位。所以其角位移量与输入脉冲的数量严格成比例。在时间上与输入脉冲同步。因此,只要控制输入脉冲的数量、频率和电机绕组的通电顺序,就可获得所需转速和转向。

　　1) 步进电动机的工作原理

　　按转矩产生的工作原理分主要有电磁式和反应式两大类。数控机床中常用的是 3~6 相的反应式步进电动机。

　　图 9.20 所示是三相反应式步进电动机工作原理图。它的定子上有三相绕组,分别绕在 3 对磁极上;转子是一个由硅钢片叠成的四齿铁芯。当定子上的 A、B、C 三相

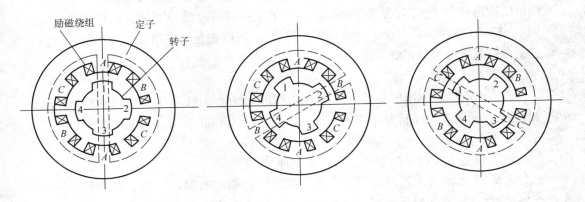

图 9.20　步进电动机的工作原理

绕组轮流通电时,磁极便依次轮流地产生磁场,吸引转子上的齿随磁场一步一步地转动。每一步的转角称为步距角。设 A 相绕组首先通电,B 和 C 皆不通电,转子的 1、3 两齿在磁场力作用下与 A 相磁极对齐。此时转子只受径向力作用而无切向力,故转子在此位置被锁定。而 2、4 两齿与 B、C 两磁极相错 30°。当 B 相通电 A 相断电时,转子的 2、4 两齿被 B 相磁极吸引逆时针转动30°与 B 相对齐。如果按 $A \rightarrow B \rightarrow C$ 依次

轮流通电,步进电动机将不断地逆时针转动,通电绕组每转换一次,转子就逆时针转动30°,即步距角为30°。若通电绕组按 $A{\rightarrow}C{\rightarrow}B$ 顺序通电,则转子就将顺时针旋转。

如果步进电动机定子的相数不变,步距角将随转子的齿数增加而减小。如果步进电动机的相数和转子的齿数同时增加,则步距角将大幅度减小。实际应用中,步进电动机的步距角一般为 $0.5°\sim3°$。

2)脉冲当量的计算

脉冲当量即执行件对应于步进电动机转过一个步距角时的位移量。脉冲当量除与步进电动机的步距角有关外,还与机械传动机构的传动比有关。其关系式如下:

$$脉冲当量 = (\theta \times P \times i)/360°$$

式中: θ ——步进电动机的步距角;

P ——丝杠的螺距;

i ——步进电动机与丝杠间的传动比。

3)步进电动机的特点

步进电动机的主要特点是:转子的转角与输入脉冲的数量严格成正比,转子的转速是由输入脉冲的频率控制的,改变脉冲的频率,可以在较宽的范围内调节电动机的转速。当停止输入脉冲时,只要维持某一绕组通电,步进电机的转子即保持在固定的位置上不动,不需机械制动。改变绕组的通电顺序即可改变电动机的转向。步进电动机的输出转角精度高,无累积误差。步进电动机的转动惯量小,启动、停止的时间为 $1\sim10$ ms 之间。由于步进电动机的上述特点,所以在自动控制系统中特别在开环控制数控系统中得到广泛应用。

2. 小惯量直流电动机

直流电动机是机床伺服系统中使用最多的一种电动机,在工作原理和基本结构上,它与普通直流电动机基本相同。但由于功用上的不同,在具体结构上它们存在着显著差别。

1)小惯量直流电动机的结构和工作原理

图9.21所示为小惯量直流电动机的结构原理图。电枢铁芯2是光滑无槽的圆柱体,因此这种电动机又称直流无槽电动机。转子绕组3均布于光滑的电枢铁芯表面上,用环氧树脂7绝缘并固化于铁芯表面。由于电动机转子是无槽结构,故不存在磁通密度饱和问题,因此可以大大提高电动机的气隙磁通密度和减小电枢的外径,但也使气隙增大,一般是普通电动机气隙的10倍以上。通常,将电动机转子制成小直径而大长度的细长轴类零件,从而获得较小的惯量。

小惯量直流电动机的调速方法有电压调速、磁场调速和电压—磁场调速3种方式。

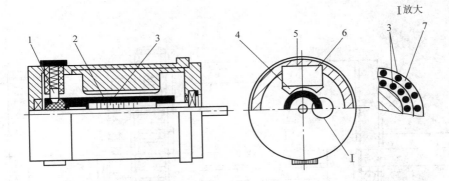

图 9.21　小惯量直流电动机结构

1—电刷;2—电枢铁芯;3—转子绕组;4—极鞭;5—极壳;6—永磁铁;7—环氧树脂

2)小惯量直流电动机的特点

(1)转动惯量小,反应灵敏,可得到较大的加减速转矩。

(2)电动机时间常数小,启动迅速,一般在 10 ms 以内,约为普通直流电动机的 1/10。

(3)由于转子无槽,低速运动平稳性好,在转速低至 10 r/min 时,也无爬行现象,换向性能良好。

(4)最大转矩较大,可达额定转矩的 10 倍。

3. 宽调速直流电动机

宽调速直流电动机又称大惯量直流电动机,因其调速范围宽,可以直接驱动滚珠丝杠,减少了传动误差,提高了传动效率和传动精度,因而成为数控机床伺服系统中性能较先进的一种伺服电动机。

1)宽调速直流电动机的结构和工作原理

图 9.22 所示是宽调速直流电动机的结构原理图。它采用了能够产生强磁场的永磁铁作为定子 1 的材料。转子 2 的外形与普通直流电动机的有槽转子基本相同,它的直径较大,长度较短,磁极对数较多,因而可以在转速较低的情况下输出较大的转矩。

2)宽调速直流电动机的特点

(1)低速性能好,输出转矩大。可以和机床进给丝杠直接连接,不仅节省了齿轮传动机构,简化了机床结构,降低了成本,而且也消除了因齿轮制造误差对机床传动精度的影响,提高了加工精度。

(2)转子惯量较大,负载波动对其影响较小,提高了机床的工作稳定性。

(3)过载性能好。电动机的耐热性好,可过载运行几十分钟。

(4)由于采用永久磁铁作磁极,提高了效率,能产生较大的瞬时转矩,故在过载的情况下,具有较好的加减速特性。

9.2.2.3　进给系统的机械传动结构

数控机床进给伺服系统包括引导和支承执行部件的导轨、丝杠螺母副、齿轮齿条

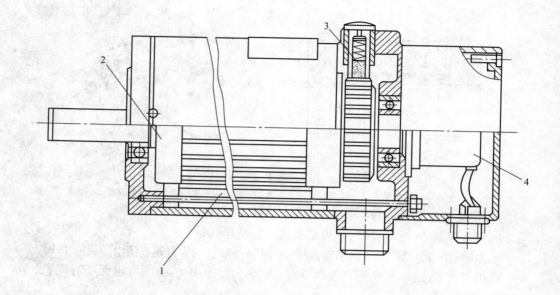

图 9.22　宽调速直流伺服电动机
1—定子;2—转子;3—电源;4—测速发电机

副、蜗杆副、齿轮或齿链副及其支承部件等。

1. 滚珠丝杠副

在数控机床上将回转运动转换为直线运动,一般采用滚珠丝杠螺母结构。滚珠丝杠螺母结构的特点是:传动效率高,一般为 0.92 ~ 0.96;传动灵敏,不易产生爬行;使用寿命长,不易磨损;具有可逆性,不仅可以将旋转运动转变为直线运动,也可将直线运动转变成旋转运动;施加预紧力后,可消除轴向间隙,反向时无空行程;成本高,价格昂贵;不能自锁,垂直安装时需有平衡装置(参考数控铣床平衡装置)。

1)滚珠丝杠副的结构和工作原理

滚珠丝杠螺母的结构有内循环和外循环两种方式。外循环方式的滚珠丝杠螺母结构如图 9.23 所示,它由丝杠 1、滚珠 2、回珠管 3 和螺母 4 组成。在丝杠 1 和螺母 4上各加工有圆弧形螺旋槽,将它们套装起来便形成了螺旋形滚道,在滚道内装满滚珠2。当丝杠 1 相对于螺母 4 旋转时,丝杠 1 的旋转面经滚珠 2 推动螺母 4 轴向移动。同时滚珠 2 沿螺旋形滚道滚动,使丝杠 1 和螺母 4 之间的滑动摩擦转变为滚珠 2 与丝杠 1 和螺母 4 之间的滚动摩擦。螺母 4 螺旋槽的两端用回珠管 3 连接起来,使滚珠 2 能够从一端重新回到另一端,构成一个闭合的循环回路。

内循环方式的滚珠丝杠螺母结构如图 9.24 所示。在螺母的侧孔中装有圆柱凸轮式反向器,反向器上铣有 S 形回珠槽,将相邻两螺纹滚道连接起来。滚珠从螺纹滚道进入反向器,借助反向器迫使滚珠越过丝杠牙顶进入相邻滚道,实现循环。

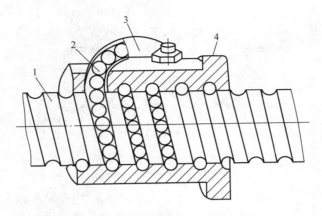

图9.23 外循环滚珠丝杠螺母结构

1—丝杠;2—滚珠;3—回珠管;4—螺母

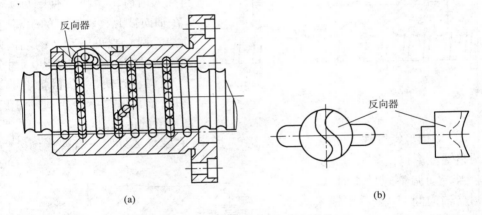

图9.24 内循环滚珠丝杠螺母结构

(a)结构图;(b)反向器

2)滚珠丝杠螺母结构间隙的调整方法

为了保证滚珠丝杠副的反向传动精度和轴向刚度,必须消除轴向间隙。常采用双螺母施加预紧力的办法消除轴向间隙,但必须注意预紧力不能太大,预紧力过大会造成传动效率降低、摩擦力增大、磨损增大,使用寿命降低。常用的双螺母消除间隙的方法有如下几种。

(1)双螺母垫片调整间隙法。如图9.25所示,调整垫片4的厚度,使左右两螺母1和2产生轴向位移,从而消除间隙和产生预紧力。这种方法结构简单、刚性好、装卸方便、可靠。但调整费时,很难在一次修磨中调整完成,调整精度不高,适用于一般精度数控机床的传动。

(2)双螺母齿差调整间隙法。如图9.26所示,两个螺母1和2的凸缘为圆柱外齿轮,而且齿数差为1,两个内齿轮3和4用螺钉、定位销紧固在螺母座上。调整时

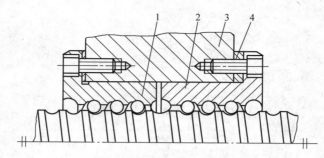

图 9.25　垫片调整间隙法

1、2—螺母;3—螺母座;4—调整垫片

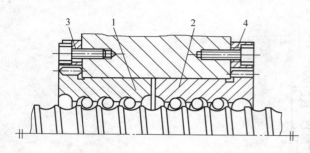

图 9.26　齿差调整间隙法

1、2—螺母;3、4—内齿轮

先将内齿轮 3 和 4 取出,根据间隙大小使两个螺母 1 和 2 分别向相同方向转过 1 个齿或几个齿,然后再插入内齿轮 3 和 4,使螺母 1 和 2 在轴向彼此移动相应的距离,从而消除两个螺母 1 和 2 的轴向间隙。这种方法的结构复杂,尺寸较大,但调整方便,可获得精确的调整量,预紧可靠不会松动,适用于高精度的传动。

（3）双螺母螺纹调整间隙法。如图 9.27 所示,右螺母 2 外圆上有普通螺纹,并用调整螺母 4 和锁紧螺母 5 固定。当转动调整螺母 4 时,即可调整轴向间隙,然后用锁紧螺母 5 锁紧。这种方法的结构紧凑,工作可靠,滚道磨损后可随时调整,但预紧力不准确。

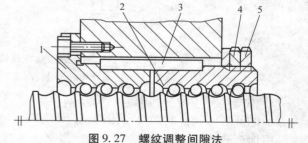

图 9.27　螺纹调整间隙法

1、2—螺母;3—平键;4—调整螺母;5—锁紧螺母

2. 齿轮传动间隙的消除

在数控机床上,齿侧间隙会造成进给运动反向时丢失指令脉冲,并产生反向死区,影响加工精度,因此在齿轮传动中必须消除间隙。

1）直齿圆柱齿轮传动间隙的消除

直齿圆柱齿轮传动间隙的消除方法主要有轴向垫片调整法、偏心套调整法和双片薄齿轮错齿调整法等。

（1）轴向垫片调整法。如图 9.28 所示,两个齿轮 1 和 2 沿齿宽方向制造成稍有锥度,当齿轮 1 不动时调整轴向垫片 3 的厚度,使齿轮 2 作轴向位移,从而减小啮合间隙。这种方法的结构简单,传动刚性好,但调整后的间隙不能自动补偿。

（2）偏心套调整法。如图 9.29 所示，电动机通过偏心套 2 安装在壳体上。转动偏心套 2 就能调整两圆柱齿轮 1 和 3 的中心距，从而减小齿轮的侧隙。这种方法同样是结构简单，传动刚性好，调整后的间隙也不能自动补偿。

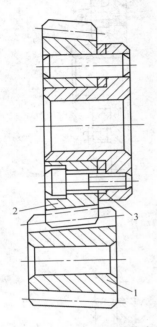

图 9.28　轴向垫片调整法
1、2—齿轮；3—垫片

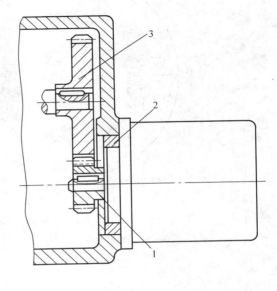

图 9.29　偏心套调整法
1、3—齿轮；2—偏心套

（3）双片薄齿轮错齿调整法。如图 9.30 所示，相互啮合的一对齿轮中的一个做成两个薄片齿轮 7 和 8，两薄片齿轮套装在一起，彼此可作相对转动。两个薄片齿轮的端面上，分别装有螺纹凸耳 5 和 6，拉簧 1 的一端钩在螺纹凸耳 5 上，另一端钩在穿过螺纹凸耳 6 的调节螺钉 4 上。在拉簧 1 的拉力作用下，两个薄片齿轮 7 和 8 的轮齿相互错位，分别贴紧在与之啮合的齿轮（图中未画出）左、右齿廓面上，消除了它们之间的齿侧间隙。拉簧 1 的拉力大小，可由调整螺母 2 调整，螺母 3 为锁紧螺母。这种方法能自动补偿齿轮传动间隙，但结构复杂，且传动刚度差，能传递的转矩较小。可始终保持啮合无间隙，尤其适合于检测装置。

2）斜齿圆柱齿轮传动间隙的消除

斜齿圆柱齿轮传动间隙的消除方法主要有垫片调整法和轴向压簧调整法等。

（1）垫片调整法。如图 9.31 所示，在两个薄片斜齿轮 3 和 4 中间加一个垫片 2，垫片 2 使薄片斜齿轮 3 和 4 的螺旋线错位，从而消除齿侧间隙。

（2）轴向压簧调整法。如图 9.32 所示，两个薄片斜齿轮 1 和 2 用滑键套在轴 5 上，螺母 4 可调整弹簧 3 对薄片斜齿轮 2 的轴向压力，使薄片斜齿轮 1 和 2 的齿侧分别贴紧宽齿轮 6 的齿槽两侧面以消除间隙。

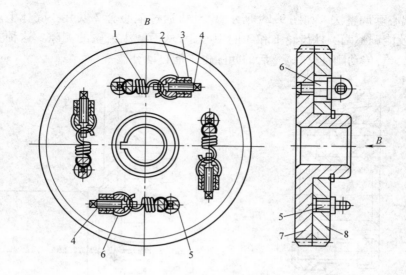

图 9.30　双片薄齿轮错齿调整法

1—拉簧；2—调整螺母；3—锁紧螺母；4—调节螺钉；5、6—螺纹凸耳；7、8—薄片齿轮

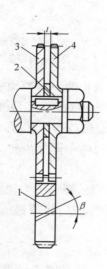

图 9.31　斜齿轮垫片调整间隙法

1—宽齿轮；2—垫片；3、4—薄片斜齿轮

t—垫片厚度；β—螺旋角

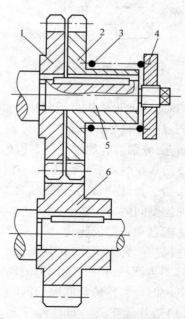

图 9.32　斜齿轮轴向压簧调整间隙法

1、2—薄片斜齿轮；3—弹簧；4—螺母；

5—轴；6—宽齿轮

3）锥齿轮传动间隙的消除

锥齿轮传动间隙可以采用轴向压簧法消除。如图9.33所示,锥齿轮1和2相啮合,在装锥齿轮1的轴5上装有压簧3,螺母4用来调整压簧3的弹力,锥齿轮1在弹簧力作用下稍有轴向移动,就能消除锥齿轮1和2的间隙。

3. 键连接间隙补偿机构

在数控机床进给传动装置中,齿轮等传动件与轴键的配合间隙如同齿侧间隙一样,也会影响零件的加工精度,需要将其消除。

消除键连接间隙的两种方法如图9.34所示。图9.34(a)为双键连接结构,用紧固螺钉压紧以消除间隙。图9.34(b)为楔形销连接结构,用螺母拉紧楔形销以消除间隙。

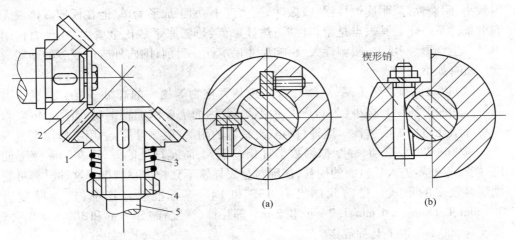

图9.33　锥齿轮齿侧间隙的消除
1,2—锥齿轮;3—压簧;4—螺母;5—轴

图9.34　键连接间隙消除方法
(a)双键连接结构;(b)楔形销连接结构

图9.35所示为一种可获得无间隙传动的无键连接结构。零件5和6是一对相互配合、接触良好的弹性锥形胀套,拧紧螺母2通过圆环3和4将它们压紧时,内弹性锥形胀套5的内孔缩小,外弹性锥形胀套6的外圆胀大,依靠摩擦力将传动件7和轴1连接在一起。弹性锥形胀套的对数根据所需要传递转矩的大小确定,可以是一对或者几对。

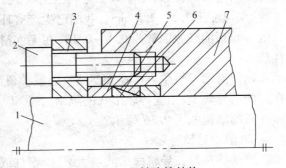

图9.35　无键连接结构
1—轴;2—拧紧螺母;3、4—圆环;
5—内弹性锥形胀套;6—外弹性锥形胀套;7—传动件

4. 导轨副

导轨主要用来支承和引导运动部件沿一定的轨道运动。在导轨副中,运动的一

方叫运动导轨,不动的一方叫支承导轨。运动导轨相对于支承导轨的运动通常是直线运动或回转运动。目前,数控机床上的导轨类型主要有滑动导轨、滚动导轨和液体静压导轨等。

1)滑动导轨

滑动导轨具有结构简单、制造方便、刚度好和抗振性高等优点,在数控机床上应用广泛。但对于金属对金属类型的导轨,静摩擦因数大,动摩擦因数随速度变化而变化,在低速时易产生爬行现象。为了提高导轨的耐磨性,改善摩擦特性,可选用合适的导轨材料和热处理方法,如选用优质铸铁、耐磨铸铁或镶淬火钢导轨,采用导轨表面滚压强化、表面淬硬、镀铬和镀钼等方法提高导轨的耐磨性能。目前,多数使用金属对塑料类型的导轨,称为贴塑滑动导轨。贴塑滑动导轨的塑料化学成分稳定、摩擦因数小、耐磨性好、耐腐蚀性强、吸振性好、密度小、加工成形简单,能在任何液体或无润滑条件下工作。其缺点是耐热性差、热导率低、热膨胀系数比金属大、在外力作用下易产生变形、刚度差、吸湿性大、影响尺寸稳定性。目前,国内外应用较多的贴塑滑动导轨有如下几种。

(1)以聚四氟乙烯为基体,添加合金粉和氧化物等构成的高分子复合材料。聚四氟乙烯的摩擦因数很小(为0.04),但不耐磨,因而需要添加青铜粉、石墨、MoS_2 和铅粉等填充料增加耐磨性。这种材料具有良好的耐磨、吸振性能,适用工作温度范围广($-200 \sim 280℃$),动、静摩擦因数小且相差不大,防爬行性能好,可在干摩擦下使用,能吸收外界进入导轨面的硬粒,使配对金属导轨不致拉伤和磨损。这种材料可制成塑料软带的形式。目前我国已有 TSF 和 F4S 等标准软带产品,产品厚度有0.8 mm、1.1 mm、1.4 mm、1.7 mm 和 2 mm 等几种,宽度有 150 mm 和 300 mm 两种,长度有 500 mm 以上几种规格。

(2)以环氧树脂为基体,加入 MoS_2、胶体石墨和 TiO_2 等制成的抗磨涂层材料。这种涂料附着力强,可用涂敷工艺或压注成型工艺涂到预先加工成锯齿形状的导轨上,涂层厚度为 1.5 ~ 2.5 mm。我国已生产有环氧树脂耐磨涂料(HNT),它与铸铁构成的导轨副的摩擦因数为 0.1 ~ 0.12,在无润滑油情况下仍有较好的润滑和防爬行性能。

贴塑滑动导轨主要用在大型及重型数控机床上,塑料导轨副的塑料软带一般贴在短的动导轨上,不受导轨形式的限制,各种组合形式的滑动导轨均可粘贴。几种贴塑导轨的结构如图 9.36 所示。

2)滚动导轨

滚动导轨是在导轨面之间放置滚珠、滚柱或滚针等滚动体,使导轨面之间为滚动摩擦而不是滑动摩擦。滚动导轨的灵敏度高,摩擦因数小,且其动、静摩擦因数相差很小,因而运动均匀。尤其是在低速移动时,不易出现爬行现象;定位精度高,重复定位精度可达 0.2 μm;牵引力小,移动轻便;磨损小,精度保持性好,使用寿命长。但滚动导轨的抗振性差,对防护要求高,结构复杂,制造困难,成本较高。根据滚动体的种

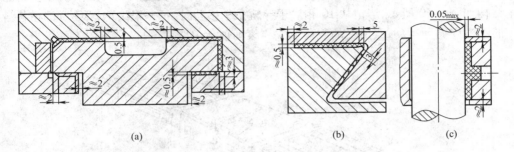

(a)   (b)   (c)

图 9.36 贴塑导轨的结构

（a）矩形导轨；（b）燕尾导轨；（c）圆柱导轨

类,滚动导轨可以分为滚珠导轨、滚柱导轨、滚针导轨和直线滚动导轨 4 种类型。

（1）滚珠导轨。滚珠导轨的承载能力小,刚度低。为了防止在导轨面上产生压坑,导轨面一般用淬火钢制成。滚珠导轨适用于运动部件质量轻、切削力不大的数控机床。滚珠导轨的结构如图 9.37 所示。

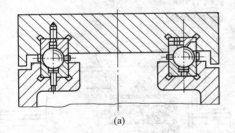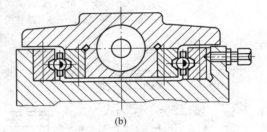

(a)   (b)

图 9.37 滚珠导轨结构

（a）顶式；（b）侧式

（2）滚柱导轨。滚柱导轨的承载能力和刚度都比滚珠导轨大,适用于载荷较大的数控机床。但对于安装的偏斜反应大,支承的轴线与导轨的平行度误差不大时也会引起偏移和侧向滑动,从而使导轨磨损加快、精度降低。小滚柱(直径小于 10 mm)比大滚柱(直径大于 25 mm)对导轨面不平行敏感些,但小滚柱的抗振性高。滚柱导轨的结构如图 9.38 所示。

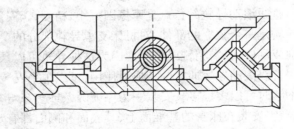

图 9.38 滚柱导轨结构

（3）滚针导轨。滚针导轨的滚针比滚柱的长径比大,滚针导轨的特点是尺寸小、结构紧凑,主要适用于导轨尺寸受限制的数控机床。

（4）直线滚动导轨(简称为直线导轨)。直线滚动导轨副的外形如图 9.39 所示,直线滚动导轨由一根长导轨(导轨条1)和一个或几个滑块组成。直线滚动导轨副的结构如图9.40所示,当滑块10相对于导轨条9移动时,每一组滚珠(滚柱)都在各自的滚道内循环运动,其所受的载荷形式与滚动轴承类似。

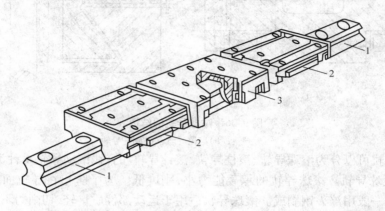

图 9.39　直线滚动导轨副的外形
1—导轨条;2—循环滚柱滑座;3—抗振阻尼滑座

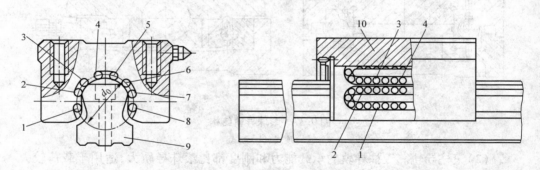

图 9.40　直线滚动导轨副的结构
1、4、5、8—回珠(回柱);2、3、6、7—负载滚珠(滚柱);9—导轨条;10—滑块

直线滚动导轨的特点是摩擦因数小、精度高、安装和维修都很方便。由于直线滚动导轨是一个独立的部件,对机床支承导轨部分的要求不高,既不需要淬硬也不需要磨削或刮研,只需精铣或精刨。因为这种导轨可以预紧,所以其刚度高。

直线滚动导轨通常两条成对使用,可以水平安装,也可以竖直或倾斜安装。当长度不够时可以多根接长安装。为保证两条或多条导轨平行,通常把一条导轨作为基准导轨,安装在床身的基准面上,其底面和侧面都有定位面。另一条导轨为非基准导轨,床身上没有侧面定位面。这种安装形式称为单导轨定位,如图9.41所示。单导轨定位容易安装,便于保证平行,对床身没有侧面定位面的平行要求。

当振动和冲击较大、精度要求较高时,两条导轨的侧面都要定位,称双导轨定位,双导轨定位要求定位面平行度高。双导轨定位的安装如图9.42所示。

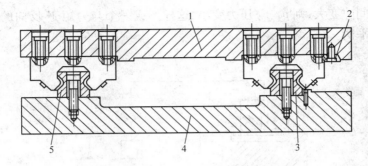

图 9.41 单导轨定位的安装

1—工作台;2—楔块;3—基准导轨;4—床身;5—非定位导轨

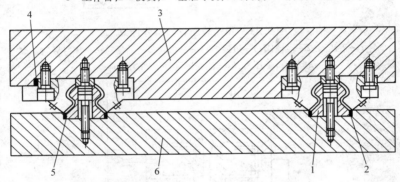

图 9.42 双导轨定位的安装

1—基准导轨;2、4、5—调整垫;3—工作台;6—床身

3)静压导轨

静压导轨是将具有一定压力的油液经节流器输送到导轨面上的油腔中,形成承载油膜,将相互接触的导轨表面隔开,实现液体摩擦。这种导轨的摩擦因数小(一般为 0.000 5 ~ 0.001),机械效率高,能长期保持导轨的导向精度。承载油膜有良好的吸振性,低速下不易产生爬行。这种导轨的缺点是结构复杂,且需一套液压系统,成本高,油膜厚度难以保持恒定不变。

静压导轨可以分为开式和闭式两种。开式静压导轨的工作原理如图 9.43 所示。来自液压泵 1 的液压油(压力为 p_0)经节流阀 4,压力降至 p_1,进入导轨面,借助压力将动导轨 5 浮起,使导轨面间以一层厚度为 h_0 的油膜隔开,油腔中的油不断地经过各封油间隙流回油箱。当动导轨受到外负荷 W 作用时,使动导轨向下产生一个位移,导轨间隙由 h_0 减小至 h,使油腔回油阻力增大,油压增大,以平衡负载,使导轨仍在纯液体摩擦下工作。

闭式静压导轨的工作原理如图 9.44 所示。闭式静压导轨的各个方向的导轨面上均加工有油腔,所以闭式静压导轨具有承受各方向载荷的能力。设油腔各处的压力分别为 p_1、p_2、p_3、p_4、p_5、p_6,当受到力矩 M 时,p_1、p_6 处间隙变小,则 p_1、p_6 压力增大,p_3、p_4 处间隙变大,则 p_3、p_4 压力变小,这样形成一个与力矩 M 反向的力矩,从而使导轨保持平衡。

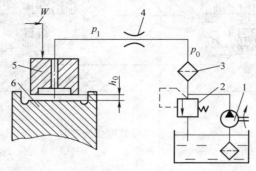

图 9.43　开式静压导轨工作原理

1—液压泵;2—溢流阀;3—过滤器;4—节流阀;5—动导轨;6—床身导轨
p_0、p_1—压力;h_0—油膜厚度;W—外力负荷

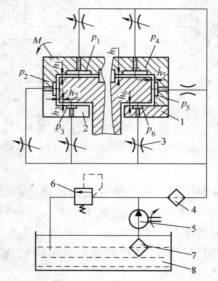

图 9.44　闭式静压导轨工作原理

1、2—导轨;3—节流阀;4、7—过滤器;5—液压泵;6—溢流阀;8—油箱
M—力矩;$p_1 \sim p_6$—压力;$h_1 \sim h_6$—油膜厚度

5. 自动换刀机构

数控机床为了能在零件一次装夹中完成多种甚至所有加工工序,以缩短辅助时间,减少多次安装零件引起的误差,必须具有自动换刀机构。自动换刀机构应当满足换刀时间短、刀具重复定位精度高、足够的刀具存储以及安全可靠等基本要求。

在数控车床上使用的回转刀架是一种最简单的自动换刀机构。根据加工对象不同,有四方刀架、六角刀架和八(或更多)工位的圆盘式轴向装刀刀架等多种形式。

回转刀架上分别安装4把、6把或更多刀具,并按数控装置的指令换刀。

回转刀架在结构上必须具有良好的强度和刚度,以承受粗加工时的切削抗力和减少刀架在切削力作用下的位移变形,提高加工精度。由于车削加工精度在很大程度上取决于刀尖位置,对于数控机床来说,加工过程中刀架部位要进行人工调整,因此更有必要选择可靠的定位方案和合理的定位结构,以保证回转刀架在每次转位之后具有高的重复定位精度(一般为0.001~0.005 mm)。

回转刀架按其工作原理可分为机械螺母升降转位、十字槽轮转位、凸台棘爪式、电磁式及液压式等多种工作方式。但其换刀的过程一般均为刀架抬起、刀架转位、刀架压紧并定位等几个步骤。

1)四方回转刀架

螺旋升降式四方刀架结构如图9.45所示,其换刀过程如下。

(1)刀架抬起。当数控装置发出换刀指令后,电动机1启动正转,并经联轴器2使蜗杆3转动,从而带动蜗轮丝杠4转动。刀架体7的内孔加工有螺纹,与蜗轮丝杠4连接,蜗轮丝杠4的螺轮与丝杠为整体结构。当蜗轮丝杆4开始转动时,由于刀架底座5和刀架体7上的端面齿处于啮合状态,且蜗轮丝杠4轴向固定,因此刀架体7抬起。

(2)刀架转位。当刀架抬起至一定的距离后,端面齿脱开,转位套9用销钉与蜗轮丝杠4连接,随蜗轮丝杠4一起转动,当端面齿完全脱开时,转位套9正好转过160°,球头销8在弹簧力的作用下进入转位套9的槽中,带动刀架体7转位。

(3)刀架定位。刀架体7转动时带动电刷座10转动,当转到程序指定的位置时,粗定位销15在弹簧力的作用下进入粗定位盘6的槽中进行粗定位,同时电刷13接触导体使电动机1反转。由于粗定位槽的限制,刀架体7不能转动,使其在该位置垂直落下,刀架体7和刀架底座5上的端面齿啮合,实现精确定位。

(4)刀架压紧。刀架精确定位后,电动机1继续反转,夹紧刀架,当两端面齿增加到一定夹紧力时,电动机停止转动,从而完成一次换刀过程。

2)六角回转刀架

数控车床的六角回转刀架结构如图9.46所示。六角回转刀架适用于盘类零件的加工。在加工轴类零件时,可以换成四方刀架。由于两者底部的安装尺寸相同,更换刀架十分方便。六角回转刀架的全部动作由液压系统通过电磁换向阀和顺序阀进行控制,它的动作分为如下4个步骤。

(1)刀架抬起。当数控装置发出换刀指令后,液压油从a孔进入压紧液压缸的下腔,活塞1上升,刀架体2抬起,使定位活动插销10与圆柱固定插销9脱开。同时,活塞杆下端的端齿离合器与空套齿轮5接合。

(2)刀架转位。当刀架抬起之后,液压油从c孔进入液压缸左腔,活塞6向右移动,通过连接板带动齿条8移动,使空套齿轮5逆时针方向转动,通过端齿离合器使刀架转过60°。活塞的行程应等于空套齿轮5节圆周长的1/6,并由限位开关控制。

(3)刀架压紧。刀架转位之后,液油从b孔进入压紧液压缸的上腔,活塞1带动

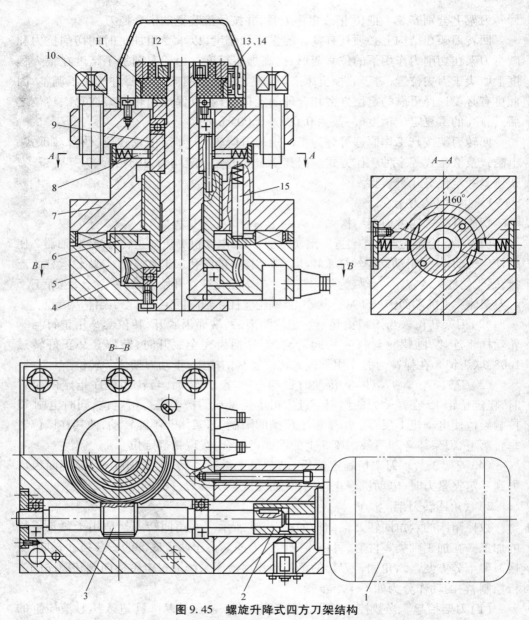

图 9.45 螺旋升降式四方刀架结构

1—电动机;2—联轴器;3—蜗杆;4—蜗轮丝杠;5—刀架底座;6—粗定位盘;7—刀架体;
8—球头销;9—转位套;10—电刷座;11—发信体;12—螺母;13、14—电刷;15—粗定位销

刀架体 2 向下移动。零件 3 的底盘上精确地安装着 6 个带斜楔的圆柱固定插销 9,利用定位活动插销 10 消除定位销与孔之间的间隙,实现可靠定位。刀架体 2 向下移动时,定位活动插销 10 与另一个圆柱固定插销 9 卡紧,同时零件 3 与零件 4 的锥面接触,刀架体 2 在新的位置定位并压紧。这时,端齿离合器与空套齿轮 5 脱开。

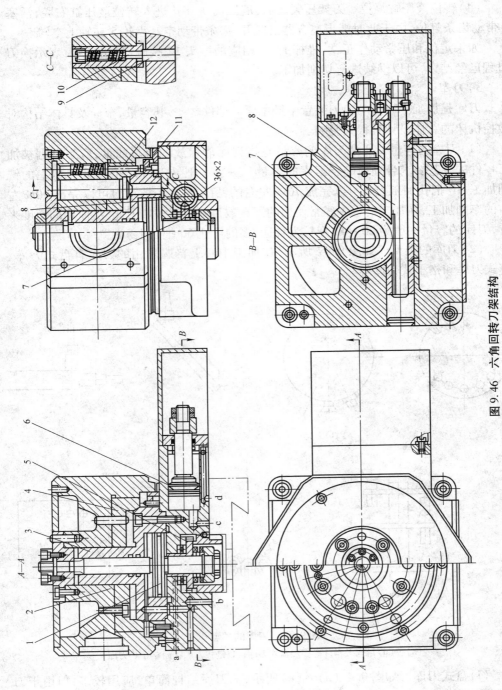

图 9.46　六角回转刀架结构

1—活塞;2—刀架体;3,4—零件;5—空套齿轮;6—活塞;7—齿条;8—齿条;9—圆柱固定插销;10—定位活动插销;11—推杆;12—触头;a,b,c,d—液压油孔

（4）转位液压缸复位。刀架压紧之后,液压油从 d 孔进入转位液压缸右腔,活塞6 带动齿条复位,由于此时端齿离合器已脱开,齿条带动空套齿轮 5 在轴上空转。

如果定位和压紧动作正常,推杆 11 与相应的触头 12 接触,发出信号,表示换刀过程已经结束,可以继续进行切削加工。

3）刀库

刀库是加工中心自动换刀装置中最主要的部件之一,其容量、布局及具体结构对数控机床的总体设计有很大影响。

（1）刀库的容量。所谓刀库的容量是指刀库能存放的刀具数量,应当根据被加工零件的工艺要求合理地确定刀库的容量。一般 5 把铣刀可以完成 90% 以上的铣削加工,10 把孔加工刀具可以完成 70% 左右的钻削加工,8 把车刀可以完成 90% 左右的车削加工,在加工过程中经常使用的刀具数目并不很多。因此,从使用的角度来看,刀库的容量一般为 20～40 把较为合适,多的可达 60 把以上。

（2）刀库的类型。如图 9.47 所示,在加工中心上普遍采用的刀库有盘式刀库、链式刀库和格子式刀库等。

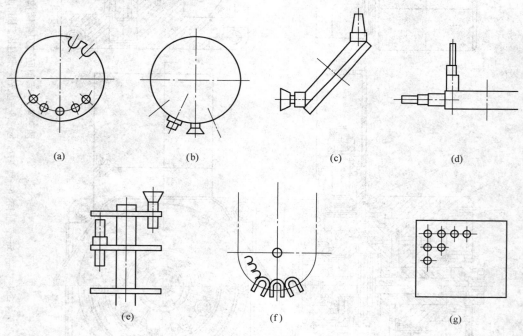

图 9.47　刀库的类型
（a）～（d）盘式刀库;（e）多层盘式刀库;（f）链式刀库;（g）格子式刀库

（i）盘式刀库。如图 9.47（a）～（e）所示,该刀库结构简单,应用较多,但由于刀具环形排列,空间利用率低,因此采用多层盘式刀库,如图 9.47（e）所示。

（ii）链式刀库。如图 9.47（f）所示,该刀库结构紧凑,刀库容量较大,链环的形状可以根据机床布局成各种形状,也可以将换刀位置突出以利换刀。当需要增加刀库容量时,只需增加链条的长度。这对刀库的设计和制造带来了很大的方便,可以满足不同使用条件。刀具数量在30把以上时,一般采用链式刀库。

(iii)格子式刀库。如图9.47(g)所示,刀具分几排直线排列,由纵、横向移动的取刀机械手完成选刀运动,将选取的刀具送到固定的换刀位置刀座上,由换刀机械手交换刀具。由于刀具排列密集,因此空间利用率高,刀库容量大。

(3)刀具的选择方式。在自动换刀过程中,根据程序中的刀具功能指令,数控装置发出自动选刀的信号,在刀库中挑选下一工步所需要的刀具。目前,刀具的选择方式主要有顺序选刀方式、固定地址选刀方式和任意选刀方式。

(i)顺序选刀方式。选用刀具按顺序进行,在每次换刀时,刀库转过一个刀具的位置。这种选刀方式的控制过程简单,但要求加工前严格按加工顺序将各刀具顺次插入刀座。采用顺序选刀方式时,为某一工件准备的刀具,不能用于其他工件的加工。

(ii)固定地址选刀方式。固定地址选刀方式又称为刀座编码方式,这种方式对刀库的刀座进行编码,并将与刀座编码相对应的刀具一一放入指定的刀座中,然后根据刀座的编码选取刀具。该方式可使刀柄结构简化,但刀具不能任意排放,一定要插入对应的刀座中,与顺序选刀方式相比较,刀座编码方式的刀具在加工过程中可以重复使用。

(iii)任意选刀方式。任意选刀方式又称为刀具编码方式,刀具的编码直接编在刀柄上,供选刀时识别,而与刀座无关。刀具可以放入刀库中的任意刀座,在换刀时可以把卸下的刀具就近安放。这种方法简化了加工前的刀具准备工作,也减少了选刀失误的可能性,是目前采用较多的一种方式。

(4)刀具的编码方式。当采用任意选刀方式选择刀具时,必须给刀具编上识别代码。一般都是根据二进制数编码原理进行编码,在刀柄上安装编码环。刀具代码的识别有接触式和非接触式两类。

(i)接触式刀具识别装置。如图9.48所示,接触式刀具识别装置采用的是对准编码环的

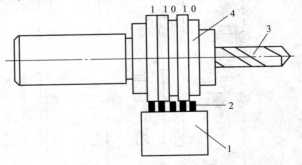

图9.48 接触式刀具识别装置
1—刀具识别装置;2—触针;3—刀具;4—编码环

一排触针的方法,大直径的圆环与触针相接触产生信号"1",小直径的圆环与触针不接触产生信号"0",若有6个圆环,则共有 $2^6 = 64$ 种刀具编码,接触式编码识别装置简单,但长期使用后有磨损,可靠性差,寿命短。

(ii)非接触式刀具识别装置。如图9.49所示,非接触式刀具识别装置一般采用磁性编码环的方法,编码环采用导磁材料(软钢)和非导磁材料(黄铜或塑料)制成。

导磁材料环使线圈产生感应,信号为"1",非导磁材料环使线圈不产生感应,信号为"0",这样可以获得不同的编码。

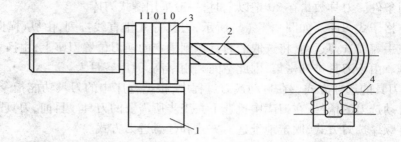

图 9.49　非接触式刀具识别装置

1—刀具识别装置;2—刀具;3—编码环;4—线圈

(5)刀具交换装置。实现刀库与机床主轴之间传递和装卸刀具的装置,称为刀具交换装置。刀具交换装置一般分为无机械手换刀和采用机械手换刀两类。

(i)无机械手换刀。这种换刀方式是利用刀库与机床主轴之间的相对运动实现刀具交换,常用于中、小型加工中心。无机械手换刀过程如图 9.50 所示。图 9.50(a)中,当本工步工作结束后执行换刀指令,主轴准停,主轴箱沿 Y 轴上升。这时刀

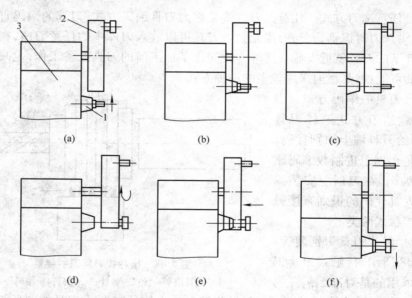

图 9.50　无机械手换刀过程

(a)执行换刀指令;(b)主轴箱上升到极限位置;(c)刀库伸出;
(d)刀库转位;(e)刀库退出;(f)主轴下降到加工位置
1—主轴箱;2—刀库;3—立柱

库上刀位的空挡位置正处于交换位置,装夹刀具的卡爪打开。图9.50(b)中,主轴箱上升到极限位置,被更换的刀具刀杆进入刀库空刀位,即被刀具定位卡爪钳住,同时主轴内刀杆自动夹紧装置放松刀具。图9.50(c)中,刀库伸出,从主轴锥孔中将刀具拔出。图9.50(d)中,刀库转位,按照程序指令要求将选好的刀具转到最下面的位置,同时压缩空气将主轴锥孔吹净。图9.50(e)中,刀库退回,同时将新刀插入主轴锥孔。主轴内刀具夹紧装置将刀杆拉紧。图9.50(f)中,主轴下降到加工位置后启动,开始下一工步的加工。这种换刀机构不需要机械手,结构简单、紧凑。由于交换刀具时机床不工作,所以不会影响加工精度,但会影响生产率。其次,受刀库尺寸的限制,装刀数量不能太多。

(ii)机械手换刀。利用机械手进行刀具交换比较灵活,可以减少换刀时间。因此,这种刀具交换方式应用比较广泛。采用机械手换刀工作原理及动作分解示意图参见镗铣加工中心。

6. 主轴的准停装置

有的数控铣床由于需要进行自动换刀,要求主轴每次准确停在一个固定的位置上,所以在主轴上必须设有准停装置。准停装置有机械式和电气式两种。

1)机械式准停装置

如图9.51所示,机械式准停装置的工作原理为:准停前主轴必须是处于停止状态,当接收到主轴准停指令后,主轴电动机以低速转动,主轴箱内齿轮换挡,使主轴以低速旋转,时间继电器开始动作,并延时4~6 s,保证主轴转速稳定后接通无触点开关1的电源,当主轴转到图示位置,即凸轮定位盘3上的感应块2与无触点开关1相接触后发出信号,使主轴电动

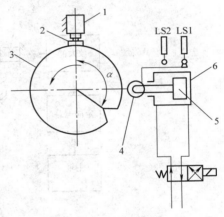

图9.51　机械式准停装置

1—无触点开关;2—感应块;3—凸轮定位盘;
4—定位滚轮;5—定位活塞;6—定位液压缸
LS1、LS2—行程开关;
α—凸轮定位盘缺口与感应块的夹角

机停转。另一延时继电器延时0.2~0.4 s后,液压油进入定位液压缸6的右腔,使定位活塞5向左移动,当定位活塞5上的定位滚轮4顶入凸轮定位盘3的凹槽内时,行程开关LS2发出信号,主轴准停完成。若延时继电器延时1 s后,行程开关LS2仍不发出信号,说明准停没完成,需使定位活塞5向右移动,重新准停。当定位活塞5向右移动到位时,行程开关LS1发出定位滚轮4退出凸轮定位盘凹槽的信号,此时主轴可启动工作。机械准停装置比较准确可靠,但结构较为复杂。

2)电气式主轴准停装置

现代的数控铣床一般都采用电气式主轴准停装置,只要数控系统发出指令信号,主轴就可以准确地停转定位。较常用的电气方式有两种:一种是利用主轴上光电脉

冲发生器的同步脉冲信号;另一种是用磁力传感器检测定位。

　　加工中心的主轴(其结构、自动夹紧和切屑清除装置参见加工中心内容)部件上设有准停装置,其作用是使主轴每次都准确地停在固定不变的周向位置上,以保证自动换刀时主轴上的端面键能对准刀柄上的键槽,同时使每次装刀时刀柄与主轴的相对位置不变,提高刀具的重复安装精度,从而可提高孔加工时孔径的一致性。JCS—018 A 型加工中心的电气准停装置如图 9.52 所示。在带动主轴 5 旋转的多楔带轮 1 的端面上装有一个厚垫片 4,垫片 4 上装有一个体积很小的永久磁铁 3,在主轴箱箱体对应于主轴 5 准停的位置上,装有磁传感器 2。当机床需要停车换刀时,数控装置发出主轴 5 停转的指令,主轴 5 电动机立即降速,在主轴 5 以最低转速慢转几圈、永久磁铁 3 对准磁传感器 2 时,磁传感器 2 发出准停信号,该信号经放大后,由定向电路控制主轴电动机停在规定的周向位置上。

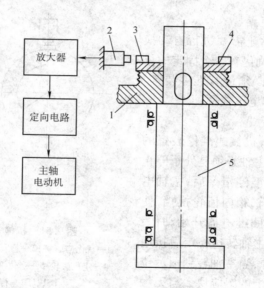

图 9.52　JCS—018 A 加工中心采用的主轴准停装置
1—多楔带轮;2—磁传感器;3—永久磁铁;4—垫片;5—主轴

　　7. 回转工作台

　　为了扩大数控机床的工艺范围,数控机床除了沿 x、y、z 3 个坐标轴作直线进给运动外,往往还需要有绕 x、y 或 z 轴的圆周进给运动。数控机床的圆周进给运动一般由回转工作台来实现。回转工作台除了用于进行各种圆弧加工与曲面加工外,还可以实现精确的自动分度。对于加工中心,回转工作台已成为一个不可缺少的部件。数控机床中常用的回转工作台有分度工作台和数控回转工作台。其结构和工作原理已在第 3 单元铣床和第 7 单元镗床中介绍,这里不再重复。

习题与思考题

1. 数控机床与普通机床比较主要优点是什么？

2. 数控装置由哪几部分组成？各有什么作用？

3. 什么是开环、闭环、半闭环控制系统？其优缺点如何？各适应于什么场合？

4. 什么样的数控机床叫数控加工中心？

5. 什么是插补运算？试述插补运算的必要性。

6. 什么是脉冲当量？脉冲当量的大小对机床的加工精度有何影响？

7. 数控机床加工时，运动部件的位移量和运动速度是怎样控制的？与机械凸轮分配轴控制的自动机床比较，具有哪些优点？

8. 数控机床的进给传动系统与普通机床比较，具有哪些特点？

9. 数控机床上加工曲线轮廓表面时，刀具相对于工件的运动轨迹是怎样控制的？

10. 与一般数控机床比较，自动换刀数控机床的主要特点是什么？两者的应用范围有何不同？

11. 数控机床对主传动系统有哪些要求？对主轴箱有何要求？主轴箱有几种结构类型？各应用于何种场合？主传动变速有几种方式？各有何特点？各应用于何处？

12. 主轴为何需要"准停"？如何实现"准停"？

13. 数控机床中为什么要采用滚动丝杠螺母机构？为什么一定要消除传动装置中的间隙？

14. 分别说明小惯量直流电动机与宽调速直流电动机的特点。并比较它们各有何不同。

15. 说明步进电动机的工作原理。脉冲当量的大小对数控机床的工作性能有什么影响？

16. 什么是数控机床？数控机床的特点是什么？

17. 在数控卧式车床上如何保证车螺纹运动的计算位移（即主轴每转 1 转时刀架移动一个工件导程）？

18. 数控车床方刀架和六角回转刀架各要完成怎样的自动工作循环？

19. 为什么在数控加工中心的主轴组件上要设置主轴准停装置？

10

机床的安装验收及维护

10.1 机床的安装及验收

10.1.1 机床的地基

机床本身的重量、工件的重量、切削加工时所产生的切削力等，都将通过机床的支承部件而最后传给地基。所以，地基的质量，直接关系到机床的加工精度、运动平稳性、机床的变形及磨损，直到影响机床的使用寿命。因此，机床在安装之前，首要的工作是打好地基。

10.1.1.1 机床地基的类型

机床地基一般分为混凝土地坪式（即利用车间的混凝土地板作地基）和单独块状式两大类。单独块状式地基如图 10.1 及图 10.2 所示。有的机床的单独块状式地基需采取适当的防振措施，如插齿机的主体运动是通过曲柄连杆机构实现插齿刀的垂直直线往复运动的，工作时将产生很大的冲击力，因此，它的地基是防振的。如图 10.3 所示，在地基的周围设有用炉渣之类的松散材料形成的防振层，以防止对其他机床的干扰。

对于高精度机床，不仅要有防振层，还应在地基的底部采取隔振措施，以防止外界振动和冲击的影响。

单独块状式地基的平面尺寸应比机床底座的轮廓尺寸大一些，而地基的厚度则决定于车间土壤的性质，但其最小厚度应保证能把地脚螺栓固结。一般情况下，机床的地基尺寸可在机床说明书中直接查出，也可参考表 10.1 进行计算。

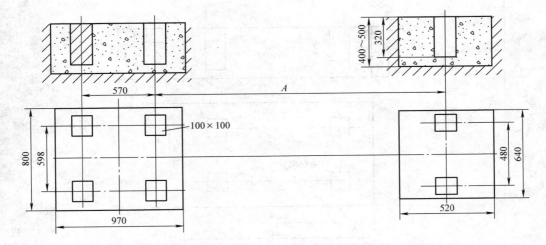

图 10.1　CA6140 型普通车床的地基

注:尺寸 A 按不同的最大加工长度有 3 种,其中最大加工长度　750　1 000　1 500 (单位为 mm)
尺寸 A　1 370　1 620　2 120

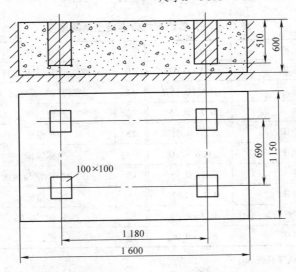

图 10.2　X6132 型万能卧式铣床的地基

10.1.1.2　机床地基的建造

机床地基一般用 300 号或 400 号水泥和石子制成的混凝土浇灌。浇灌地基时,常留出地脚螺栓的安装方孔(见图 10.1),待机床装上地基并初步找好水平后再浇灌地脚螺栓。常用的地脚螺栓如图 10.4 所示。

机床地基必须连续浇灌。由于混凝土在正常凝固条件(15℃)下要有 7 天的凝固期,且在浇灌后的 15 天才有足够的强度,所以在浇灌 7 天后才能在其上安装机床,15 天后才能使用机床。

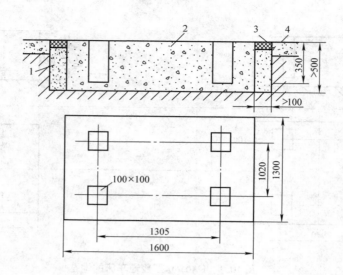

图 10.3　插齿机的防振地基
1—防振层;2—地基;3—木板;4—地坪

表 10.1　金属切削机床混凝土地基厚度

序号	机床名称	厚度(m)	序号	机床名称	厚度(m)
1	卧式车床	$0.3 + 0.07L$	10	螺纹磨床,齿轮磨床	$0.8 + 0.10L$
2	立式车床	$0.5 + 0.15H$	11	高精度外圆磨床	$0.4 + 0.10L$
3	铣床	$0.2 + 0.15L$	12	摇臂钻床	$0.2 + 0.13L$
4	龙门铣床	$0.3 + 0.075L$	13	深孔钻床	$0.3 + 0.05L$
5	牛头刨床	$0.6 \sim 1.0$	14	坐标镗床	$0.5 + 0.15L$
6	插床	$0.3 + 0.15H$	15	卧式镗床,落地镗床	$0.3 + 0.12L$
7	龙门刨床	$0.3 + 0.070L$	16	卧式拉床	$0.3 + 0.05L$
8	内、外圆磨床,平面、无心磨床	$0.3 + 0.08L$	17	齿轮加工机床	$0.3 + 0.15L$
9	导轨磨床	$0.4 + 0.08L$	18	立式钻床	$0.3 \sim 0.6$

注:(1)表中 L——机床长度,m;H——机床高度,m。

(2)表中厚度指机床底座下(如有垫铁时,指垫铁下)承重部分的厚度。

10.1.2　机床的安装

机床的安装通常有两种方法:一种是不用地脚螺栓,直接将机床安装在混凝土地板(即混凝土地坪式地基)上,用图 10.5 所示调整垫铁调整水平后,在机床周围浇灌 $200 \sim 300$ mm 高的混凝土脚柱(见图 10.5(d)),这种方法只适用于小型机床或受力稳定的中型普通机床;另一种是用地脚螺栓将机床固定在块状式地基上,这是一种常用的方法。当块状式地基完全干硬,有足够的强度后才能在其上安装机床。安装机床时,先在机床底座的螺栓孔内装上地脚螺栓,并拧上螺母,然后将机床吊放在地基

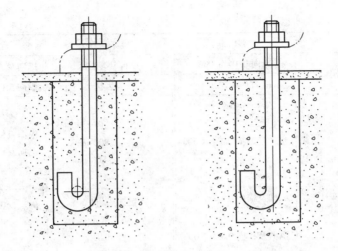

图 10.4 常用的地脚螺栓形式

上,使地脚螺栓进入预先留出的地基方孔内。为使机床获得正确的安装水平,通过调整垫铁进行调整。调整垫铁要靠近地脚螺栓,每一地脚螺栓处应有一调整垫铁。机床的安装水平精度见表 10.2。

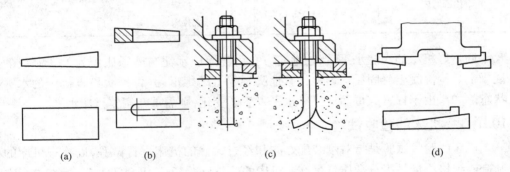

图 10.5 机床常用垫铁

(a)斜垫铁;(b)开口垫铁;(c)带通孔斜垫铁;(d)钩头垫铁

表 10.2 机床的安装水平精度

机床名称	允差(mm)	机床名称	允差(mm)
普通车床 重型普通车床	纵向及横向 0.04/1 000	花键轴磨床 卧式矩台平面磨床	纵向及横向 0.02/1 000
精密普通车床 精密丝杠车床	纵向及横向 0.02/1 000	精密卧式矩台平面磨床 螺纹磨床	纵向及横向 0.02/1 000 纵向及横向 0.02/1 000
铲齿车床	纵向 0.04/1 000	卧轴圆台平面磨床	纵向及横向 0.02/1 000
	横向 0.03/1 000	立轴矩台平面磨床 立轴圆台平面磨床	纵向 0.02/1 000 横向 0.04/ 1000

机床名称	允差（mm）	机床名称	允差（mm）
多刀半自动车床	纵向 0.04/1 000	万能工具磨床	纵向及横向 0.04/1 000
	横向 0.02/1 000	插齿机	纵向及横向 0.04/1 000
卧式多轴自动车床 落地车床 立式车床 六角车床 六角自动车床	纵向及横向 0.04/1 000	立式滚齿机最大工件 直径：≤800 mm 　　　　>800 mm	纵向及横向 0.02/1 000 纵向及横向 0.03/1 000
单轴纵切自动车床	纵向及横向 0.02/1 000	卧式剃齿机 立式铣床 卧式铣床 龙门铣床 龙门刨床 花键轴铣床 牛头刨床 插床 卧式拉床 立式拉床	纵向及横向 0.04/1 000
立式钻床 摇臂钻床 卧式镗床	纵向及横向 0.02/1 000		
外圆磨床	纵向 0.02/1 000 横向 0.04/1 000		
高精度精密外圆磨床	纵向及横向 0.04/1 000		
内圆磨床 无心磨床	纵向及横向 0.02/1 000		

调整好机床的安装水平后，往地基方孔内浇灌以水泥与砂子比例为 1∶3 制成的混凝土。待混凝土凝固后均匀地拧紧地脚螺栓上的螺母，并再一次检查机床的水平状态。如果由于拧紧螺母而使机床水平发生了变化，则需重新调整机床水平。

10.1.3 机床的验收试验

机床的验收试验是指对刚装配好的和经过大修的机床进行试验，以检查机床的制造或维修质量是否符合质量标准。机床的验收试验指按 JB 2278—78 标准进行空运转试验、负荷试验和按 GB/T4020—1997 进行几何精度检验。

10.1.3.1 机床的空运转试验

机床空运转试验的目的是检查机床各机构在空载时的工作情况，对于主运动，应从低速到高速依次逐级进行空运转，每级速度的运转时间不得少于 2 min，最高速度的运转时间不得少于 30 min，运转后要检查轴承的温度和温升是否在标准规定范围内；对进给运动，应进行低、中、高进给速度试验。

在上述各级速度下，同时检查机床的启动、变速、停止、制动、自动动作的灵活性和可靠性，各种操纵机构的可靠性，重复定位、分度、转位的准确性，自动测量装置、电气、液压系统的可靠性，等等。

10.1.3.2 机床的负荷试验

机床负荷试验在于检验机床各机构的强度，以及在负荷下机床各机构的工作情况。其内容包括:机床主传动系统的最大转矩试验,短时间超过最大转矩 25% 的试验;机床最大切削主分力试验;短时间超过最大切削主分力 25% 的试验以及机床传动系统达到最大功率的试验。

负荷试验一般在机床上用切削试件的方法或用仪器加载的方法进行。

10.1.3.3 机床的精度检验

使用机床加工工件时,工件会产生各种加工误差。如在车床上车削外圆,会产生圆度误差和圆柱度误差;车削端面时,会产生平面度误差和平面相对主轴回转轴线的垂直度误差;等等。这些误差的产生,与车床本身的精度有很大关系。因此,对车床的几何精度进行检验,使车床的几何精度保持在一定范围内,对保证机床的加工精度是十分必要的。国家对各类通用机床都规定了精度检验标准,标准中规定了精度检验项目、检验方法及允许误差等。表 10.3 列出了普通车床的精度检验标准。

表 10.3 普通车床精度标准

序号	检验项目	允　差(mm)
G1	A——床身 a)纵向:导轨在垂直平面内的直线度 b)横向:导轨应在同一平面内	a)0.02(只许凸起)任意 250 长度上局部公差①为:0.007 5 b)0.04/1 000
G2	B——溜板 溜板移动在水平面内的直线度	0.02
G3	尾座移动对溜板移动平行度 a)在垂直平面内 b)在水平面内	a)和 b)0.03,任意 500 长度上局部公差为 0.02
G4	C——主轴 a)主轴的轴向窜动 b)主轴轴肩支承面的端面圆跳动	a)0.01 b)0.02
G5	主轴定心轴颈的径向圆跳动	0.01
G6	主轴轴线的径向圆跳动 a)靠近主轴端面 b)距主轴端面(Da)/2 或不超过 300	a)0.01 b)在 300 测量长度上为 0.02
G7	主轴轴线对溜板移动的平行度 a)在垂直平面内 b)在水平面内	a)0.02/300(只许向上偏) b)0.015/300(只许向前偏)
G8	顶尖的跳动	0.015
G9	D——尾座 尾座套筒轴线对溜板移动的平行度 a)在垂直平面内 b)在水平面内	a)0.015/100(只许向上偏) b)0.01/100(只许向前偏)

续表

序号	检 验 项 目	允　　差(mm)
G10	尾座套筒锥孔轴线对溜板移动的平行度 a)在垂直平面内 b)在水平面内	a)0.03/300(只许向上偏) b)0.03/300(只许向前偏)
G11	E——两顶尖 床头和尾座两顶尖的等高度	0.04(只许尾座高)
G12	F——小刀架 小刀架移动对主轴轴线的平行度	0.04/300
G13	G——横刀架 横刀架横向移动对主轴轴线的垂直度	0.02/300(偏差方向 $a \geqslant 90°$)
G14	H—丝杠 丝杠的轴向窜动	0.015
G15	从主轴到丝杠间传动链的精度	a)任意300 测量长度上为 0.04 b)任意60 测量长度上为 0.015
P1	精车外圆 a)圆度 b)圆柱度	在 300 长度上为: a)0.01 b)0.03(锥度只能大直径靠近床头端)
P2	精车端面的平面度	300 直径上为 0.02(只许凹)
P3	精车螺纹的螺距误差	a)300 测量长度上为 0.04 b)任意50 测量长度上为 0.015

①在导轨两端1/4测量长度上的局部公差可以加倍。

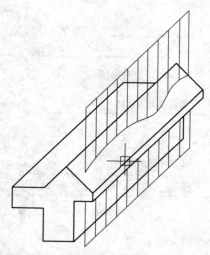

图 10.6　床身导轨在垂直平面的直线度

1. 床身导轨的精度检验

床身导轨的精度检验(表 10.3G1)包括导轨在垂直平面内的直线度和导轨应在同一平面内两个项目。

纵向:床身导轨在垂直平面内的直线度(图 10.6)。

横向:床身导轨应在同一平面内(图 10.7)。

床身导轨在垂直平面内的直线度和导轨在同一平面内通常用水平仪检验。水平仪有条形、框式、合象等几种,它们的主要部分是一个封闭的弧形玻璃管,固定在水平仪体内(图 10.8)。

　　玻璃管的弧形上壁具有一定曲率半径(约 10 m),其外表有间距与内壁曲率半径对应的刻线,管内装有乙醚或酒精,其中留有一气泡。由于玻璃管内的液面始终是水平的,而气泡总是处在最高位置,因此水平仪倾斜时,气泡便相对玻璃管移动。根据气泡移动方向和移过格数,可以测量出被测平面的倾斜方向和角度。水平仪上的刻度值表示被测面的斜率。

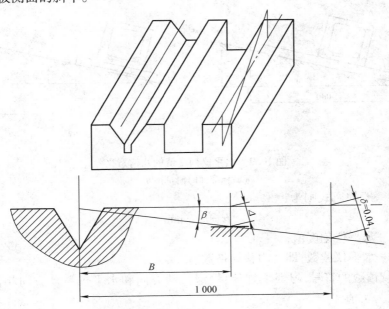

图 10.7　床身导轨应在同一平面内

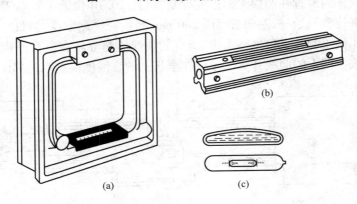

图 10.8　水平仪

(a)框式水平仪;(b)条形水平仪;(c)弧形玻璃管

　　例如,刻度值为 $\dfrac{0.02}{1\,000}$ 的水平仪,其气泡移动一格,相当于被测平面在 1 m 长度上两端的高度差为 0.02 mm(图 10.9(a))。用水平仪进行测量时,为了得到比较准确的结果,需将被测面分成若干段,每段被测长度小于 1 m。为此,必须对水平仪的刻度值进行换算。如图 10.9(b)所示,若被测面的一段长度为 L mm,水平仪刻度值为 $\dfrac{0.02}{1\,000}$,则气泡移动一格时,被测面在该段长度上两端的高度差 $h = \dfrac{0.02}{1\,000}L$ mm。

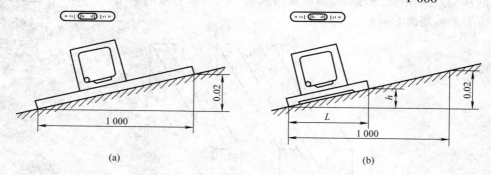

图 10.9　水平仪刻度值的几何意义

(a)标准;(b)测量长度

写成一般的通式则为:

$$h = nkL \text{ mm}$$

式中:k——水平仪刻度值;

n——水平仪读数,即气泡移动格数。

水平仪读数的符号,习惯上规定:气泡移动方向和水平仪移动方向相同时为正值,相反时为负值。

1)床身导轨在垂直平面内的直线度

将水平仪纵向放置在溜板上靠近前导轨处(图 10.10 位置Ⅰ),从刀架靠近主轴箱一端的极限位置开始,从左向右每隔 250 mm 测量一次读数,将测量所得的所有读数用适当的比例绘制在直角坐标系中,所得的曲线就是导轨在垂直平面内的直线度曲线。然后根据图上的曲线计算出导轨在全长上的直线度误差和局部误差。

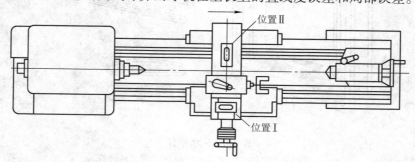

图 10.10　床身导轨在垂直平面内的直线度和在同一平面内的检验

例 10.1　车床的最大车削长度为 1 000 mm,溜板每移动 250 mm 测量一次,水平仪刻度值为 0.02/1 000。水平仪测量结果依次为:+1.1、+1.5、0、-1.0、-1.1 格,根据这些读数绘出折线图(如图 10.11)。由图可以求出导轨在全长上的直线度误差为：

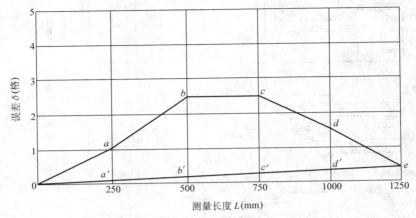

图 10.11 导轨在垂直平面内有直线度曲线

$$\delta_全 = bb' \times (0.02/1\ 000) \times 250$$
$$= (2.6 - 0.2) \times (0.02/1000) \times 250$$
$$= 0.012\ (\text{mm})$$

导轨直线度的局部误差为：

$$\delta_局 = (bb' - aa') \times (0.02/1\ 000) \times 250$$
$$= (2.4 - 1.0) \times (0.02/1\ 000) \times 250$$
$$= 0.007\ (\text{mm})$$

2)床身导轨在同一平面内

水平仪横向放置在溜板上(图 10.10 位置 Ⅱ),纵向等距离移动溜板(与测量导轨在垂直平面内的直线度同时进行)。记录溜板在每一位置时的水平仪的读数。水平仪在全部测量长度上的最大代数差值,即导轨在同一平面内的误差。

纵向车削外圆时,床身导轨在垂直平面内 的直线度误差会导致刀尖高度位置发生变化,使工件产生圆柱度误差;床身导轨在同一平面内的误差会导致刀尖径向摆动,同样使工件产生圆柱度误差。

2. 主轴的精度检验

1)主轴的轴向窜动和轴肩支承面的端面圆跳动(表 10.3G4)

(1)主轴的轴向窜动。在主轴中心孔内插入一短检验棒,检验棒端部中心孔内置一钢球,千分表的平测头顶在钢球上(图 10.12(c)),对主轴施加一轴向力,旋转主轴进行检验。千分表读数的最大差值就是主轴的轴向窜动误差值。

(2)主轴轴肩支承面的端面圆跳动。将千分表测头顶在主轴轴肩支承面靠近边缘处,对主轴施加一轴向力,分别在相隔 90° 的 4 个位置上进行检验(见图 10.12(d)),4 次测量结果的最大差值就是主轴轴肩支承面的端面圆跳动误差值。

在机床加工工件时 ,主轴的轴向窜动误差会引起工件端面的平面度、螺纹的螺

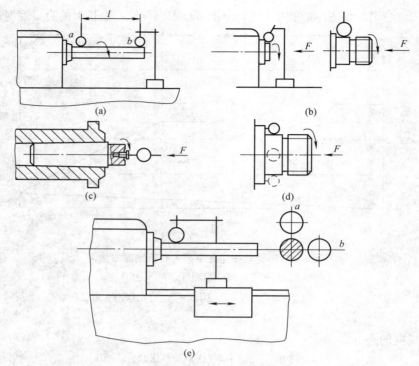

图 10.12 主轴的几何精度检验

（a）主轴锥孔轴线的径向跳动；（b）主轴定心轴颈的径向圆跳动；
c）主轴的轴向窜动；（d）主轴轴肩支承面的端面圆跳动；（e）主轴轴线对溜板移动的平行度

距误差和工件的外圆表面粗糙；主轴轴肩支承面的端面圆跳动误差会引起加工面与基准面的同轴度误差及端面与内、外圆轴线的垂直度误差。

2）主轴定心轴颈的径向圆跳动（表 10.3G5）

将千分表测头垂直顶在定心轴颈表面上，对主轴施加一轴向力 F，旋转主轴进行检验（图 10.12（b））。千分表读数的最大差值就是主轴定心轴颈的径向圆跳动误差值。

用卡盘加工工件时，主轴定心轴径的径向圆跳动误差会引起圆度误差、加工面与基准面的同轴度误差；钻、扩、铰孔时会使孔径扩大。

3）主轴轴线的径向圆跳动（表 10.3G6）

在主轴锥孔中插入一检验棒，将千分表测头顶在检验棒外圆柱上。旋转主轴，分别在靠近主轴端部的 a 处和距离主轴端面不超过 300 mm 的 b 处进行检验（图 10.12（a）），千分表读数的最大差值就是径向圆跳动误差值。为了消除检验棒的误差影响，可将检验棒相对主轴每转 90°插入测量一次，取 4 次测量结果的平均值作为径向圆跳动的误差值。a、b 两处的误差分别计算。

用两顶尖车削外圆时，主轴锥孔轴线的径向圆跳动会引起工件的圆度误差、外圆与顶尖孔的同轴度误差。

4）主轴轴线对溜板移动的平行度（表10.3G 7）

在主轴锥孔中插入300 mm长检验棒，两个千分表固定在刀架溜板上，测头分别顶在检验棒的上母线 a 和侧母线 b 处（图10.12(e)）。移动溜板，千分表的最大读数差值即测量结果。为消除检验棒误差的影响，将主轴回转180°再检验一次，两次测量结果的代数平均值即为平行度误差值。a、b 两处误差应分别计算。

用卡盘车削工件时，主轴轴线对溜板移动在垂直平面内的平行度误差会引起圆柱度误差，在水平面内的平行度误差会使工件产生锥度误差。

3. 机床工作精度的检验

工作精度检验的方法是，在规定的试件材料、尺寸和装夹方法以及刀具材料、切削规范等条件下，在机床上对试件进行精加工，然后按精度标准检验其有关精度项目。

在机床上加工工件时所能达到的加工精度，与机床、刀具、夹具、工件整个系统有关。在正常加工条件下，机床本身的几何精度往往是影响加工精度的最重要因素。普通车床加工中零件表面的常见缺陷及排除措施见表10.4。

表10.4　普通车床加工中零件表面的常见缺陷及排除措施

序号	常见缺陷	产生原因	排除措施
1	锥度	（1）主轴锥孔轴线与尾座套筒锥孔轴线在水平面内的同轴度误差 （2）主轴轴线对溜板移动在垂直平面内的平行度误差 （3）导轨在同一平面内的误差	调整尾座相对于尾座底板在水平面内的横向位置 修刮导轨，恢复精度 调整相应的机床垫铁
2	圆度误差	（1）主轴轴承间隙过大 （2）主轴轴颈或箱体轴承孔的圆度误差 （3）主轴轴承外圈的外径或滚道有圆度误差	调整主轴轴承 用镀铬法局部修复轴颈，用研磨修复或镗大后镶套修复 更换主轴轴承
3	圆柱度误差	（1）溜板移动在水平面内的直线度误差 （2）床身导轨在垂直平面内的直线度误差 （3）床头和尾座两顶尖的等高度误差 （4）主轴轴线对溜板移动在水平面内的平行度误差	修刮导轨 修刮导轨 如尾座高，可修刮尾座板上平面；如尾座低，可用纸或铜皮垫高或更换底板 调整主轴箱（用两矩形导轨定位时）位置或修刮导轨（用一矩一山导轨定位时）
4	多次装夹中加工出的各面间、基准面与加工面间的同轴度误差	（1）主轴定心轴颈径向跳动 （2）主轴轴肩支承面的跳动 （3）主轴轴线的径向跳动	用车刀修定心轴颈，重配卡盘法兰 用车刀修轴肩支承面 在刀架上安装内磨夹具自磨内锥孔 注意：以上3项措施，必须在调整主轴轴承或更换轴承后，仍发现跳动才进行自加工

（第2、3、4行左侧合并单元格为） 加工内外圆柱表面时

序号	常见缺陷	产生原因	排除措施
5	精加工螺纹时 螺距误差	(1)主轴定心轴颈径向跳动 (2)丝杠的轴向窜动 (3)挂轮的啮合间隙过大 (4)开合螺母合上后工作不稳定 (5)从主轴到丝杠间的传动链传动比误差	调整主轴轴承,特别是推力球轴承 调整进给箱输出轴上的推力球轴承,调整挂轮的啮合间隙 调整开合螺母的燕尾导轨镶条 设法将传动链传动比误差减小
6	螺纹表面有波纹	(1)丝杠的轴向窜动 (2)工件细长、刚性差,引起振动	调整进给箱输出轴上的推力球轴承、使用跟刀架
7	精加工端面时 平面度误差 中凸 中凹 不平整	(1)横刀架横向移动对主轴轴线的垂直度误差(<90°) (2)横刀架横向移动对主轴轴线的垂直度误差(>90°) (3)横导轨直线度误差 (4)主轴轴向窜动	修刮横导轨并调整镶条(在>90°范围内) 修刮横导轨并调整镶条(在<90°范围内) 修刮横导轨的直线度 调整主轴轴承及推力球轴承
8	重复出现环状波纹	(1)横向进给丝杠螺母间隙太大 (2)横向进给丝杠弯曲	调整横向进给丝杠螺母间隙 校直丝杠
9	精加工圆柱表面时 重复出现定距波纹	(1)纵向进给齿轮齿条啮合不正确,刀架定期振动 (2)光杠弯曲,每转一转使刀架周期性振动 (3)进给箱、溜板箱、光杠支架三孔同轴度误差,使光杠处于弯曲状态下工作 (4)溜板箱中传动齿轮损坏或分度圆振摆超差 (5)纵向溜板与床身导轨配合间隙过大	将齿条平行向下移,使与齿轮啮合正常并重打定位销 校直光杠 调整三者恢复同轴度 检查所有齿轮,更换损坏或超差齿轮 用0.04 mm塞尺检查平压板与导轨间隙,修刮平压板工作面
10	有混乱波纹	(1)主轴轴向窜动 (2)主轴轴承滚道磨损太大 (3)卡盘与主轴配合松动 (4)方刀架底面与小溜板上的刀架座表面接触不良 (5)燕尾导轨间隙过大	调整主轴轴承及推力球轴承 更换新轴承 重新配作卡盘法兰 将刀具夹紧在刀架上,用涂色法检查接触情况并用修刮法修复 调整导轨间隙
11	在定长上有凸痕	(1)床身导轨在定长上有碰伤、凸痕、使刀架定长抬起 (2)进给齿条的接缝不良或某处有凸出	修去碰伤、凸痕等毛刺 修去齿条毛刺、修整某一齿形或校正两齿条间接缝

10.2 机床的日常维护及保养

10.2.1 机床的日常维护

机床的日常维护是提高工作效率、保持较长的机床使用寿命的必要条件。机床的日常维护主要是对机床的及时清洁和定期润滑。

1. 机床的日常清洁

在机床开动之前,用抹布清除机床上灰尘污物;工作完毕后,清除切屑,并把导轨上的切削液、切屑等污物清扫干净,在导轨上涂上润滑油。

2. 机床的润滑

机床的润滑分为分散润滑和集中润滑两种。分散润滑是在机床的各个润滑点分别用独立、分散的润滑装置进行。这种润滑方式一般都是由操作者在机床开动之前进行的定期的手动润滑。具体要求可查阅机床使用说明书。集中润滑是由润滑系统来完成的。操作者只要按说明书的要求定期添油和换油即可。

10.2.2 机床的保养及维修

1. 机床的保养

机床的保养分例行保养(日保养)、一级保养(月保养)和二级保养(年保养)。

(1)例行保养。由机床操作者每天独立进行。保养的内容除上述的日常维护外,还要在开车前检查机床,周末对机床进行大清洗工作等。

(2)一级保养。机床运转 1~2 个月(两班制),应以操作工人为主,维修工人配合,进行一次一级保养。保养的内容是对机床的外露部件和易磨损部分进行拆卸、清洗、检查、调整和紧固等。如对传动部分的离合器、制动器、丝杠螺母间隙的调整以及对润滑、冷却系统的检修等。

(3)二级保养。机床每运转一年,以维修工人为主,操作工人参加,进行一次包括修理内容的保养。除一级保养的内容以外,二级保养内容还包括修复,更换磨损零件,导轨等部位间隙调整,镶条等的刮研维修,润滑、冷却装置的检修,机床精度的检验及调整,等。

2. 机床的计划维修

机床的计划维修分小修、中修(又称项修)和大修 3 种。这 3 种计划维修是根据设备动力科编制的年维修计划进行的。

(1)小修。一般情况下,小修可以以二级保养代替。小修时,以维修工人为主,对机床进行检修、调整,并更换个别磨损严重的零件,对导轨的划痕进行修磨等。

(2)中修。中修前应进行预检,以确定中修项目,制定中修预检单,并预先准备好外购件和磨损件。

除进行二级保养工作外,中修应根据预检情况对机床的局部进行有针对性的维修,以维修工人为主进行。修理时,拆卸、分解需要修理的部件,清洗已分解的各部分并进一步检定所有零部件,修复或更换不能维持到下一次维修期的零部件,修研导轨面和工作台台面;对机床外观进行修复、涂漆;对修复的机床按机床标准进行验收试验,个别难以达到标准的部分,留待大修时修复。

(3)大修。大修前,须对机床进行全面预检,必要时,对磨损件进行测绘,制定大修预检单,作好各种配件的预购或制造工作。

大修工作以维修工人为主进行。维修时,拆卸整台机床,对所有零件进行检查;更换或修复不合格的零件,修复大型的关键件;修刮全部刮研表面,恢复机床原有精度并达到出厂标准;对机床的非重要部分都应按出厂标准修复。然后,按机床验收标准检验,如有不合格项目,须进一步修复,直至全部符合国家标准。

习题与思考题

1. 在车间如何建造机床地基和进行水平安装调整?

2. 机床的验收试验包含哪些内容? 在何时进行这些试验?

3. 普通车床床身导轨精度检验项目是什么? 与加工精度有何关系?

4. 普通车床主轴应满足哪些精度要求? 为什么?

5. 在普通车床上加工圆柱表面时,如工件产生锥度、圆度和圆柱度误差,从机床精度因素方面分析其产生原因及应采取的排除措施。

6. 在使用机床时,应如何进行机床的维护和保养? 机床的中修和大修的内容各是什么?

参 考 文 献

[1]顾维邦.金属切削机床概论[M].北京:机械工业出版社,1999.

[2]戴 曙.金属切削机床[M].北京:机械工业出版社,1993.

[3]恽达明.金属切削机床[M].北京:机械工业出版社,2005.

[4]黄鹤汀.金属切削机床(上册)[M].北京:机械工业出版社,1999.

[5]张俊生.金属切削机床与数控机床[M].北京:机械工业出版社,2001.

[6]贾亚州.金属切削机床概论[M].北京:机械工业出版社,1996.

[7]吴国华.金属切削机床[M].北京:机械工业出版社,1999.

[8]吴圣庄.金属切削机床概论[M].北京:机械工业出版社,1995.

[9]吴玉华.金属切削加工技术[M].北京:机械工业出版社,1998.

[10]上海纺织工学院,哈尔滨工业大学,天津大学.机床设计图册[M].上海:上海科学技术出版社,1979.

[11]全国数控培训网络天津分中心.数控机床[M].北京:机械工业出版社,1997.

[12]周宗明.金属切削机床[M].北京:清华大学出版社,2004.

[13]李铁尧.金属切削机床[M].北京:机械工业出版社,1999.